Quis ego sum(Ⅱ)

Setting Mission Command Equipment
(STEAM & Software Edu.)

Dark Horse Lee
김재영
이건영
백형순

其次致曲
曲能有誠
誠則形
形則著
著則明
明則動
動則變
變則化
唯天下至誠爲能化

中庸 二三節

"그 다음으론 작은 부분에서부터 극진히 하는 것이다.
그러면 작은 것이라도 誠이 있게 된다.
誠해지면 내면적으로 形成되고,
형성되면 외면적으로 드러나며,
드러나면 밝아지고,
밝아지면 감동시키며,
감동시키면 변하게 하고,
변하면 교화하게 된다.
오직 천하의 지극한 誠 만이 교화할 수 있다."

머리말

초경량비행장치 무인멀티콥터(이하 Drone 또는 드론)은 무척 어려우면서 알고 나면 쉬운 분야 이다. 대부분 조종이나 간단한 조립, 동영상 촬영 등에 관심을 가지고 있으면 착각하지 쉬운 현상 중에 하나가 **생각보다 쉽다고 생각하는 편견과 오류**이다. 사실 Drone은 육안으로 볼 수 있는 **하드웨어(Hardware)**와 Drone을 제어하는 **소프트웨어(Software)**가 조화를 이뤄야만 정상적으로 동작하는 기계라고 할 수 있다. Drone을 구성하는 기본 하드웨어로서 기체 프레임(Frame), 송수신기(Transmitter&Receiver), 모터(Motors), 프로펠러(Propeller), 변속기(Electronic Speed Controller), 배터리(Battery), FC(Flight Controller), FCC(Flight Control Computer)로 구성되어 있다. Drone을 제어하는 프로그램은 사용하는 FC에 따라 다르지만, 기본적으로 Drone을 이륙, 착륙, 이동(전진 및 후진, 좌측 및 우측, 좌회전 및 우회전)하는 기본적 임무에 대하여 기본적으로 정상적으로 수행(동작)할 수 있어야 한다. 자신이 선택한 FC(FCC 포함)에 따라서 정확한 모터 배열에 따라 필요한 부품을 조립하는 과정이 완료되면, 하드웨어에 생명을 불어넣는 환경 설정 작업이 이루어지는데, 이러한 과정은 간단하고도 복잡한 과정을 거쳐야만 Drone이 정상적으로 동작할 수 있다. 대부분 시중에서 판매되고 있는 Drone은 공장에서 이러한 과정을 거쳐 사용자에게 Drone을 바로 동작할 수 있도록 제공되는 매뉴얼에 따라서 순차적으로 단계를 거치면 바로 동작할 수 있는 형태로 제공되고 있어 **Drone이 쉽다는 편견**을 가지도록 만든다. 만약, 자신이 원하는 기능을 수행할 수 있도록 **DIY(Do It Yourself) Drone을 제작하려고 한다면** 이것이 오류라는 사실을 금방 확인할 수 있을 것이다. 즉, "**자신이 사용(선택)하는 FC(FCC 포함)에 따라서 DIY Drone 제작(조립)하는 과정이 단순할 수도 또는 복잡할 수 있다.**" 라는 의도에서 만들어진 교재가 김재영·Dark Horse Lee·오승균· 박찬용 공저(2019) "**단계별 맞춤형 DIY Drone 만들기(고성도서유통)**"이다.

이 교재에서는 Drone에 사용되고 있는 각종 센서(Sensors)와 FPV(First Person View)와 iOSD(information On Screen Display), GPS(Global Positioning System), 자율비행(Autopilot 또는 Automatic pilot) Drone, 음성 인식(Voice Control) Drone 등 **임무 수행 장비를 연동시키는 방법**에 대하여 소개(정보 공유)하고자 한다. 다만 이러한 Drone을 제작하는 철학적 배경은 미국의 작가 아이작 아시모프((Isaac Asimov)가 로봇에 관한 소설에서 제안한 로봇의 작동 원리 3원칙을 재해석하여, 인간중심 도구적 또는 수단적 활용을 위해 **휴먼 테크니즘(Human Technism) Drone 3원칙**을 다음과 같이 제안한다.

제1원칙: **Drone**은 인간에게 해를 입혀서는 안 된다.
         그리고 위험에 처한 인간을 모른 척해서도 안 된다.
제2원칙: 제1원칙에 위배되지 않는 한, **Drone**은 인간의 명령에 복종해야 한다.
제3원칙: 제1원칙과 제2원칙에 위배되지 않는 한, **Drone**은 자신을 지켜야 한다.

이 교재의 공동 저자(Dark Horse Lee, 김재영, 이건영, 백형순)는 임무수행 장비를 연구하는 분들에게 다음과 같이 두 가지 질문을 드린다.

첫째, 여러분이 사용하고자 하는 임무수행 장비를 제작하는 목적은 무엇인가?
둘째, 여러분이 사용하고자 하는 임무수행 장비를 사용하는 분야는 어디인가?

세상에는 그 분야에 대한 황금비율이 존재하고, 요리사에게는 자신만의 비법이 적혀 있는 **레시피 노트(Recipe Note)**가 존재한다. 이 교재가 임무수행 장비를 활용하거나 연구하는 분야에서 지침서가 되기를 희망한다.

자동차 라디오 수신용 안테나가 예전 라디오에서 사용하는 것처럼 자동차 시동이 걸리면 나오고 시동이 꺼지면 들어가는 낚싯대 방식에서 앞좌석 상부에 고정식으로 부착되는 지휘봉 방식으로, 크기와 모양이 줄어들고 외부가 코팅이 되어 있는 고정형 방식으로, 최근에는 상어 수직꼬리처럼 고정형 방식 등 외형이 **변화**하고 있다. 자동차 연료가 과거 휘발유 또는 경유 자동차에서 전기 자동차 또는 자율 주행 자동차 기술이 발전(변화)하고 있다. 하지만 자동차에서 라디오 채널을 수신 받아 라디오를 수신하려는 목적(안정)은 그대로 유지되는 것처럼 드론 기술도 기존 RC 비행체 송수신기 제어 방식에서 FC(FCC 포함) 제어 방식으로 변화(진화)하고 있지만 RC(Radio Control) 비행체에 대한 전문 지식(기술)과 로봇 제어 분야에서 접목한 **Drone 제어 프로그래밍 기술(코딩)**에 대한 역량을 반드시 갖추어야 한다. 공저자들은 Drone 분야에 **"기본적으로 변화하고 있지 않는 사실이 존재한다."**라는 생각을 가지고 있으며 변화하고 발전하는 흐름에서 **지속적이고 안정적인 연구가 필요한 분야가 존재**할 수 있다. Drone 기술 분야 지속적 발전을 위하여 **전자와 전기 공학 기술, 프로그래밍 능력(역량)이 요구**된다. 개인적으로 여가(취미) 생활로 활용되는 레이싱 FPV 드론 대회 출전이나 영상 촬영 작업이 아닌.

<그림> 자동차 라디오 수신 안테나 사양 시대적 변화

무엇보다도 이 교재는 출판사와 교수(지도교사)들이 요구하는 특정 교육대상이 정해져 있지 않다. 다만, 이 교재는 **메소드(이하 Method)방식으로 구성**되어 있어, 다양한 독자 중에서 자신에게 필요한 부분을 참고하시면 된다. 대학원생부터 대학 학부생, 전문대 학생, 특성화 고성 학교 학생, 일반인 등 어떤 특정한 대상을 위하여 구성되어 있는 것이 아니라, **DIY Drone 설계 및 제작 과정에서 자신의 수준에 따라 필요한 내용을 참고할 수 있도록 맞춤형으로 구성**되어 있으며, 처음부터 끝까지가 아닌 **필요한 부분부터 참고하도록 교재를 구성**하였다.

마지막으로 "……Drone 활용 관련 보다 전문적인 이론적 연구와 기술 개발 관련 자료는 해당 관련 서적이나 연구 논문, 해당 인터넷 사이트를 참고해 주시기 바랍니다."와 관련하여 안내하면 다음과 같다.

Drone 제작 및 설계 관련 자료 중에서 **항공학 관련 자료**는 류영기외 1명 공저(2017) 무인멀티콥터 Drone 요점&필기시험(Goldenbell), 박장환외 1명 공저(2017). Drone 무인비행장치 운용 이론&필기시험(Goldenbell), 박장환외 1명 공저(2017) Drone 무인비행장치 운용 이론&필기시험, 이상희(2017) 회전익 항공기 비행원리(한국항공우주산업 기술협회), 이형진외 1명 공저(2017) 항공기기체Ⅰ(성안당), 이형진외 1명 공저(2017) 항공기 기체 Ⅱ(성안당), 조현철(2016) 항공기 전기 계통(문운당) 등 교재를 참고하시기 바랍니다.

Drone 제작 및 설계 관련 자료 중에서 **기초&기본 자연과학&기술(전기&전자공학 포함) 관련 자료**는 교육과학기술부(2015) 고급 물리, 교육과학기술부(2015) 고급 지구과학, 교육과학기술부(2015) 전자과학, 남문현(2002) 전통속의 첨단 공학기술(김영사), 이민기외 1명 공저(2012) 전자책을 만드는 비밀 인디자인(길벗), 이상훈(2012) 잡스처럼 기획하고 키노트로 완성하다, 장호남(2011) 21세기를 지배하는 10대 공학기술(김영사), 최기련(2002) 지속가능한 미래를 여는 에너지와 환경(김영사), 현원복(2005) 나노기술과 인간(까치), Richard Johnson(2007) 나노바이오, 미래를 여는 기술(궁리), Tom Siegfried (2003) 우주, 또 하나의 컴퓨터(김영사) 등 교재를 참고하시기 바랍니다.

Drone 제작 및 설계 관련 자료 중에서 **아두이노(이하 Arduino) 관련 자료**는 김경연외 2명 공저(2015) 심험 KIT와 함께하는 Arduino 입문서-아두이노 완전정복(복두출판사), 김화진외 2명 공저(2017) 사물인터넷을 활용한 Drone DIY 가이드, 서민우(2018) 무한 상상 DIY 시리즈 04 아두이노 Drone을 만들고 직접 코딩하기(3판) 300줄의 소스 코드로 구현해 보는 아두이노 Drone(앤써북), 조도현외 4명 공저(2014) 스마트폰으로 제어하는 아두이노(복두출판사), 홍선학외 1명 공저(2014) 모바일로 배우는 아두이노 따라하기 (성안당), Kimmo Karvinen외 1명(2014) Make : 아두이노 DIY 프로젝트(한빛미디어), Simon Monk(2014) 스케치로 시작하는 아두이노 프로그래밍(Programming Arduino Getting Started with Sketches, Jpub) 등 교재를 참고하시기 바랍니다.

Drone 제작 및 설계 관련 자료 중에서 **Raspberry Pi 관련 자료**는 이재상외 1명(2013) 라즈베리 파이 활용백서:실전 프로젝트20(비제이퍼블릭), Matt Richardson외 1명 공저(2014) 라즈베리 파이 시작하기(Getting Started with Raspberry Pi, 제이펍), Peter Membrey외 1명 공저(2014) 리눅스와 함께하는 라즈베리 파이, Simon Monk(2014) 파이썬으로 시작하는 라즈베리 파이 프로그래밍, Simon Monk(2015) 라즈베리 파이 쿡북 : 200여 가지 레시피로 파이 완전 분석(한빛미디어), Simon Monk(2014) 파이썬으로 시작하는 라즈베리 파이 프로그래밍(Jpub) 등 교재를 참고하시기 바랍니다.

Drone 제작 및 설계 관련 자료 중에서 **로봇 공학&기술(전기&전자공학 포함) 관련 자료**는 김문상(2015) 로봇 이야기(살림), 김보연(2000) 알기쉬운 전자회로(기초 전자의 세계12, 한진), 김보연(2010) 알기쉬운 전자회로Ⅱ(기초전자의세계 13, 한진),김상훈(2012) DC AC BLDC 모터제어(복두출판사), 박영숙외 1명 공저(2008) 보행로봇 공학의 이해(평민사), 배일한(2003) 인터넷 다음은 로봇(동아시아), 서정욱(2002) 세계가 놀란 한국 핵심산업기술(김영사), 송영수외 1명 공저(2007) 여러 가지 로봇 만들기-AVR Bible Ⅱ(복두), 우상철(2003) Embedded Linux System 구조 및 설계응용(Ohm사), 윤덕용(2006) AVR ATmega128 완전정복(Ohm사), 이종호(2007) 로봇, 인간을 꿈꾸다(문화유람), 이재창외 2명 공저(2003) BASCOM-AVR 로봇 스터디1(라인 트레이서 축구 로봇, 동일출판사), 이태희(2012) AVR ATmega8의 이해와 활용(정일), 이태희(2014) AVR ATmega8 프로그래밍 : USB-ISP와 AVR Studio로 시작하는(도서출판정일), 이태희외 1명 공저(2009) 디지털 공학(그린), 표윤석외 3명 공저(2017) ROS 로봇 프로그래밍 기초개념부터 프로그래밍 학습, 실제로봇에 적용까지(루비페이퍼), 堂島和光(도지마 와코, 2002) 로봇의 시대(사이언스북스), 井上博允(이노우에 히로치카, 2008). 로봇, 미래를 말하다(전자신문사), Agnes Guillot, Jean-Arcady Meyer(2006) 인간과 똑같은 로봇을 만들수 있을까?(민음인), Jean J. Labrosse(2005) Micro C/OS-Ⅱ 실시간 커널(페이퍼백), Jean J. Labrosse (2008) Embedded Systems Building Blocks 2nd Edition(페이퍼백), John J. Donovan(1988) 시스템 프로그래밍(大恩出版社), Karim Yaghmour(2004) 임베디드 리눅스 시스템 구축하기(한빛미디어), 페이스 달루이시오·신상규 역(2002) 새로운 종의 진화 로보 사피엔스(김영사), Robert Malon(2005) 헬로우 로봇(21세기북스), Robo-One위원회(2006) ROBO-ONE 2족 보행 로봇 제작가이드(성안당), Rodney A. Brooks(2005) 로봇 만들기(바다출판사) 등 교재를 참고하시기 바랍니다.

Drone 제작 및 설계 관련 자료 중에서 **DIY Drone 제작(조립) 관련 자료**는 김영우(2018) 미래 IT 레포츠 Drone 레이싱을 즐기다(크라운출판사), 김화진외 2명 공저(2017) 사물인터넷을 활용한 Drone DIY 가이드(광문각), 권용상(2018) FPV 레이싱 Drone 바이블(성신미디어), 민연기(2018) 미래의 과학자와 공학자가 꼭 알아야 할 FPV 미니 Drone(성신미디어), 박형일외 4명 공저(2017) Drone 제작 완벽 가이드-기계 설계, 회로, 펌 웨어, 조종 앱, 운용법까지(루비페이퍼), 서민우(2018) 무한 상상 DIY 시리즈 04 아두이노 Drone을 만들고 직접 코딩하기(3판) 300줄의 소스 코드로 구현해 보는 아두이노 Drone, David McGriffy(2017) Make:Drone : 오픈소스를 활용한 상용 Drone 개조 프로젝트(한빛 미디어), John Baichtal(2016) 나만의 Drone 만들기-개인용 Drone, 쿼드콥터, RC 보트 DIY 제작 매뉴얼(QUE) 등 교재를 참고하시기 바랍니다.

Drone 제작 및 설계 관련 자료 중에서 **일반 컴퓨터&네트워크 프로그래밍(Assembly, Logo/Prolog ,Auto Lisp, Basic, Fortran, Cobol, C/C++, Pascal, Javascript, Java, JDK, VRML, HTML/XML, CGI/Perl, PHP, ASP, JSP,Delphi, DataBase, 스마트/모바일 기기 등) 관련 자료**는 강민구(1988) GW 베이식 프로그래밍(한국 문연), 강성주 Turbo PASCALI (버전 4.0, 圖書出版大林), 고영덕(1998) VRML2.0 (혜지원), 구자철(1997) Visual J++,JDK로 배우는 신나는 자바 프로그래밍(높이깊이), 김병부외 공저 (2001) Linux Server Bible(영진닷컴), 김상형(2010) 안드로이드 프로그래밍 정복(한빛 미디어), 김석주 (1996) 자바와의 첫사랑 인터넷에서 자바애플릿 만들기(가나사), 김영건(1991) RM-COBOL 이론과 실무 (生能), 김용배(1999) 42개의 예제로 따라 해보는 비주얼 베이직6(21세기사), 김인옥(2000) ASP 웹 프로그래밍(가메출판사), 김지훈외 1명 공저(2000) PHP 웹DB 프로그래밍 예제 완성하기(삼양 출판사), 김형주(1999) 쉽게배우는 C++(교학사), 박선희 MySQL(진선아트북), 박재철외 2명 공저 AppleⅡ BASIC 프로그래밍(圖書出版大林), 성기수외 공저(1988) COBOL演習(大恩出版社), 신문섭 (1999) 델파이5 30일 완성(영진출판사), 심재후외 1명 공저(2000) New 알기 쉬운 JSP(정보문화사), 엄성용(2001) PHP4 30일 완성(영진. com), 유해영외 2명 공저(1993) Fortran77(大恩出版社), 윤석범 (1999) 클릭하세요 CGI와 PHP(圖書出版大林), 이상엽(1997) Internet Programming Bible(2nd, 영진출 판사), 이성재(1988) 어셈블리 프로그래밍(大恩出版社), 이승혁(2001) PHP 웹 프로그래밍 가이드(마이 트프레스), 이옥화 PC LOGO 프로그래밍(教學社), 이철혁(2001) PHP4 마법사(가남사), 이한규(1998) Auto LISP 완벽가이드(영진출판사), 장영현(2012)초보자를 위한 안드로이드 앱개발 m-Bizmaker 프로 그램 저작도구(영민), 정무숙(2000) HTML & JavaScript(정보게이트), 정진호(2000) PHP Web Pro- -gramming(동일출판사), 정재곤(2016) Do It! 안드로이드 앱 프로그래밍(이지스퍼블리싱), 정현성외 공저(2003) 제로 보드와 화끈하게 놀아보자(영진닷컴), 정해중(1999) One-Stop 웹 호스팅(피씨어드 밴스), 조광선(1997) 전문가로 뛰어넘기 위한 JAVA Programming의 동반자(도서출판혜지원), 조동섭 (1989) Turbo PROLOG 입문(영진출판사), 조상외 1명 공저(2001) C 프로그램 건드리기(컴스페이스), 조상문외 1명 공저(1994) COBOL 실무 Programming(형설출판사), 조종헌외 1명 공역(2009) Using PERL5 for Web Programming PERL5 웹 프로그래밍 활용(정보문화사), 주종민외 3명 공저 지니와 함께하는 오라클 8(圖書出版大林), 채규혁(1998) 차세대 웹의 혁명 XML(圖書出版大林),최우승외 2명 공저(1993) FORTRAN 프로그래밍(研學社), 최인현(1991) Turbo C의 모든 것(圖書出版大林), 한규정외 1명 공저(1995) 한올 프로그래밍Ⅰ(한올출판사), 한규정외 1명 공저(1995) 한올 프로그래밍Ⅲ(한올 출판사), 한동호(2011) 단계별 예제로 배우는 안드로이드 프로그래밍(제이펍), 한혁수(1998) C++ 1단계(이한출판사), 홍종태(2001) 베껴쓰는 자바스크립트 무작정 따라하기(길벗), Alex Horner(2005) Professional ASP Techniques for Webmasters(정보문화사), ANK Co., Ltd(2014) C가 보이는 그림책 (성안당), Brand Heslup(1995) 월드 와이드 웹 인터넷에서 HTML 문서만들기(비앤씨), Drew Hey- -wood(2000) Using Windows NT Server 4(인포북), Ed Tittel외 공저(1997) CGI 바이블(영진출판사), Elliott Rusty Harold(2000) 100% XML Bible(정보문화사), Herbert Schildt(1996) 알기 쉽게 해설한 C (이한출판사), Herbert Schildt(1996) 알기 쉽게 해설한 C++(이한 출판사), Mike Mckelvy외 공저 (1998) 알기 쉬운 비주얼 베이직 5 활용 (정보문화사), Mitchell외 공저(2000) 초보자를 위한 Active Server Pages 3.0 21일 완성(인포북), Mitchell Waite(1999) C언어 기초+α(교학사), Stephen Matsuba 외 1명 공저(1997) Special Edition Using VRML 가장 완벽한 VRML 참고서(정보문화사) 등 교재를 참고하시기 바랍니다.

Drone 제작 및 설계 관련 자료 중에서 **일반 컴퓨터&네트워크 운영체제(OS, Unix/ Linux/ Win--dows NT) 및 보안 관련 자료**는 강신석외 1명(2000), 세계 제일 알짜 리눅스(베스트북), 강신석외 공저(2000) 알짜/와우 리눅스6.2를 그대로 배우는 X윈도우 응용 프로그래밍(베스트북), 김거수(2000) 철벽 보안을 위한 역공경 해킹(베스트북), 김선영외 1명 공저 레드햇 리눅스6(교학사), 김우용(1998) 초보자를 위한 MS-DOS 入門(영진출판사), 김종민(1993) PC를 조립하자(연암출판사), 김재균(1995) 알기 쉬운 Unix 시스템(삼양출판사), 김효원(1999) 쉽고 빠른 레드햇 리눅스6.1(컴앤북스), 노신호(1994) 초보자를 위한 Windows 3.1 길들이기(에스컴), 박흥선(2003) 기초에서 활용까지 Microsoft Windows NT 네트워크 구축(정보문화사), 서자룡, 정경희 공저(1999). 리눅스 그대로 따라하기 6.0. 도서출판혜지원. 서자룡(2000) 리눅스 그대로 따라하기 6.2(도서출판혜지원), 서자룡(2001) 리눅스 그대로 따라하기7.0(도서출판혜지원), 서자룡(2001) 리눅스 그대로 따라하기 7.1(도서출판혜지원), 서자룡(2002) 서자룡의 리눅스 그대로 따라하기 8.0(도서출판혜지원), 성현경외 1명 공저(1989) MS-DOS 구조분석(집문당), 소순식(1998) 소순식의 한글 윈도우95 따라하기(도서출판혜원), 송은석외 2명 공저(2000) Windows 해킹 미보안 프로그램 철저한 분석 PC 해킹 알아야 막는다(기술연구소), 송창훈(1999) 레드햇 리눅스 완벽 가이드 Ver 5.2(사이버출판사), 신재훈(2003) Red Hat 리눅스9.x 네트워크&웹서버 무작정 따라하기(길벗), 신철우외 1명 공저(1999) 신철우의 Windows NT Server (영진.com), 유영일(2000) 해킹할 것인가 해킹당할 것인가(삼각형프레스), 윤종호(2003) 라우터와 라우팅 프로토콜(교학사), 윤형운외 1명 공저(2003) Windows Server 2003(디지털북스), 이서로외 공저(1995) 파워 해킹 테크닉(파워북), 이준구(1989) MS-DOS(크라운출판사), 웹데이터뱅크(1999) 리눅스 내가 최고(영진출판사), 정상우외 1명 공저(2002) 내 맘대로 할 수 있는 윈도우 XP 따라하기 (도서출한예원), 하우피씨(1999) 긴급 출동! PC 진단과 해결(영진. com), 한석현외 2명 공저(1995) 알기 쉬운 MS-DOS 6.2(정보문화사), Allen Wyatt(1995) 성공적인 PC 조립법. PC 조립 이렇게 한다! (가남사), Anonymous(2000) 리눅스 보안의 모든 것(인포북), Brian Hat외 2명 공저(2001) 리눅스 시스템 관리자를 위한 해킹과 보안 Hacking Exposed(사이버출판사), Evi Nemeth외 2명 공저(2001) Unix System Administration Handbook(홍릉과학출판사), Jeffry Dwight외 1명 공저(1996) Using CGI 알기쉬운 CGI 활용(정보문화사), Joel Scambray외 2명 공저(2001) 네트워크 시스템 관리자를 위한 해킹과 보안 Hacking Exposed(사이버출판사), Michael Otey외 공저(2000) 프로그래머 가이드 SQL Server7(사이버출판사), Peter Membrey&David Hows(2014) 리눅스와 함께하는 라즈 베리파이(Jpub), Robin Burk (1998) 시스템 관리자편 Unix 언리쉬드(圖書出版大林), Sharon Crawford, Charlie(1997) Microsoft 한글 Windows NT Server 4.0(에프원), Shon Harris(2008) All-in-One CISSP Certification Exam Guide(지앤선), W. Richard Stevens(2001) Unix Networking Programming(文英社) 등 교재를 참고하시기 바랍니다.

Drone 제작 및 설계 관련 자료 중에서 **알고리즘 개발(수학적 사고 성찰) 관련 자료**는 강석진(2002) 수학의 유혹(문학동네), 김영빈(2008) 아이들도 즐겁게 배우는 베다수학 수학이 즐거워지는 인도수학(열린숲), 김정희(2002) 소설처럼 아름다운 수학 이야기(동아일보사), 배종수(2007) 삐에로 교수 배종수의 생명을 살리는 수학(감영사), 손호성(2008) 매일매일 두뇌 트레이닝 인도 베다 수학(아르고나인), 송은영(2006) 원리를 알면 수학이 쉽다(맑은창), 인도 베다수학 연구회(2008) 인도 베다수학 완벽 트레이닝 머리가 좋아지는 인도 수학(황매), 岡部恒治(오카베 츠네하루, 2002). 사고력을 키우는 수학책(을지 외국어), 牧野武文(마키노 다케후미, 2009) 인도 베다수학 베스트 3종 세트(보누스), 小室直樹(고무로 나오키, 2002). 수학 싫어하는 사람을 위한 수학(오늘의책), Euclid (Εὐκλείδης, 2002) 기하학 원론(敎友社) 등 교재를 참고하시기 바랍니다.

Drone 제작 및 설계 관련 자료 중에서 **기타 미래 Drone 산업 관련 동향**은 강수돌외 1명 공저(2010) 에르끼 아호의 핀란드 교육개혁 보고서, 박영숙외 1명 공저(2017) 세계미래보고서 2055(비즈니스북스), 제롬 글렌(2017) 세계미래보고서 2030-2050(교보문고), 박영숙외 1명 공저(2017) 세계미래보고서 2055, 세계 미래보고서 2030-2050, Yuval Noah Harari(2011) Sapiens(Gimm-Young Publishers), Yuval Noah Harari(2015) Homo Deus : A Brief of Tomorrow(Gimm-Young Publishers) 등 교재를 참고하시기 바랍니다.

Drone 제작 및 설계 관련 자료 중에서 **프로젝트 사이트 관련 자료**는 Pixhawk와 ROS를 이용한 자율주행프로젝트, YMFC Project, The Pi Drone Project 등 해당 사이트를 참고해 주시기 바랍니다.

차 례

1. Mission Command Equipments 이해하기
   가. 송수신 장비, FC, FCC 이해 ··· 1
   나. Mission Command Equipments 이해 ··· 4
       (1) 센서 이해 ·· 5
       (2) 무선 영상 송수신 장치 이해 ··· 8
       (3) GPS 장비 이해 ·· 9
       (4) 임무 수행 장비 제어 환경 설정 및 활용 ·· 10
       (5) 기타 임무 수행 장비 이해 ··· 14

2. FPV & iOSD 장비 연동하기
   가. FPV & iOSD 장비 이해 ·· 26
   나. FPV & iOSD 장비 연동하기 ··· 32
       (1) 스마트 기기 활용 방안 ··· 33
       (2) CCTV 활용 방안 ·· 41
       (3) 무선 영상 송수신 카메라 활용 방안 ··· 46
       (4) 짐벌(Gimbal) 활용 방안 ··· 67
       (5) iOSD(information On Screen Display) 활용 방안 ·· 70

3. GPS 장비 환경 설정하기
   가. GPS 장비 이해 ··· 72
   나. GPS 장비 환경 설정하기 ··· 74
       (1) DJI사 FC(Flight Controller) 제어 활용 방안 ·· 79
       (2) 픽스호크(Pixhawk) FC(Flight Controller) 제어 활용 방안 ······························ 86
       (3) 아두이노(Arduinio) FC(Flight Controller) 제어 활용 방안 ···························· 89
       (4) 라즈베리 파이(Raspberry Pi) FCC(Flight Control Computer) 활용 방안 ····· 93

4. 자율 비행 및 VTOL Drone 환경 설정하기
   가. 자율 비행 및 VTOL Drone 이해 ··· 97
   나. 자율 비행 및 VTOL Drone 환경 설정하기 ·· 101
       (1) 자율 비행 환경 설정하기 ··· 101
       (2) RC와 Multicopter 결합, VTOL Drone 구현 방안 ··· 110

5. 음성 인식 Drone 환경 설정하기
   가. 음성 인식 Drone 이해 ··· 121
   나. 음성 인식 Drone 환경 설정하기 ·· 122
       (1) 아마존 에코 Drone ··· 123
       (2) 아마존 에코 AR Drone Drone ··· 152
       (3) 바이로봇 클로바 프렌즈 Drone : 페트론(Petrone) ··· 166

맺는말 ·· 171

부록 ·· 173

1. Mission Command Equipments 이해하기

가. 송수신 장비, FC, FCC 이해

사실 Drone(Multicopter, 이하 Drone)은 육안으로 볼 수 있는 하드웨어(Hardware)와 기체를 제어하는 소프트웨어(Software)가 조화를 이뤄야만 정상적으로 동작하는 기계라고 할 수 있다. Drone을 구성하는 기본 하드웨어로서 기체 프레임(Frame), 송수신기(Transmitter&Receiver), 모터(Motors), 프로펠러(Propeller), 변속기(Electronic Speed Controller), 배터리(Battery), FC(Flight Controller), FCC(Flight Control Computer)로 구성되어 있다. Drone을 제어하는 프로그램은 사용하는 FC에 따라 다르지만, 기본적으로 Drone을 이륙, 착륙, 이동(전진 및 후진, 좌측 및 우측, 좌회전 및 우회전)에 대하여 정상적으로 동작(제어)할 수 있어야 한다. 자신이 선택한 FC에 따라서 정확한 모터 배열에 따라 필요한 부품에 따라 조립하는 과정이 완료되면, 하드웨어에 생명을 불어넣는 환경설정 작업이 이루어지는데, 이러한 과정은 간단하고도 복잡한 과정을 거쳐야만 Drone 기체가 정상적으로 동작할 수 있다. 대부분 시중에서 판매되고 있는 업체에서 제공하는 Drone은 공장에서 이러한 과정을 거쳐 사용자에게 Drone을 바로 동작할 수 있도록 제공되는 매뉴얼에 따라 순차적으로 조립하는 단계를 거치면 바로 동작할 수 있는 형태로 제공되고 있어 Drone이 쉽다는 편견을 가지도록 만들었다. 만약, 아래 <그림 1-1>과 같이 자신이 원하는 기능을 수행할 수 있도록 DIY(Do It Yourself) Drone을 제작하려고 한다면 이것이 오류라는 것을 금방 확인할 수 있을 것이다.

<그림 1-1> Drone 기체(Navio2) 조종(제어) 부품 조립 상태

대부분의 Drone은 기본적으로 송수신기를 통하여 Drone 제어(조종)가 이루어진다. 송신기(Transmitter) 전원을 On 시키고 Drone 기체에 전원을 On시키면 Drone을 조종(제어)할 수 있는 상태로 진입한다. 해당 FC에서 사용하는 시동(Armed) 방식으로 송신기 키(Key)를 조작시키면 프로펠러가 회전하면서 이륙할 수 있는 비행 대기상태로 진입한다. 이러한 상태에서 호버링(Hovering)을 실시하고 Drone을 이륙, 착륙, 이동(전진 및 후진, 좌측 및 우측, 좌회전 및 우회전)시키는 동작을 정상적으로 수행한 후에 배터리가 최저 전원 상태로 진입하기 이전에 Drone을 착륙시켜야 한다. 안전하게 정상적으로 착륙시키면 프로펠러 회전이 완전하게 멈춘 상태에서 기체 전원 배터리 전원을 Off시키고 나서 송신기 전원을 Off시킨다. 이러한 과정이 보통 송수신기를 통하여 Drone을 조종(제어)하는 방식이다.

대부분의 Drone에서 사용하는 송수신기는 송신기와 수신기가 반드시 호환성을 가지고 있어야 하며, 사용하기 이전에 반드시 바인딩(Binding)을 실시해야 한다. 송수신기 바인딩 작업은 해당 업체 매뉴얼을 참고하여 단계적이고 순차적으로 진행하면 된다. 대부분 Drone 수신기는 자신이 사용하고 있는 FC와 정확하게 연결이 되어야 하며, 해당 업체에서 제공하는 매뉴얼을 참고하면 된다. 송신기에는 업체에 따라 외형(디자인)과 제공하는 기능키가 다소 배열은 다르지만, 기본적으로 기본적인 비행을 조종(제어)하는 기본키와 부가적으로 임무 수행 장비를 제어하는 기능키로 구성되어 있다.

비행체에 대하여 항공학(Aeronautics)에서 사용하는 용어와 Drone(Multicopter 또는 Multiroter) 분야에서 사용하는 용어가 서로 다르지만, 수행하는 역할은 동일하다. 항공항에서는 피치(이하 **Pitch**), 요(이하 **Yaw**), 롤(이하 **Roll**)이라는 용어를 사용하는데, Drone에서는 엘리베이터(이하 **Elevator**), 러더(이하 **Rudder**), 에얼론(이하 **Aileron**)이라는 용어를 사용한다.

RC 헬리콥터의 경우에는 메인 로터를 회전시키는 모터와 수평으로 안전적 상태를 유지하기 위한 테일 로터 모터와 헬리콥터를 전진, 후진, 좌회전, 우회전, 좌방향, 우방향으로 이동시키기 위한 메인 로터 테일러 회전 방향을 바꿔주는 서보 모터 2개를 해당 수신기와 연결하고 송신기 제어 환경을 설정하면 된다. 대부분 Drone은 **기존 RC(Radio Control) 구현 과정**에 3개 이상 모터와 프로펠러가 해당 멀티콥터 제어하기 위하여 **로봇(Robot) 제어 기술**이 결합한 **통합 시스템으로 구성**되어 있다. Drone 조종(제어) 구조를 이해하려면 기존 RC 제어 방식에 대한 이해가 선행되어야 한다.

다양한 RC(Rover, Tank, Boat, Sub Marine, Air Plane, Helicopter 등) 제어 방식은 1개 또는 2개 정도 모터(Brush 또는 Brushless Motor)와 수평 꼬리 날개 제어를 위한 서보 모터(Servo Motor) 1개, 수직 또는 수평 꼬리 날개의 결합체라고 할 수 있는 앞 날개 에얼론(Aileron) 제어를 위한 2개 서보 모터로 구성되었다. 여기에 사용하는 모터에 따라 변속기(ESC)가 장착되었다. 이러한 모터는 변속기와 정상적으로 정확하게 연결되고, 변속기에 제어를 위한 연결선이 수신기와 연결되며, 서보 모터 역시 해당 조종(제어)를 정확하게 수행하기 위하여 수신기에 해당 연결선이 연결되었다. 또한 모터와 변속기와 수신기에도 해당 전압과 전류에 따라 전원이 분배되었다.

해당 업체 제공하는 매뉴얼에 따라 수신기에서 사용하는 채널을 확인한 후 **채널1**에는 Elevator, **채널2**에는 Aileron, **채널3**에는 Throttle, **채널4**에는 Rudder를 수신기 신호선(S, Signal)과 Positive (+, Vcc), Negative(-, Ground) 순서 또는 위치에 정확하게 연결한다. 현재 RC에서 사용하고 있는 Motors와 ESC, Servo Motors에는 BL(BrushLess) 방식이 대부분 사용되고 있으며 3가닥 연결선을 수신기와 정확하게 연결해야 오작동이 발생하지 않으며, 최악의 경우 쇼트(Short)로 인한 부품 파손 또는 사용 불가 상태를 예방할 수 있다. 당연히 Motors가 BL 방식이면 ESC 역시 BL 방식을 사용한다.

수신기에 Motors와 ESC, Servo Motors가 제대로 정확하게 연결되었다면, 다음 송신기(조종기)에 먼저 전원을 On시키고 다음에 비행 기체에 Battery 전원(커넥터)을 연결(On)시키고 해당 업체에서 제공하는 각 조종기별 매뉴얼을 참고하여 Throttle, Elevator, Rudder, Aileron에 대한 미세 조정 상태를 설정하는 트리밍(Trimming) 작업을 실시한다. 부가적으로 추가되는 미션 수행 장비는 제공되는 매뉴얼을 참고하여 송신기와 수신기 확장 기능에 따라 정상적인 역할이 수행된다.

테스트(시험) 또는 준비 비행을 마치면 가장 먼저 비행 기체 Battery(커넥터) 전원을 차단(Off)시키고 송신기(조종기) 전원을 Off를 시키면 모든 작업이 종료된다. 다시 비행을 실시하려고 한다면 이전 단계(조종기 전원 On=>비행 기체 전원 On) 순서로 연결 후 Props(Propeller)를 제거한 상태에서 Motors 회전 방향, Rudder 움직임, Elevator 움직임 방향과 상태를 확인 또는 점검하고 이후 Props(Propeller)를 다시 결합하고 시험 비행을 실시한다. 단, 반드시 **비행 관련 법규에 따라** 비행 금지구역 확인 후 관할 지역 지방항공청 비행 허가 신청 후 지정된 날짜에 시야 거리 등 안정성이 확보된 상태에서 비행을 실시하고 문제점이 발견되면 기체 점검 및 오류 수정 후 안전성을 확보되면 비행을 실시한다.

나. Mission Command Equipments 이해

대부분의 Drone 기체는 FC(또는 FCC)에 수신기, 모터와 변속기, 전원 공급 장치가 송신기를 통하여 제어(조종)되어 기체를 이륙, 착륙, 이동(전진 및 후진, 좌측 및 우측, 좌회전 및 우회전) 시키는 비행 동작을 구현한다. 송수신기를 판매하고 있는 업체에 따라 다소 다르기 때문에 기본적으로 사용하는 채널을 확인한 후 **채널1**에는 Elevator, **채널2**에는 Aileron, **채널3**에는 Throttle, **채널4**에는 Rudder를 수신기 신호선(S, Signal)과 Positive(+, Vcc), Negative(-, Ground) 순서 또는 위치에 정확하게 연결한다.

이러한 기본적인 비행 임무와 더불어 카메라를 장착하여 비행체에서 촬영한 영상 또는 사진 자료를 조정하는 사용자가 직접 보거나 기록 매체에 저장하려면 **FPV 무선 영상 송수신 시스템**을 구현한다. Drone 기체가 일정한 위치(좌표)에서 정해진 이동 경로를 비행시키거나 돌발 상황에서 자신이 이륙한 장소로 돌아오는 회귀 비행(Return to Home) 기능을 구현하기 위하여 GPS 장비와 연동시키는 **자율 비행 시스템**을 구현해야 한다. 비행하는 상태에서 고도와 기압, 온도 등 비행 정보를 제공하기 위한 **iOSD 기능 시스템**을 구현해야 한다. 장애물을 자동으로 인식하고 자동 회피하기 위하여 초음파 센서를 장착하여 **장애물 회피 비행 시스템**을 구현해야 한다.

임무 수행 장비(Mission Command Equipment)는 아래 <그림 1-2>와 같이 Drone 기체에 기본적으로 제공하는 비행 기능과 더불어 FPV 무선 영상 송수신 시스템, 자율 비행 시스템, iOSD 서비스 기능 시스템, 장애물 회피 비행 시스템을 실제로 구현하여 추가적 서비스 기능을 제공하는 장비라고 할 수 있다.

<그림 1-2> 임무 수행 장비 장착 Drone 기체

(1) 센서(Sensor) 이해

Drone을 안정적으로 조종(제어)하기 위하여 기본적으로 위치, 고도, 속도, 방향, 장애물 등의 정보가 필요하다. 이 정보는 Drone을 조종하기 위해서도 필요하지만, Drone 자체가 안정적으로 비행 및 호버링 하는 데도 필수적 정보이다. 대부분 Drone은 5-6가지 센서를 기본적으로 장착하고 있으며, FC에 기본적으로 내장되어 있는 것도 있지만 별도로 추가적으로 연동시켜야 하는 것들도 있다. 가속도계(3 axis accelerometer), 자이로스코프(3 axis gyroscope), 자력계(Magnetometer), 기압계(Barometer), GPS 센서, 거리 측정계 등 센서는 Drone(FC)에 기본으로 장착되어 있다.

가속도계(3 axis accelerometer)는 센서에 가해지는 가속도를 측정한다. 가속도 센서가 3축이라 함은 센서가 3차원에서 움직일 때 x축, y축, z축 방향의 가속도를 측정할 수 있다는 의미하며, 이를 통해서 중력에 대한 상대적인 위치와 움직임을 측정한다. Drone에서는 비행체의 움직임에 의해 발생하는 자이로스코프의 오차를 보정하는 데 사용되며, 자이로스코프와 함께 Drone이 안정적인 자세를 유지할 수 있도록 도와준다. 이외에도 게임기 컨트롤러나 스마트폰 등 장치의 미세한 움직임을 감지하고자 할 때 사용된다. Drone의 가장 기본적인 방향과 움직임을 측정하는 데 사용되는 센서이며, 기본적인 수평 자세 제어, 헤딩 방향은 Drone을 안정적으로 제어하는 데 반드시 필요하다.

자이로스코프(3 axis gyroscope)는 Drone이 수평을 유지할 수 있도록 도와주는 가장 기본적인 센서이다. 3축 방향의 각 가속도를 측정하여 Drone의 기울기 정보를 제공하며, 자이로스코프가 없어도 Drone도 비행이 가능하다. 카메라와 초음파센서를 이용해서 자이로스코프와 비슷한 역할을 하게 할 수는 있지만, 값싼 자이로스코프를 대신해서 복잡하고 불완전한 방법을 채택할 이유가 없다. 이런 이유 때문에 장난감 Drone부터 상업용 Drone까지 자이로스코프는 필수적으로 장착되고 있다.

자력계(Magnetometer)는 나침반 기능을 하는 센서로서 자북을 측정하여 Drone의 방향 정보를 Drone의 CPU로 보낸다. 이 센서는 GPS 기능이 있는 Drone에 기본적으로 장착된다. GPS의 위치 정보와 자력계의 방위 정보, 가속도계의 이동 정보를 결합하면 Drone의 움직임을 파악할 수 있다. 북위 70도 이상에서는 자북의 측정이 불가능하기 때문에 이 위도 이상에서는 GPS Drone의 사용이 제한된다. 기본적으로 나침반이다 보니 주변에 자성을 띄는 물체에 영향을 받으며, 전자기파를 내는 전력선이나 전자기기, 자동차 같은 철구조물도 영향을 미치며, 자력계(Compass) 에러가 발생하면 현재 위치에서 조금씩 이동하다 보면 해결된다.

기압계(Barometer)는 대기압이 해수면에서의 높이에 따라 결정되는 원리를 이용하여 대기압을 측정하여 Drone의 고도를 측정한다. 다른 말로 압력계라고도 부르지만 Drone 고도를 측정하는데 기압계만 사용되는 것은 아니다. 정확도가 그리 높지 않기 때문에 대부분의 Drone은 고도를 측정하기 위한 추가적인 방법을 사용하는데. 일반적으로는 GPS 센서를 사용하여 고도를 매우 정밀하게 측정한다. GPS를 사용할 수 없는 실내에서는 초음파나 이미지 센서를 사용하여 정밀하게 고도를 측정한다. 기압계만 가지고 있는 작은 장난감 Drone 경우 집안의 방문을 여는 것에 따라서 고도가 변동하는데 실내의 공기 압력이 변하기 때문이다. Drone의 고도는 사진을 촬영하거나 장애물을 회피할 때 꼭 필요한 정보이며, 항공법규 150미터 고도제한을 지키기 위해서도 반드시 필요하다. Drone을 멀리 보내다 보면 육안으로 관측이 어려우며 이때 Drone이 어디쯤에 위치하는지 파악하는 것은 안전한 비행을 위해서도, 다시 Drone을 불러오는 데도 꼭 필요한 정보이다.

GPS 센서는 인공위성의 신호를 사용하여 Drone의 위치 좌표와 고도를 측정한다. 일반적인 저가 아마추어 Drone에도 GPS 센서를 장착된다. GPS 신호를 송출하는 인공위성은 미국, 러시아, 유럽, 중국 등에서 군사용 목적으로 띄웠으나 현재는 상업용으로 개방하여 대부분의 항공기 및 무인 항공기(UAV)들이 사용한다. 우리가 매일 같이 사용하는 스마트폰 지도와 네비(NAVI)도 이 GPS 신호이다. 미국의 GPS 신호와 러시아의 글로나스(GLONASS) 신호가 사용되고 있다. GPS 신호는 Drone에서는 출발 위치를 인식하여 원위치로 돌아오기(Return Home) 기능을 구현하는 데도 사용된다. 가끔 Drone을 분실하는 경우 대부분 GPS의 오작동 때문이며, 지자지(KP)가 강한 날은 Drone을 사용하지 말라는 주의도 GPS 신호 간섭으로 Drone이 전혀 엉뚱한 행동을 할 수 있기 때문이다. 조종기와 Drone 간 통신에도 문제가 생기므로 KP 지수가 높은 날은 Drone 비행을 삼가야 한다.

거리계는 초음파, 레이저 또는 라이다(LiDAR) 기반 센서를 사용하여 Drone과 지면 간 거리 또는 Drone과 물체 간 거리를 측정한다. 초음파나 레이저를 발산한 후 돌아오는 시간을 측정하여 거리를 계산한다. DJI, 샤오미, 고프로, 유닉 등 대부분의 Drone에서 초음파 센서가 사용되는 데 주로 실내에서 Drone의 고도를 측정하는 용도로 사용된다. 샤오미 Drone을 카펫이나 이불 위에서 날리면 갑자기 고도가 변하는 데 초음파를 흡수하여 고도 측정을 방해하기 때문이다. 레이다 센서는 레이저펄스를 사용하는 데 처음에는 통신용으로 개발되었지만, 지금은 항공기와 위성에 탑재하여 지형을 측정하거나, 스피드 건, 자율주행차 등 여러 방면에 활용되고 있다.

비전 센서는 최신 Drone에 포함하는 경우가 많으며, 기본적으로는 비디오 카메라를 생각하면 된다. 비디오를 찍고 이미지를 분석하여 장애물의 유무를 판단한다. 인텔의 리얼 센스, DJI 팬텀 4에 사용되는 장애물 센서가 대표적이다. 실내에서 10미터 이하의 고도를 측정하거나 호버링 위치를 잡을 때, 장애물을 측정하여 충돌을 방지할 때 사용된다.

장애물 회피 센서는 아직까진 고급 Drone에만 사용되는 기술이다. 여러 대의 카메라로부터 실시간으로 얻어진 이미지를 처리하기 위해서는 Drone의 CPU 성능도 높아져야 한다. 이미지 패턴을 분석하기 때문에 같은 패턴이 반복되면 호버링 위치를 잡지 못하는 현상이 발생한다. 장애물 센서의 경우에는 하얀색의 단색으로 된 벽면이나 전깃줄 같이 가는 물체는 인식을 못 할 수도 있다. 이 센서 덕분에 집안에서 Drone을 날리는 게 좀 쉬워졌다. 반면에 장애물 센서는 좁은 공간에서 이동이 어렵기 때문에 작동을 정지시키며, Drone의 움직임은 센서의 사양 범위에 맞춰 제한(속도, 가속도)된다. 급격한 스포츠 기동을 원할 때는 장애물 센서는 정지시켜야 한다.

관성 측정 장치(IMU)는 DJI 계열에서 사용되고 있는 명칭으로 주로 보정기능을 담당하고 있다. 관성 측정 장치로서 GPS와 연동되어 기체의 이동방향, 이동 경로, 이동 속도를 유지하는 역할을 한다. 3축 자력계와 GPS 수신기가 결합된 형태로 얻어진 정보를 Drone의 CPU로 전달한다. Drone 자동 비행 기능이 일반화되면서 관성 측정 장치의 중요성이 증가하였다. 많은 Drone은 GPS 신호가 사라지면 현 위치에 정지한다. 3DR의 솔로(solo)가 실패한 원인 중 하나로 낮은 GPS 수신율이 가장 많이 지목되었으며, 배터리에 가려진 GPS 센서 때문에 수신율이 낮아 사용자들의 불만이 많았다. DJI가 팬텀 4 프로에서 2개의 IMU를 사용한 것도 모두 현장에서의 경험에 바탕을 두고 있으며, 홈 포인트 설정이 매우 빠르다.

(2) 무선 영상 송수신 장치 이해

무선통신이란 전자기파를 이용한 통신 방법과 사람의 가청주파수를 넘는(들을 수 없는) 초음파 영역을 이용한 통신 방법으로, 일반 신호(사람 목소리 등)를 고주파와 합성하여 전파를 통해 전송하고 수신 측에서 이렇게 받은 고주파 신호를 처리하여 다시 원래의 신호로 바꾸는 방법을 말한다.

넓은 의미의 무선 통신은 적외선을 이용하는 텔레비전 리모콘과 같이 수 미터 이내에서 작동하는 것에서부터 위성 통신과 같이 수천 킬로미터 떨어진 장소까지 송수신이 가능할 정도로 다양하다. 전파(공간파)를 이용하는 "Radio Communication"은 일반적으로 "무선통신"이라 불리지만 그 외에 적외선, 가시광선 등 (레이저, LED 등)을 이용한 광무선통신, 음파 또는 초음파를 이용한 음향 통신도 광의의 무선통신(Wireless)에 속한다

대역폭(Bandwidth)은 각각의 초음파를 이용하여 통신하는 무선기기들이 혼선 없이 자신의 무선 신호를 찾아내려면 다른 신호와 겹치지 않는 자신의 주파수 영역을 가져야 하는데 이를 대역폭 이라고 한다. 주파수는 엉뚱한 주파수를 잘못 사용할 경우 범죄나 사고가 일어날 수 있으므로 정부에서 용도에 따른 주파수 분배를 하고 있다.(방송통신위원회와 한국전파진흥원)

주파수(Frequency)는 먼저 주파수의 사전적 의미를 알아보면 진동 운동에서 물체가 일정한 왕복 운동을 지속적으로 반복하여 보일 때 단위 시간당 이러한 반복운동이 일어난 횟수를 진동수(주파수)라고 한다. 말이 굉장히 어려운 것 같아서 쉽게 풀어보면 1초에 몇 번 떨리는 지를 나타낸 것이라고 할 수 있으며 단위는 헤르츠(Hz)를 사용한다. 사람이 말을 하면 성대를 통해 입 밖으로 울림이 발생하게 되고 이러한 울림이 공기를 매질로 하여 상대방의 고막에 전달이 된다. 상대방은 이 소리 떨림을 귀로 감지하고 소리를 들을 수 있게 되는 것이다. **사람이 낼 수 있는 소리의 주파수는** 최저 87Hz(1초에 진동이 87번 일어남)에서 최고 1,200Hz이며, **사람이 들을 수 있는 음파의 주파수**(가청주파수: Audio Frequency)는 15 ~ 20,000Hz 이다.

(3) GPS 장비 이해

GPS(Global Positioning System 글로벌 포지셔닝 시스템 또는 범 지구 위치 결정 시스템은 현재 GLONASS와 함께 완전하게 운용되고 있는 범 지구 위성 항법 시스템이다. 미국 국방부에서 개발되었으며 공식 명칭은 NAVSTAR GPS(NAVSTAR는 약자가 아니지만 종종 NAVigation System with Timing And Ranging 이라고 한다. 무기 유도, 항법, 측량, 지도 제작, 측지, 시각 동기 등의 군용 및 민간용 목적으로 사용되고 있다.

GPS에서는 중궤도를 도는 24개(실제는 그 이상)의 인공위성에서 발신하는 마이크로파를 GPS 수신기에서 수신하여 수신기의 위치 벡터를 결정한다. GPS 위성은 미국 공군 제50 우주비행단에서 관리하고 있다. 노후 위성의 교체와 새로운 위성 발사 등 유지와 연구, 개발에 필요한 비용은 연간 약 7억5천만 달러에 이른다. 그러나 GPS는 전 세계에서 무료로 사용 가능하다

GPS는 **우주 부분(SS**, space segment), **제어 부분(CS**, control segment), **사용자 부분(US**, user segment)로 구성되어 있다.

우주 부분은 시험 설치된 GPS 위성 우주 부분(SS)은 궤도를 도는 GPS 위성을 의미한다. GPS는 24개의 인공위성이 여섯 개의 궤도면 상에 분포하도록 설계되었다. GPS 위성의 평균 수명은 약 8년 정도이다. 궤도면의 중심은 지구의 중심과 일치하며 각 궤도면은 지구 적도면으로부터 55°만큼 기울어져 고정되어 있다. GPS 위성의 고도는 약 20,183 km이다. 또한 항성일마다 궤도를 두 번 일주하며, 각각의 GPS 위성은 지상의 한 점을 하루에 한 번 통과하게 된다. GPS 궤도는 지상의 대부분 위치에서 최소한 여섯 개의 GPS 위성을 관측할 수 있도록 배열되어 있다. 2019년 4월 기준 총 31개의 GPS 위성이 운용중이다. 퇴역한 위성들이 궤도상에 남아 있으며 숫자는 더 된다. 최소한 24개의 위성을 통해 작동하도록 되어 있으며, 나머지 위성들은 기본 위성에 문제가 발생할 경우의 백업 역할을 함과 동시에 GPS 수신기의 정밀도를 향상시키는 데에 이용된다. 추가 위성이 운용됨으로써 위성의 배열은 불규칙적으로 되었으나 그러한 불규칙적인 배열이 GPS 체계의 신뢰도와 이용성을 증대한다.

제어 부분은 GPS 위성의 궤도를 추적하고 위성을 관리하는 제어 부분(CS)은 지상의 제어국으로 이루어져 있다. 하와이, 콰절런, 어센션 섬, 디에고 가르시아 섬과 콜로라도 스프링스의 다섯 군데의 제어국에서 미국 지리 정보국의 운영 하에 위성을 추적한다. 위성 추적 자료는 콜로라도 스프링스 슈리버 공군기지에 위치한 주제어국으로 보내어진다. 주제어국은 미국 공군 제2 우주 작전대대에서 운영한다. 주제어국에서는 취합된 최신의 궤도 정보를 분석하여 각 추적제어국의 안테나를 통해 GPS 위성으로 새로운 궤도 정보를 송신함으로써 위성 시각을 동기화하고 동시에 천문력(ephemeris)을 조정한다.

(4) 임무 수행 장비 제어 환경 설정 및 활용

텔레메트리(Telemetry) 서비스란 원격을 의미하는 'Tele'와 측정을 의미하는 'metry'의 합성어로 원격지의 상태를 감시 및 제어하기 위해 기계간 데이터를 전송하는 서비스를 말한다. 원격지 상태 감시, 제어하기 위해 기계 사이에 데이터(Data)를 전송(송수신)하는 서비스다. 현재 전력, 가스, 수도, 가로등 등 공공 분야와 기상 측정 및 대기와 수질 환경오염 감시, 원격 진료, 원격 관리, 화재 및 도난방지 등에 적용(응용 및 활용)되고 있다.

테레메트리 무선 주파수(Telemetry Radio)는 Drone 기체가 MAVLink 프로토콜을 이용하여 공중으로부터 지상관제국(Ground Control Station)으로 통신(송수신)하기 위해 필요하다. 여기서 지상관제국은 Mission Plannner 프로그램(유틸리티)이 설치된 지상의 PC(일반 데스크탑 이나 노트북)를 의미한다. 따라서 실시간으로 여러분 임무(Mission)와 상호작용하고 Drone 기체에 장착된 카메라 또는 다른 장치로부터 데이터(Data) 전송(Stream)을 받는 것이 가능하다. 테레메트리 무선 주파수 장비를 선택(구입)할 경우에는 법적(통신 관련 법규)으로 허용된 무선 주파수인지를 확인해야 하며, **915MHz(미국), 433MHz(유럽)**가 현재 주로 사용되고 있다.

대부분의 Drone 기체에 장착되어 있는 FC(FCC 포함) 장치는 해당 업체 인터넷 사이트에서 비행 제어 환경 설정 프로그램(유틸리티)를 자신이 사용하고 있는 일반 PC에 다운로드하여 설치한다. 더불어 해당 드라이버를 다운로드 받아 설치하는 경우도 있지만 마이크로소프트사(Microsoft) 윈도우즈(Windows) 업그레이드 기술 향상 덕분에 자동으로 해당 드라이버가 설치되는 경우도 있다. 해당 환경 설정 프로그램이 설치되면 자신이 선택(구입)한 FC, FCC가 장착된 드론 기체와 자신의 PC를 연결하여 자신이 원하는 비행 제어 환경을 설정하면 된다. 대부분 이러한 작업은 유선으로 진행되는데 GPS 장비 관련 초기화(재설정) 작업을 실시하려면 현재 사용하고 있는 연결선에 제한을 받는다. 즉, GPS 장비 초기화(재설정) 작업 중에서 Drone 기체를 수평 또는 수직으로 시계 방향으로 회전시키는 작업을 실행하는 과정에서 선이 꼬이는 문제점을 해결하는 방안 중에서 가장 간단한 방법이 아래 <그림 1-3>과 같이 텔레메트리 무선 송수신기를 활용하여 원격 접속하여 비행 제어 환경을 설정하는 방법이 가장 최적 방안이라고 생각한다.

<그림 1-3> 텔레메트리 장비 장착 및 활용

FPV 무선 영상 송수신 시스템(장치)처럼 무선 주파수를 이용하여 무선통신 장비를 연동시키려면 무선 전파를 발신하는 장치(장비)와 무선 전파를 수신하는 장치(장비)가 공통된 통신규약을 사용한다면 성공적으로 무선 통신이 가능할 수 있다. 텔레메트리 장치를 활용하려면 아래 <그림 1-4>와 같이 무선으로 자료를 전송하는 송신부(장치, Ground)와 수신하는 수신부(장치, Air)가 필요하다. 결국 일반 PC에는 송신부(Ground)가 연결되고 드론 기체 FC, FCC에는 수신부(Air)가 연결된다.

<그림 1-4> 텔레메트리 구성 장비(송신부와 수신부)

텔레메트리 장치를 활용하려면 아래 <그림 1-5>와 같이 다른 주변 장치와 연동되는 구조를 이해하고 있어야 제공되는 기능을 제대로 활용할 수 있다.

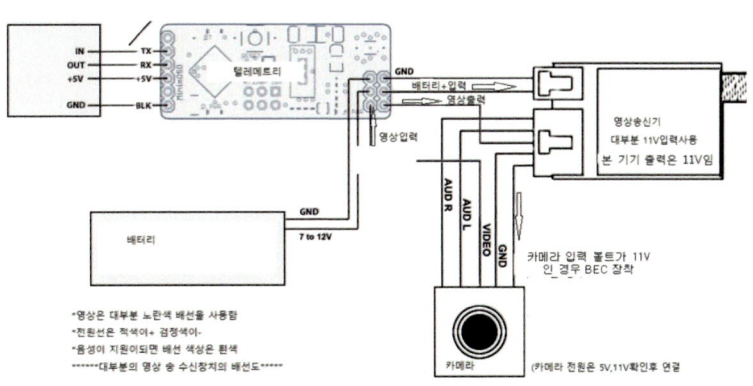

<그림 1-5> 텔레메트리 장비 연동 구조

텔레메트리 장치를 활용하려면 아래 <그림 1-6>과 같이 송신부(Ground)와 수신부(Air)가 연결 대상 매체(컴퓨터 또는 FC)에 대한 연결 포트(케이블) 형태를 이해하고 있어야 한다. **송신부(Ground)**에는 해당 비행 제어 환경 설정 프로그램(유틸리티)이 설치된 자신의 PC에 USB(Universal Serial Bus, 범용 직렬 모선 케이블)로 연결되고, **수신부(Air)**에는 Drone 기체를 제어하는 FC, FCC 제어 보드 해당 포트(Port)에 적합한 케이블로 연결된다.

<그림 1-6> 텔레메트리 장비 송신부 연결 구조

송신부에는 기존 스마트 폰에서 사용하는 5핀 커넥터가 최근에 사용되고 있으며, 수신부에는 아래 <그림 1-7>과 같이 5핀 케이블이 사용되고 있다. 텔레메트리를 사용하여 무선통신 방법으로 주로 **미션 플래너(Mission Planner)**를 통하여 비행 제어 환경을 설정하는 **APM 제어 방식**을 사용하는 FC 기종으로 Ardupilot, Pixhawk, Navio2 등이 해당된다.

<그림 1-7> 텔레메트리 장비 수신부 연결 구조

텔레메트리 장치가 정상적으로 연결되면 아래 <그림 1-8>과 같이 송신부(Ground)와 수신부(Air) LED 점멸등이 파랑색이 점등하는 상태를 유지한다.

<그림 1-8> 텔레메트리 장비 송신부와 수신부 정상 연결 상태

대부분의 기존 텔레메트리는 송신부와 수신부로 나누어서 사용되었지만, 현재에는 아래 <그림 1-9>와 같이 수신부에 해당 텔레메트리 제공 연결 포트와 연결하면 사용하고 있는 일반 PC에서 수신부에서 제공되는 WiFi에 접속하여 무선통신으로 미션 플래너(Mission Planner)를 통하여 비행 제어 환경을 설정하는 장치(WiFi-Radio)가 등장하고 있다.

<그림 1-9> WiFi 방식 수신부 장착 텔레메트리 제공 장비

(5) 기타 임무 수행 장비 이해

대부분의 **정상적 비행 형태**에 추가적인 기능과 역할을 제공하기 위하여 등장한 장비가 임무 수행 장비이다. Drone 기체는 시동 걸기, 이륙하기, 상승 및 하강 비행, 전진 및 후진 비행, 좌회전 및 우회전, 좌측 이동 및 우측 이동 비행, 착륙하기, 시동 끄기 등 보통 형태의 정상적 비행 임무를 수행한다.

비행 기체를 비교적 안정적으로 유지하고 싶을 때, 돌발 상황이 발생할 경우 Drone 기체가 이륙시킨 장소로 복귀하는 홈 리턴 기능, 일정한 좌표를 이동하면서 반복적인 임무를 수행하는 자율 비행을 구현하고 싶을 때 GPS 모드 방식을 사용한다. 또한 장애물을 인식하여 자동으로 회피하는 비행을 구현하고 싶을 때 초음파 센서 등을 사용한다. 또한 Drone 기체에 카메라를 장착하여 촬영되는 영상을 실시간으로 제공받는 FPV 무선 영상 송수신 시스템(장비) 구현과 비행 정보 제공을 위한 iOSD 장비를 구현하고자 한다. 이러한 정상적 비행 임무 이외에 **추가되는 임무를 수행**하는 장비(장치)를 **임무 수행 장비(장치)**라고 한다. 이러한 임무 수행 장비(장치)는 Drone 자체 기술과 더불어 주변 첨단 기술 발달과 함께 보다 개선된 방향으로 기술 발전이 진행되고 있다.

지금부터 임무 수행 장비(장치)라고 구분할 수 없지만, Drone 기체 정상적 비행 및 추가적(부가적) 임무를 수행하기 위하여 필요한 유용한 팁(Tips)을 제공하고자 한다.

기존 RC 송수신기는 대부분 **PWM(Pulse Width Modulation) 방식**을 사용하였지만, 최근에는 **PPM(Pulse Width Modulation)**, SBUS, DSM2, DSMX 방식으로 전환하고 있다. 하지만 기존 PWM 방식을 PPM 방식과 호환할 수 있도록 아래 <그림 1-10>과 같이 PPM 엔코더(Encoder)가 사용된다.

<그림 1-10> 수신기 PWM/PPM 전환 엔코더

Drone 기체를 새로 조립하거나 정비, 수리하기 위하여 활용되는 공구가 바로 아래 <그림 1-11>과 같이 육각 렌치가 많이 사용된다.

<그림 1-11> 조립 및 정비 필수 공구 : 육각 렌치

대부분 주로 많이 사용되는 나사 또는 너트가 있으며, 주로 아래 <그림 1-12>와 같이 육각 렌치가 많이 사용된다.

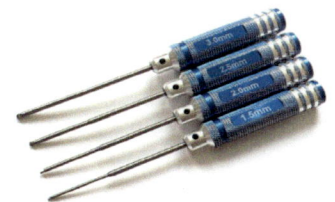

<그림 1-12> 조립 및 정비 육각 렌치

배터리와 전원 연결 커넥터로 다양한 형태가 사용되고 있으며, 아래 <그림 1-13>과 같이 JST 잭, 딘스 잭(Deans T), XT 30/60/90/150 잭, Pico Blade 잭 등이 많이 사용되고 있다.

<그림 1-13> 조립 및 정비 각종 전원 연결선 커넥터 구조

다양한 배터리와 전원 연결 커넥터로 인하여 서로 다른 형태의 사용되고 있는 커넥터를 제대로 사용하기 위하여 아래 <그림 1-14>와 같이 변환 잭이 많이 사용되고 있다.

<그림 1-14> 조립 및 정비 각종 커넥터 변환 잭

Drone에서 제공되는 Motors 사양을 확인하는 방법은 다음과 같다. 업체에서 생산하는 Motors 종류가 다양하지만, 가령 RTS S2204-2300KV에서 **22**는 Motors 고정자의 지름(mm)이고, **04**는 고정자의 높이(mm)이며, **2300**은 1 Voltage 당 회전수를 의미한다. 2300×11.1V=**25,530 RPM**이다.

Drone에서 제공되는 Props(Propellers) 사양을 확인하는 방법은 다음과 같다. 가령 EMax CW(Clock Wise)/CCW(Counter CW) 1045에서 **10**은 프로펠러의 지름(길이)을 Inch 단위로 나타내며, **45**는 프로펠러가 1회전 시 나선형으로 진행한 거리(Pitch)를 1/10 Inch 단위로 나타낸다. **피치(Pitch)**는 나사 에서 차용된 용어로 나사산과 나사산 사이의 거리, 즉 나사가 한 바퀴 회전 시 이동하는 거리를 나타낸다.

최적의 출력을 제공하는 Drone을 제작하기 위하여 고려할 사항은 최적의 Motors, Props(Propeller), ESC, Battery 등에 대한 최적의 선택과 **전체 무게에 대한 해당 Drone 추력을 계산**해야 한다. 먼저 4셀 14.8V Battery와 2600KV Motors를 사용하는 Quadcopter의 경우 Motors 분당 회전수를 계산하면, Battery 1셀(공칭전압 3.7V) ×4개 = 14.8V이며, **Motors의 분당 회전수**는 2,600KV ×14.8V = 38,480 회전/분당 이다.

Drone에서 사용하는 Motors와 ESC는 Brush와 Brushless(이하 BL)가 사용된다. 현재 대부분의 Drone 에서는 BL Motors가 사용되지만, ESC와 Props(Propeller)와 밀접한 연계성을 가지고 있다. 특히 Motors의 성능과 사양을 고려하여 ESC와 Props(Propeller)을 비행 최적의 환경을 구성할 수 있도록 고려해야 한다. 대형 Drone 기체에서 사용하는 BL Motors 경우 120 KV, 중소형 Drone 기체에서 사용하는 BL Motors 경우 935 KV 사양을 사용하는데, 1 KV 단위는 무부하 1V 입력시 RPM(Rotation Per Minute) 회전수를 의미한다.

Motors와 ESC에 대한 최적의 비행 환경을 구성할 때 함께 고려해야 할 사항이 Props(Propeller)이다. Props(Propeller)는 28 × 4" 로 표기되어 있는데, **앞 숫자 28**은 직경이 28인치이고 **뒷 숫자 4"**는 피치가 4인치, 즉 한 바퀴 회전하는 거리가 4인치(10.16cm)라는 것이다.

무엇보다 가장 고려해야 할 사항은 기체 무게와 동일한 출력을 가지는 Motors로 Drone을 제작한다면, 최고 출력으로 Motors를 구동해도 겨우 떠오를 정도에 해당된다. 이러한 문제점을 해결하려고 **2배 이상의 출력을 가지도록 설계하려면** Motors와 Battery, Props(Propeller)가 기존 성능을 향상시키려면 보다 무게가 증가하게 된다. Drone의 최대 무게는 다음과 같이 정리할 수 있다.

Drone의 무게(g) = Motors 1개당 발생하는 추력 × Motors 수 ÷ 2
= Motors 1개당 발생하는 추력[1] × 2

---

[1] Motors 1개강 발생하는 추력은 해당 업체 Motors 추력 정보표(Motor Thrust Performance Table)를 참고

최적 성능을 제공하는 Drone을 설계 및 구현하기 위하여 직관적인 선택보다 이론적인 선택으로 전체적 입장에서 부품을 구입해서 조립해야 한다. 아래 <그림 1-15>와 같이 **펠콥샵 사이트**[2]에서 Drone 기체에 사용하는 각종 부품(변속기, 배터리, 모터, 서보, 프로펠라)에 대한 최적 사양을 선택할 수 있는 서비스를 사용자에게 제공하고 있다.

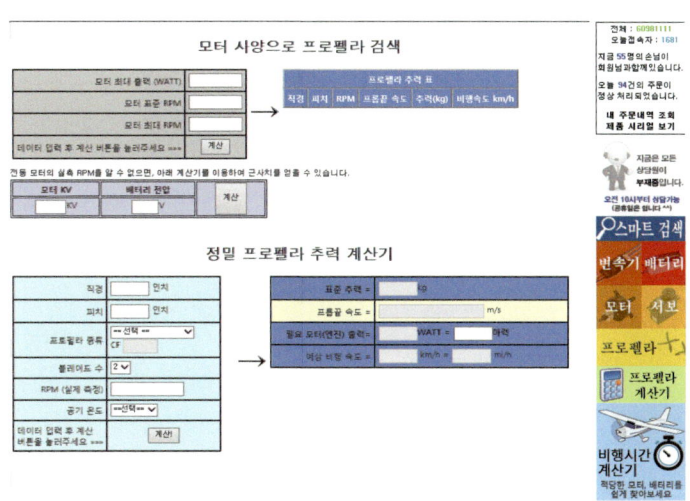

<그림 1-15> Drone 기체 최적 부품 선택

인버터(Inverter) : 직류를 교류로 바꾸는 장치이며, 컨버터(converter) : 교류를 직류로 바꾸는 장치이다. 레귤레이터는 흔히 리니어(Linear Regulator)방식과 스위칭(Switching Regulator : SMPS)방식의 레귤레이터로 분류된다.

---

[2] http://www.falconshop.co.kr/shop/main/html.php?htmid=proc/propsize.htm

Drone 기체는 외형적으로 모양과 크기가 다르고 제품에 따라 구입하는 가격이 다르다. 외형적으로 주로 모터와 프로펠라가 장착된 형태에 따라 Tricopter, Quadcopter, Hexacopter, Octocopter와 같이 구분된다. 대부분의 Drone 기체는 기본적으로 FC(또는 FCC), 모터와 프로펠라(Motors& Propellers) 변속기(ESC, Electronic Speed Controller)와 전원 공급(분배) 장치, 배터리(LiPo), 송수신기(Transmitter&Receiver)로 구성되어 있으며, 이륙하기와 착륙하기, 이동(전진 및 후진, 좌회전 및 우회전, 좌측 및 우측)하는 기본적인 비행 동작(제어)을 수행한다. 간혹 뒤집기 동작과 배면 비행 등을 비행 동작(제어)을 보여주지만 자율 비행, RTL(Return To Launch) 기능, GPS 모드 비행, FPV 기능, 장애물 회피 비행 등 추가적 또는 부가적 임무를 수행할 수 없다. 아직까지 자율비행, RTL, GPS 모드 비행은 GPS 장비가 FC(FCC 포함) 제어 보드(Board)와 연계되지 않으면 구현할 수 없는 기능이다. 또한 FPV(First Person View) 기능은 무선 영상 송수신 시스템이 구현되어 있어야 하며, 장애물 회피 비행은 초음파 센서와 연계되어 있어야 가능하다.

Drone 기체와 송수신기를 구입할 경우 주로 디자인과 가격을 보고 선택하지만, 외형적으로 FPV 기능을 제공하는 Drone 기체는 카메라(Camera)와 짐벌(Gimbal), 고글(Goggles), 전용 모니터(Monitor)와 무선 영상 송수신기에 대한 추가적인 장비 장착 비용이 소요되기에 가격이 다른 일반 Drone에 비하여 고가에 해당된다. 하지만 하드웨어 사양 및 부품(장비)에 대한 가격에 대부분의 사용자는 관심을 가지고 있지 않기에 FC(Flight Controller) 또는 FCC(Flight Controll Computer)가 제공하는 성능과 기능에 대하여 향후 Drone 운영에 영향을 미칠 수 있다는 사실을 간과하고 있다.

정리하면 Drone 기체와 송수신기로 구성되는 하드웨어(장비 또는 부품, 기체 프레임 등)와 Drone 기체 비행 동작(제어)와 주변에 추가적 임무를 수행하기 위해 장착되는 장비를 제어하는 환경 설정을 위한 소프트웨어(환경 설정 및 제어 프로그램 또는 유틸리티, 드라이버 등)로 구성되어 있다. 물리적으로 구분하면 Drone 기체와 송수신기가 이륙하기와 착륙하기, 이동(전진 및 후진, 좌회전 및 우회전, 좌측 및 우측)하는 기본적인 비행 동작(제어) 수행하고 비행 제어 환경을 설정하는 부분을 **기본 비행(Basic Command)**이라고 정의할 수 있다. 여기에는 기본적으로 FC(또는 FCC), 모터와 프로펠라(Motors& Propellers) 변속기(ESC, Electronic Speed Controller)와 전원 공급(분배) 장치, 배터리(LiPo), 송수신기(Transmitter&Receiver)로 부품과 장비가 구성된다. 이런 기본적인 비행 임무 이외에 추가적 또는 부가적으로 GPS 장비와 초음파 센서 장비와 연동하여 자율 비행, RTL(Return To Launch) 기능, GPS 모드 비행, FPV 기능, 장애물 회피 비행 등 추가적 또는 부가적 임무를 수행하는 장비 또는 장치를 **임무 수행 장비(Mission Command Equipments)**라고 정의할 수 있다. 여기에서 초기 구입이나 이미 장착된 장비에 대하여 고민할 경우는 없지만, 자신이 원하는 DIY Drone 기체와 송수신기 체제를 구현하려고 한다면 자신이 선택(구입)한 FC(FCC 포함)가 무엇이냐에 따라서 임무 수행 장비를 위한 장비와 호환성을 가져야 하기에 성능과 기능 확장, 연동 환경 설정에 중요한 영향을 미치기 때문이다. 결국 Drone 기체와 송수신기 체제를 변화 또는 확장시키고 싶은 사용자는 **자신이 선택(구입)한 FC 또는 FCC에 따라 결정적 영향을 받는다**고 할 수 있다. 따라서 자신이 선택(구입)한 FC(FCC 포함)에 대한 사양에 대한 연구(분석)과 더불어 자신의 FC(FCC 포함)를 제어하는 방법에 대하여 철저한 이해가 있어야 한다. 더불어 실제로 **Drone 기체 동작(제어) 기능을 수행하는 송수신기에 대한 기능을 정확하게 숙지**하고 있어야 한다.

Naza 시리즈(Series)는 중국 DJI사에서 개발되고 현재 대부분 Drone 기체에 장착되고 있다. 점점 기능과 성능이 향상되는 Naza 시리즈가 개발되고 출시되지만, 아직까지 구입 가격이 고가이다. 다만 DJI사에서 Naza 시리즈 각각에 해당하는 제어 프로그램(유틸리티)가 iOS와 Windows용으로 제공되고 있으며, 다른 FC와 비교하면 해당 장비(부품)을 연결시키고 비행 제어 환경 프로그램(유틸리티) 사용 방법이 아래 <그림 1-16>과 같이 비교적 간단하고 편리하다. 하지만 자사(DJI) 제품에 대하여 추가적인 부품(장비)만 연동되기 때문에 다른 회사 제품(부품)을 연동시키려고 한다면 반드시 호환 가능성에 대하여 검토해 보아야 한다. 만약, FC와 연결이 제대로 수행되지 않으면 해당 프로그램(유틸리티)에서 제어 환경 설정이 불가능하다. 해당 Naza 시리즈 제품에 대한 해당 지원 가능한 프로그램(유틸리티)가 설치되어야 한다. 반드시 Naza 시리즈 제품에 대한 드라이버가 자신이 사용하는 PC에 설치되어야 한다.

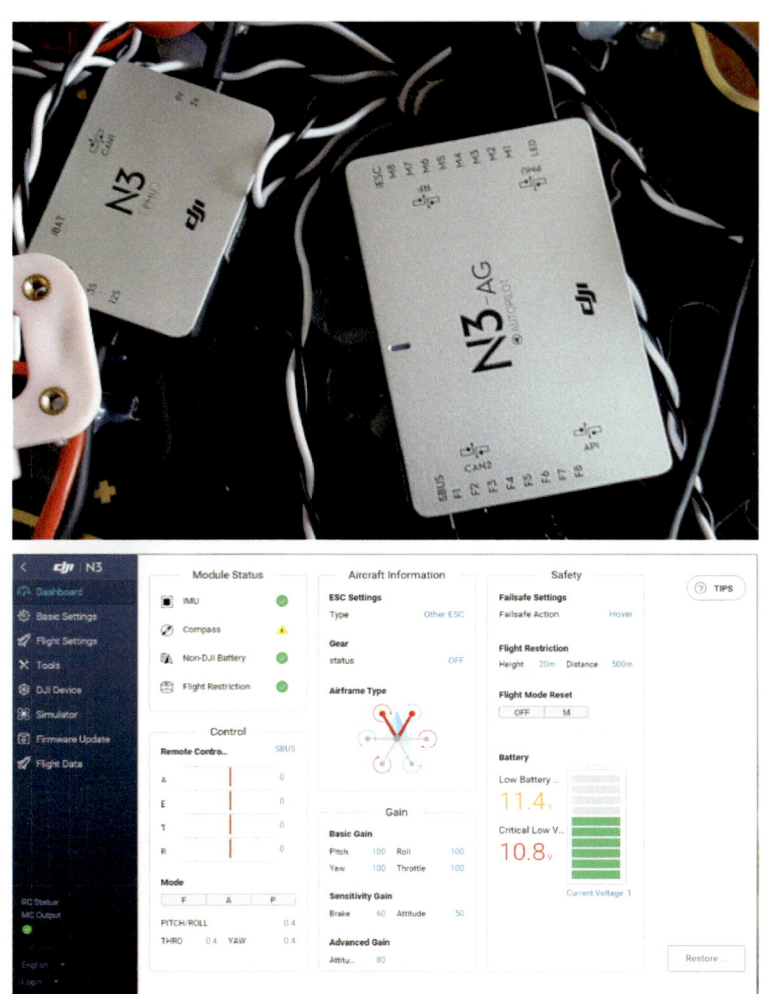

<그림 1-16> DJI사 **Naza 시리즈**(N3-AG) 제어 환경 설정하기

Naze 시리즈는 현재 대부분의 Drone 기체에 장착된 FC 제어(Control) 보드(Board)는 중국 DJI사 Naza 시리즈(Series)에 대한 대항마로 개발되어 보급되고 있다. 이론적으로 DJI사 Naza 시리즈가 제공하고 있는 기능과 성능이 동일하다고 하지만, 일단 구입 가격이 저가이며 기능과 성능이 점점 향상되고 있다. FC 제어 보드 제어 프로그램(유틸리티)을 별도로 해당 사이트에서 다운로드 받아 설치할 필요가 없으며, 구글(Googles)사 브라우저(Browser)인 크롬(Chrome)가 설치되어 있으면 바로 사용이 가능하다. 설치하면 방법은 크롬에서 검색하는 창에 Clean Flight을 입력하고 나타나는 화면(CleanFlight-Configure)에서 크롬에 추가 크롬 버튼을 앱 실행으로 변경되면 아래 <그림 1-17>과 같은 화면을 제공하고 사용하는 방법이 간단하고 편리하다. 현재 사용하고 있던 크롬 브라우저를 종료하고 다음에 이용할 경우에는 크롬 왼쪽 앱 메뉴를 마우스로 선택하고 클릭하면 Clean Flight를 발견할 수 있다. 다만, 처음 FC와 연결하려면 FC 제어 보드에서 점프(Jump)하는 부분을 기판에서 Naze 설정하는 매뉴얼에 따라 쇼트(Short)시켜 주는 작업을 반드시 한 번은 Naze에서 제공하는 매뉴얼에서 지시하는 방법과 단계에 따라 정확하게 실시해야 한다. 또한 반드시 Naza 시리즈 제품에 대한 드라이버를 자신이 사용하는 PC에 설치해야 한다.

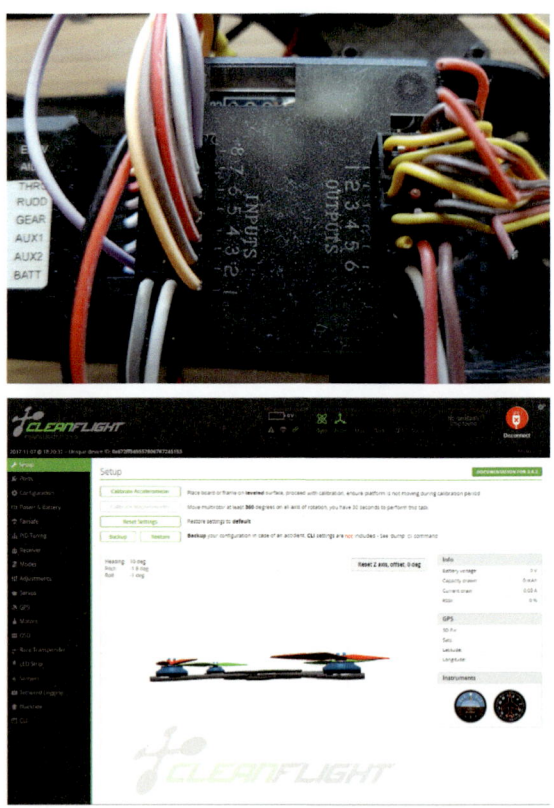

<그림 1-17> Naze 시리즈(**Clean Flight**) 제어 환경 설정하기

CC3D(Copter Control 3D)는 요즘 FPV 드론 레이싱에서 많이 사용되고 있는 Drone 기체에 장착되고 있다. 가격 대비 성능을 비교하면 대체로 뛰어난 성능과 기능을 제공하고 있다. FC 제어 보드 제어 프로그램(유틸리티)은 Naze 시리즈와 같이 별도로 해당 사이트에서 다운로드 받아 설치할 필요가 없으며, 구글(Googles)사 브라우저(Browser)인 크롬(Chrome)가 설치되어 있으면 바로 사용이 가능하다. 설치하면 방법은 크롬에서 검색하는 창에 Beta Flight을 입력하고 나타나는 화면(BetaFlight-Configure)에서 크롬에 추가 크롬 버튼을 앱 실행으로 변경되면서 아래 <그림 1-18>과 같은 화면을 제공하고 사용하는 방법이 간단하고 편리하다. 현재 사용하고 있던 크롬 브라우저를 종료하고 다음에 이용할 경우에는 크롬 왼쪽 앱 메뉴를 마우스로 선택하고 클릭하면 Beta Flight를 발견할 수 있다. 다만, 처음 FC와 연결하려면 FC 제어 보드에서 점프(Jump)하는 부분을 기판에서 CC3D 설정하는 매뉴얼에 따라 쇼트(Short)시켜 주는 작업을 반드시 한 번은 CC3D 에서 제공하는 매뉴얼에서 지시하는 방법과 단계에 따라 정확하게 실시해야 한다. 또한 반드시 CC3D 시리즈 제품에 대한 드라이버를 자신이 사용하는 PC에 설치해야 한다.

<그림 1-18> CC3D 시리즈(**Beta Flight**) 제어 환경 설정하기

APM(Ardu Pilot Mega) 방식은 Drone 기체에 사용되는 저렴하고 성능 및 기능이 뛰어난 FC를 제작하는 과정에서 정보를 공유하는 프로젝트에서 유래되어 현재 Pixhawk, Ardupilot, Navio2, Raspberry Pi 등에서 FC 제어 보드에서 사용하고 있는 방식이다. 다만 DJI사에서 Naza 시리즈 FC 제어 보드와 다르게 Mission Planner 프로그램(유틸리티)을 다운로드 하고 설치하면 아래 <그림 1-19>와 같은 화면이 표시되고 사용하는 방법은 간단하고 편리하다. 다만, FC와 연결이 제대로 되지 않으면 해당 프로그램(유틸리티)에서 제어 환경 설정이 불가능하며, 해당 APM 지원 FC 제품에 대한 드라이버가 자신이 사용하는 PC에 설치되어야 한다.

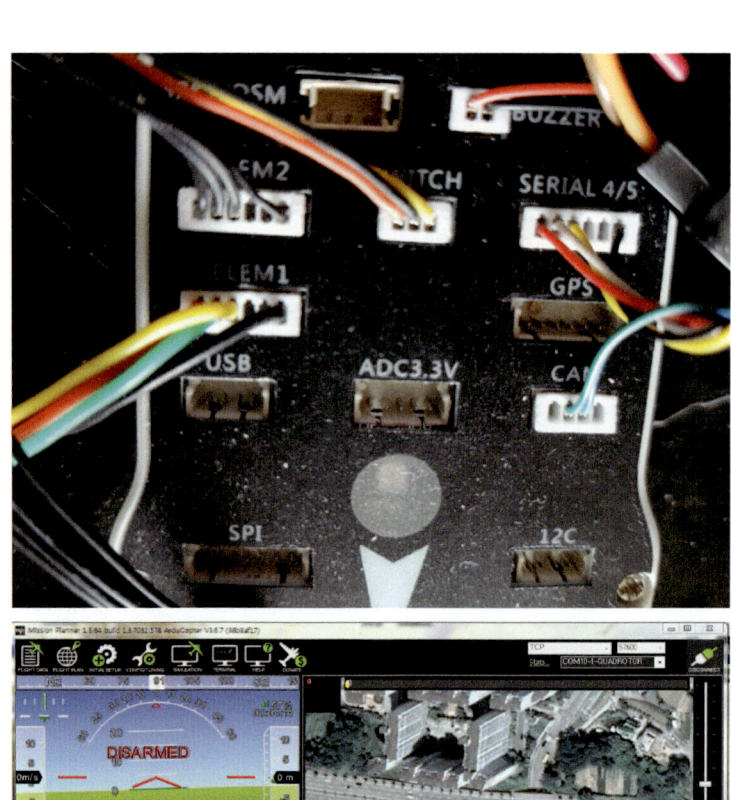

<그림 1-19> APM 지원 방식 FC(Mission Planner) 제어 환경 설정하기

Arduino 계열은 Drone 기체에 사용되는 FC중에서 시판되는 제품 중에서 가격이 가장 저렴하지만 성능 및 기능은 매우 우수한 FC 제어 보드이다. 현재 순수한 Arduino 계열(Uno, Mega, Due, Leonard, Yun 등), Drone 제어로 개선된 Crius MultiWii 제어 보드 등에서 FC 제어 보드에서 사용하고 있는 방식이다. Drone 기체를 제어하는 소스가 공개되고 바로 수정하여 사용자에게 적합하게 사용이 가능하다. 다만 DJI사에서 Naza 시리즈와 비교하면 프로그래밍 능력과 주변 장치 연동을 위한 전자와 전기 공학에 대한 전문적 지식을 요구하고 있다. **Arduino 계열** FC 제어 보드에 대한 환경 설정을 하기 위하여 2가지 프로그램(유틸리티)가 다운로드하고 설치되어야 한다. 다른 FC 제어 보드와 마찬가지로 **Arduino Sketch** 프로그램(유틸리티)과 **MultiWiiConf** 프로그램(유틸리티)을 다운로드 하고 설치하면 아래 <그림 1-20>과 같은 화면이 표시되고 사용하는 방법은 다소 복잡하다. 다만, FC와 연결이 제대로 되지 않으면 해당 프로그램(유틸리티)에서 제어 환경 설정이 불가능하며, 해당 Arduino 계열 FC 제품에 대한 드라이버가 자신이 사용하는 PC에 설치되어야 한다.

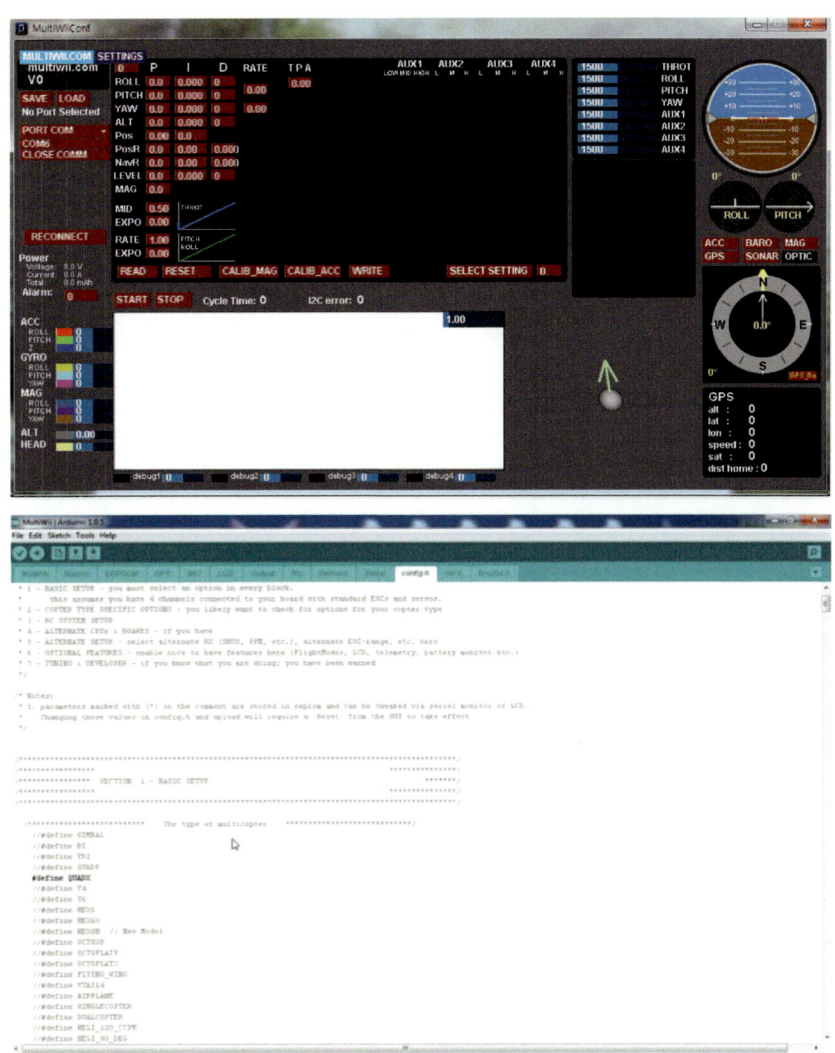

<그림 1-20> Arduino 계열 FC(**Arduino Sketch&MultiWiiConf**) 제어 환경 설정하기

Raspberry Pi 보드는 Drone 기체에 사용되는 다른 FC 제어 보드와는 다르게 **FCC(Flight Control Computer) 기능과 역할**을 제공한다. 보통 FC(Flight Controller)는 Drone 기체를 제어하는 역학과 기능을 제공하지만, Drone 기체 비행에서 발생되는 자료(정보)를 수집하고 처리하는 기능과 역할을 수행하는 것이 불가능하다. 간단하게 정리하면 사용자가 원하는 명령은 정확하게 수행하지만, 주변 상황에서 발생하는 각종 정보를 처리하는 기능과 역할은 운영체제를 가지고 있는 컴퓨터에서만 가능하다. 이러한 FC의 **제어 기능과 역할**을 동시에 제공하면서 컴퓨터에서 **자료(Data)를 처리하는 역할과 기능**을 Drone에서 가능하도록 새롭게 등장한 개념이 FCC이다. 다만 FC 제어 보드에서 사용하고 있는 방식처럼 별도로 설치되는 프로그램(유틸리티)이 존재하고 있지 않다. 다만, **전문적인 프로그래밍 능력(네트워크 및 보안 포함)과 주변 장치 연동을 위한 전자와 전기 공학에 대한 전문적 지식을 요구**하고 있다. Raspberry Pi 제어 보드에 유선 또는 무선으로 원격 접속이 가능하면 아래 <그림 1-21>과 같이 필요에 따라서 해당 프로그램(PuTTy & XRDP 원격 접속)은 다운로드 받아서 설치하면 된다. 다만, Raspberry Pi 제어 보드를 위한 드라이버가 자신이 사용하는 PC에 설치할 필요가 없지만, 나중에 Navio2 제어 보드와 같이 **APM 제어 방식이 지원된다면 Mission Planner 프로그램(유틸리티)**를 사용한 비행 제어 환경 설정이 가능하다.

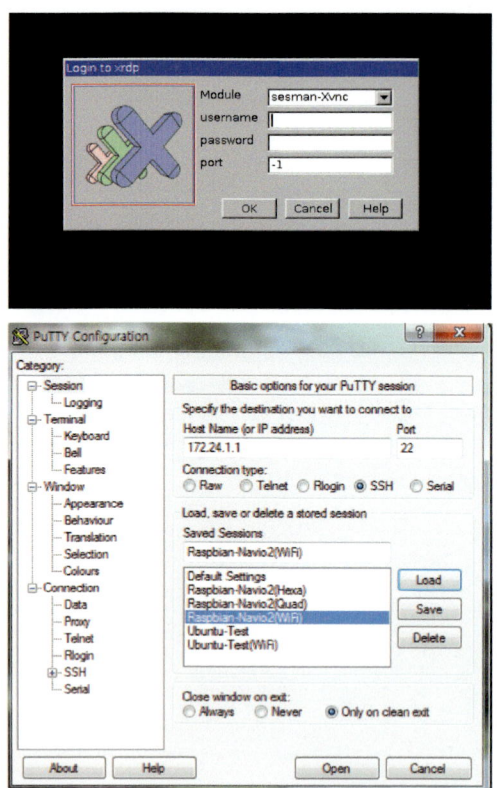

<그림 1-21> Raspberry Pi FCC(PuTTy & XRDP원격) 제어 환경 설정하기

KK 시리즈 제어 보드는 Arduino 제어 보드를 개조하여 Drone 기체를 제어하기 위해 개발된 FC 제어 보드이다. 현재 시중에서 시판되는 제품 중에서 가격이 대체로 저렴하지만 FC 제어 보드로서 성능 및 기능은 우수하다. 다른 FC 제어 보드와 다르게 KK 시리즈 제어 보드를 위한 특별한 제어 프로그램(유틸리티)과 드라이버가 필요하지 않다. 제품을 구입하고 개봉한 후 적절한 전원을 연결하면 아래 <그림 1-22>와 같은 화면이 표시되고 자체적으로 제공되는 LCD(액정) 화면과 4가지 기능키를 활용하여 구입하는 제품과 함께 제공되는 매뉴얼에 따라 자신에게 적합한 FC 제어 환경을 설정하면 된다.

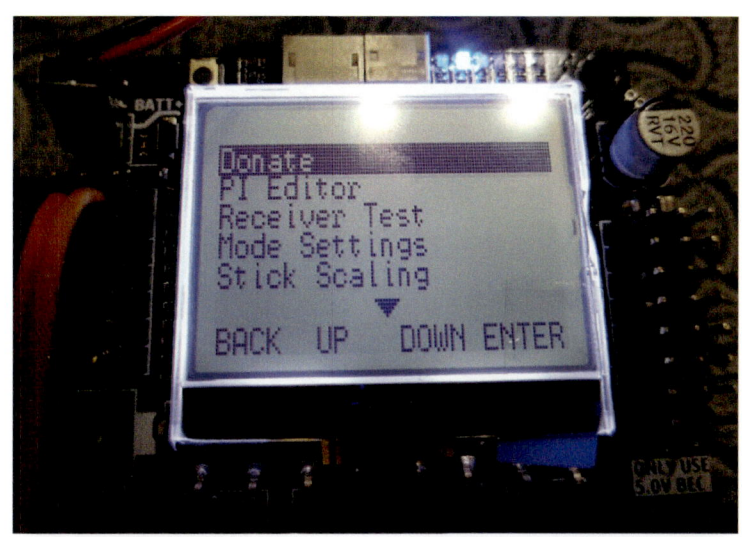

<그림 1-22> KK 보드 FC 제어 환경 설정하기

2. FPV & iOSD 장비 연동하기

가. FPV & iOSD 장비 이해

FPV(First Person View)는 Drone 기체에 장착한 카메라(Camera)를 통하여 비행 장면(화면)을 고글(Goggles), FPV용 전용 모니터(Monitor) 또는 일반 PC용 모니터(주로 LCD 노트북 PC 또는 데스크탑 PC)를 통하여 동시에 영상(사진) 자료 보면서 비행을 조종(제어)하거나 기록 매체에 저장할 수 있는 무선 영상 송수신 시스템을 일컫는 용어이다. 다만, 이 상태에서 비행하는 영상을 수신할 수 있지만 비행하는 상태에서 고도와 위도, 배터리 상태 정보 등 각종 정보를 제공받을 수 없기에 추가적으로 **iOSD(information On Scerrn Display)**와 연동시키면 이러한 정보를 제공받을 수 있다.

FPV 관련 **전파법시행령 제25조 제4호의 규정**에서 신고하지 아니하고 개설할 수 있는 무선국에 해당하는 무선기기 영상 송신 장치의 출력(안테나에서 방사되는 공중선 전력)은 **10mW로 제한**되어 있다. 이러한 규정을 따르면 **20~30m 정도밖에 원활한 영상을 전송**할 수 없다. **실제로 Drone 레이싱, 항공 영상 촬영 등에서 200mW~600mW의 출력을 가진 송수신기가 많이 사용되고 있기에 특별한 주의가 요구**된다.

Drone 기체에서 촬영하고 있는 영상(부가적 정보 포함) 자료를 실시간으로 제공받기 위하여 FPV(부가적으로 iOSD 장비) 기능을 구현하기 위하여 요구되는 기술적 사항은 무선으로 영상을 송수신할 수 있는 카메라와 제어 보드(Board), 모니터(Monitor)가 있어야 한다. 우리 나라 대부분 카메라에서 무선으로 영상을 송수신하는 방식은 **NTSC**(미국의 National Television System(s) Committee)을 사용하고 있으며, 현재 미국, 캐나다, 대한민국 등에서 널리 사용하는 아날로그 텔레비전 방식이다.

별도의 전원을 공급할 수 있는 방안을 강구해야 한다. 대부분의 전자부품을 구성하는 회로는 3V-5V 이내의 전압을 사용하기에 보통 Drone에서 사용하는 배터리가 3.7V, 7.4V, 11.1V, 14.8V, 18.5V, 22.2V라는 사양을 고려한다면, 이러한 전압을 낮은 전압으로 바꿔주는 정전압 레귤레이터(Voltage Regulator)가 필요하다.

사용자의 요구가 보다 다양해지면 직접 눈으로 보는 고정된 장면에 만족하지 않고 카메라를 좌우, 또는 상하로 이동(회전)시켜 입체적으로 보기를 원한다. **팬 틸트(Pan Tilt)**는 이러한 기능을 제공하여 카메라를 사용자(조종자)가 원하는 방향으로 이동시키는 기술을 제공하는데 별도의 제어 보드(Board)와 전원을 공급해 주는 시스템이 **짐벌(Gimbal)**이다. 현재 업체에서 제공하는 짐벌은 1축, 2축, 3축 기능을 제공하고 있지만 기본적으로 카메라의 방향을 이동시키는 기술을 구현하기 위하여 모터(서보 모터 또는 전용 모터)를 제어하는 보드와 해당 업체 사이트에서 유틸리티(프로그램)를 다운로드 받아 설치해야만 사용자가 원하는 기능에 대한 환경설정 작업을 수행할 수 있다.

무선 영상 송수신 시스템을 제어하는 FPV 방식은 초기에는 주로 짐벌(Gimbal)을 조종기(송신기)를 통하여 카메라 방향을 제어하는 방식으로 FPV 전용 고글, 전용 FPV 모니터 또는 일반 PC 모니터에서 영상(사진) 정보(자료)를 제공 받거나 영상(사진) 녹화 기능을 제공하였다. 정보통신기술(IT 산업)의 발달로 스마트 기기(전화기 또는 태블릿 PC) 발달로 Drone FC 또는 FCC와 연동시켜 무선 통신 방식으로 자체 화이파이(WiFi), 불루투스(Bluetooth), 지그비(Zigbee) 등 기능을 제공하여 안드로이드(Android) 계열 방식 기기를 사용하는 스마트 기기에서는 앱(App) 또는 iOS(애플사 맥킨토시) 계열 방식 기기를 사용하는 스마트 기기에서는 어플(Application)을 통하여 제어하는 방식이 등장하였다. 현재에는 필요에 따라 기존 조종기(송신기)와 스마트 기기를 선택적으로 사용하는 겸용 제어 방식이 사용되고 있다. 현재 Drone에 장착된 무선 영상 송수신 시스템을 제어하는 방식은 아래 <표 2-1>와 같이 구분될 수 있다.

<표 2-1> 무선 영상 송수신 시스템 제어 방식 구분

구분	제어 장치	비고
조종기(송신기) 제어	송수신기 연동	송수신기 무선 제어 최대 거리 확인
앱 또는 어플 제어	WiFi/Bluetooth/Zigbee	무선 통신 제어 제어 최대 거리 확인
조종기와 앱 겸용 제어	겸용(선택)	비상 착륙 제어 기능 확인

실제로 대부분의 무선 영상 송수신기는 300m 이내에서 카메라로 촬영한 사진 또는 영상 제어(조종)가 가능하다. 현재까지 개발되고 사용되고 있는 무선 통신 장비(기술)에 대한 사양은 아래 <표 2-2>와 같이 제시할 수 있지만, 실제로 Drone과 연계시킨다면 어떠한 결과가 나타날지 예상해 볼 수 없다.

<표 2-2> 무선 통신 장비(기술) 사양 비교 분석

구분	전파 강도(송수신 거리)	비고
WiFi	10m~100m	WiFi 4,5,6(802.11b/a/g/n/ac/ad/ax)
Super WiFi	1,000m(1km)	802.11af(2.4GHz, 5GHz)
Bluetooth	50cm~100m	Class1(100 mW)~Class4(0.5 mW)
Zigbee(915 MHz/2.4 GHz)	20m~100m	IEEE 802.15 표준
PDA	AP 거리 이내	
무선랜	20m~100m	
무선 RC 송수신기	300m~40,000m	낮은 주파수일수록 장거리 송수신 가능
무선 영상 송수신기	300m 이내	

대부분 일반 PC 또는 TV 모니터에서는 입출력 포트로 RGB 방식(D-Sub/VGA), DVI(Digital Visual Interfafce) 방식(DVD-D/I/A), HDMI(High-Definition Multimedia Interface) 방식(1.4V/2.0V), DP (Display Port) 방식 커넥터(케이블)를 사용하고 있다. 현재까지 대부분의 무선 영상 수신 장치는 컴포지트 비디오 방식(Composite Video) RCA(Radio Corporation of America), AV(Audio Video) 방식 케이블을 사용하고 있다. 사용하기 이전에 반드시 확인할 내용은 자신이 사용하고자 하는 모니터와 연결할 수 있는 케이블(커넥터)과 호환할 수 있어야 하며, 필요시 모니터 변환 젠더(Gender)를 추가적으로 구입해야 한다. 기존 무선 영상 송수신 시스템에서 화면(영상 또는 사진) 정보를 확인하기 위하여 아래 <그림 2-1>과 같이 일반 PC용 또는 TV 모니터가 필요하다.

<그림 2-1> 무선 영상 송수신 시스템 일반 TV 모니터 및 FPV 전용 모니터 장비

무선 영상 송수신 시스템 모니터는 주로 영상 정보 또는 사진 자료를 확인하거나 녹음 저장 매체에 저장하기 때문에 아래 <그림 2-2>와 같이 무선 영상 수신 장치에 있는 컴포지트 비디오 방식(Composite Video) RCA(Radio Corporation of America), AV(Audio Video) 방식 케이블(노랑색 잭)을 연결하면 된다. 음성 지원이 가능한 장비는 오디오 케이블(빨강색 잭)을 연결하면 된다. 또한 필요시 모니터 RCA, AV 케이블 변환(암/수) 젠더(Gender)를 추가적으로 구입해야 한다.

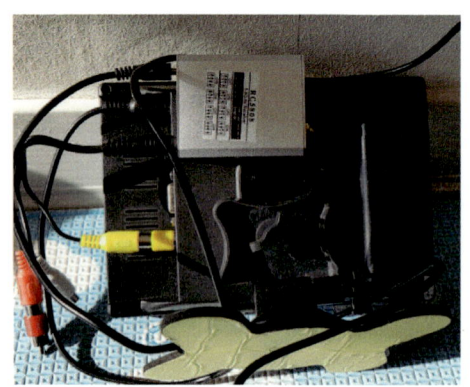

<그림 2-2> 무선 영상 송신 장비와 FPV 전용 모니터 연결

대부분 무선 송수신 시스템을 송수신기와 연동시켜 FPV 전용 고글이나 일반 모니터(컴퓨터 또는 TV)를 사용할 때, 프랑스 패럿(Parrot)사에서 스마트 기기에서 앱을 통하여 제어하는 AR. Free Flight Drone을 출시하였다. 이 Drone은 두 대의 카메라를 장착하여 조종(제어)하는 **앱(App)** 또는 **어플(Application)**을 설치하여 자체적 WiFi 무선 통신을 제공하여 스마트 기기로 제어할 수 있는 방식을 제공하였다. 자신이 사용하는 스마트 기기(안드로이드 또는 iOS 기기)에 적합한 앱 또는 어플을 다운로드 받아 설치하고 실행을 누르면 아래 <그림 2-3>과 같이 Drone을 조종(제어)할 수 있는 화면을 선택할 수 있는 화면을 제공한다.

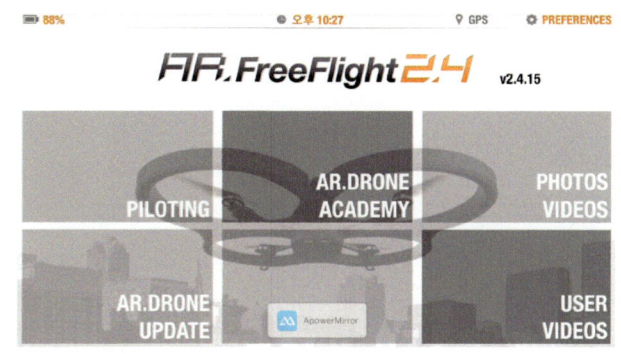

<그림 2-3> Parrot AR. Drone 스마트 기기 연결 상태

Drone을 스마트 기기로 직접 제어하는 기능을 파일럿팅(Piloting)에서 제공하는데 사전에 Drone 기체에 배터리가 사전에 연결되어야 하며 스마트 기기에서 아래 <그림 2-4>와 같이 통신환경 설정하는 메뉴에서 WiFi(ardronex_xxxxxx)를 튜어링(Turing)해야 한다.

<그림 2-4> Parrot AR. Drone 스마트 기기 통신환경 설정

Drone 기체 비행 제어 환경을 설정하려면 이전 <그림 2-3> 화면에서 Piloting 우측 상단에 있는 Preferences 메뉴를 클릭하면 아래 <그림 2-5>와 같이 비행 제어 환경을 설정하는 해당 부분을 사용자가 적절 하게 수정하면 된다.

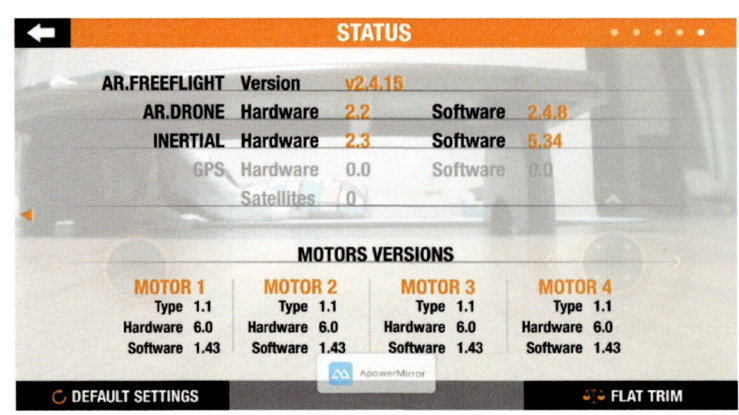

<그림 2-5> Parrot AR. Drone 비행 제어 환경 설정

Drone 기체 비행을 실제로 조종(제어)하려면 이전 <그림 2-3> 화면 우측 상단에 있는 Piloting 메뉴를 선택(클릭)하면 아래 <그림 2-6>와 같이 비행 조종(제어) 상태 화면이 제공된다. 이 상태에서 아래 부분 가장 중간에 있는 Take-Off 메뉴를 클릭하면 이륙 상태로 동작(전환)되면서 호버링(Hovering) 비행이 실시되며, 나중에 착륙하기 위하여 Landing 상태로 메뉴가 자동으로 변경된다.

<그림 2-6> Parrot AR. Drone 스마트 기기 연결 및 조정(제어) 상태

Drone 기체 비행을 위한 조종(제어) 메뉴는 아래 <그림 2-7> 매뉴얼을 참고하면 된다. 화면 가장 윗 부분에 있는 메뉴 기능을 살펴보면 오른쪽에서 왼쪽으로 환경설정 메뉴, 드론 기체 배터리 상태, 와이파이 연결 상태, 카메라 상태 전환(전면, 배면), 영상 저장, 카메라 사진 촬영 기능을 제공한다. 화면 가장 아랫 부분에 있는 메뉴 기능을 살펴보면 가장 중앙에 있는 기체 이륙하기 이전에는 Take-Off 메뉴로 표시되지만 이륙을 하면 착륙하기 위한 Landing 으로 자동 변경된다. 화면 중앙 실제 드론 기체에 대한 조종(제어) 콘솔이 2가지 제공되는데, 왼쪽에 있는 콘솔은 드론 기체를 상승시키거나 하강시키는 기능을 제공하고, 오른쪽에 있는 콘솔은 드론 기체를 회전축을 기준으로 우회전시키거나 좌회전시키기 기능, 드론 기체를 좌측으로 이동시키거나 우측으로 이동시키기, 드론 기체를 전진시키거나 후진시키는 기능을 제공한다. 가장 아래 왼쪽에 있는 Rescue 메뉴는 비행 도중 돌발 상황이 발생할 경우 이륙할 지점으로 복귀(회귀)하는 기능을 제공한다. 또한 스마트 기기 자체 기울임을 인지하여 비행체를 제어할 수 있는 기능도 제공하고 있다.

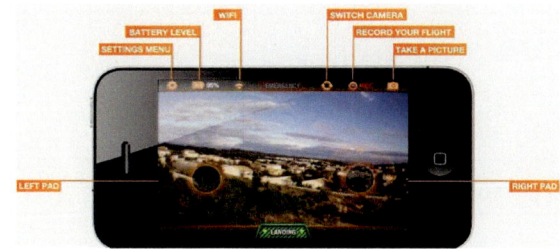

<그림 2-7> Parrot AR. Drone 스마트 기기 조정(제어) 메뉴 안내

이러한 뛰어난 비행 기능을 제공하는 Parrot AR. Drone 기체 구성 부품은 아래 <그림 2-8>과 같이 구성되어 있으며, **5장 음성 인식 제어 드론 환경 설정하기**에서 다시 살펴보도록 한다. 기타 자세한 사항은 Parrot 업체 사이트[3]를 방문하면 자세한 정보를 구할 수 있다.

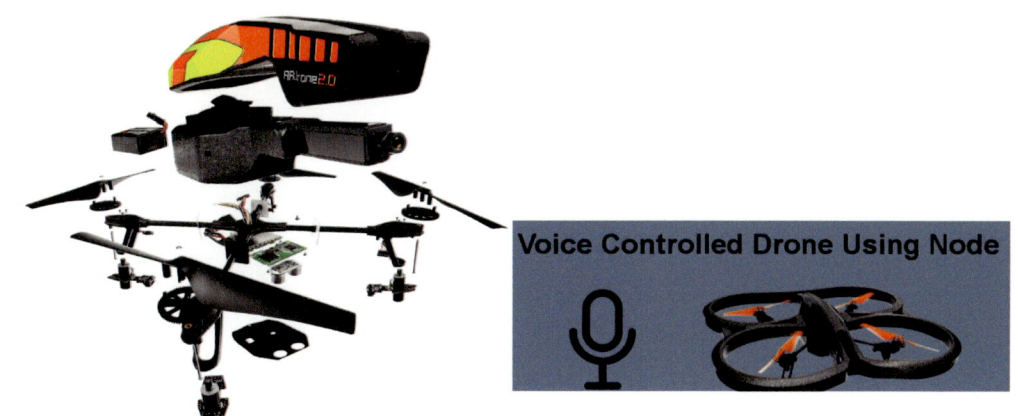

<그림 2-8> Parrot AR.Drone 기체 내부 구조

---

[3] https://www.parrot.com/global/drones/parrot-ardrone-20-elite-edition

나. FPV & iOSD 장비 연동하기

Drone에서 촬영한 사진이나 영상을 사용자(조종자)가 직접 고글(Goggles)이나 모니터(노트북 또는 데스크탑 PC, 전용 FPV 모니터)에서 보거나 녹화하기 위하여 필요한 장치가 FPV(First Person View) 또는 iOSD(information On Screen Display) 장비이다. FPV는 카메라에서 촬영한 사진이나 영상을 무선으로 송수신할 수 있는 장치이다. iOSD 장비는 FPV 장치에 추가적으로 FC 또는 FCC, 부가적으로 설치된 각종 센서에서 제공되는 Drone의 배터리 전압(잔량)이나 비행시간, 기체의 기울기(자세), 방위, 출발위치의 방향과 거리, 고도, 속도, GPS 정보 등을 카메라의 영상에 섞어 영상 송신기에 보내는 역할을 수행한다. 결국 **무선 영상 송수신 시스템을 구현**하는 것이며, 준비할 부품은 아래 <표 2-3>과 같이 제시되어 있으며 특히 무선 영상 송수신 장치는 서로 호환이 되어야 한다.

<표 2-3> FPV 또는 iOSD 장비 구현 준비 부품

구분	역할	비고
카메라	영상 및 사진 촬영	일반, FPV 전용, 짐벌(Gimbal) 별도
무선 영상 송신 장치	영상 및 사진 전송	200mW~600mW
무선 영상 수신 장치	영상 및 사진 수신	200mW~600mW
무선 영상 수신 모니터	영상 및 사진 표시	일반 PC(노트북 또는 데스크 탑), FPV 모니터, 고글
iOSD	각종 정보 제공	

Drone에 FPV(iOSD 포함) 장비를 장착하고 연동시키는 과정은 아래와 같다. **제1단계** 자신이 원하는 FPV 사양 및 가격을 분석하고 해당 장비를 구입하기, **제2단계** 해당 업체에서 제공되는 매뉴얼에 따라 순차적으로 조립하기, **제3단계** 필요에 따라 해당 업체에서 안내에 따라 짐벌 등 해당 업체 사이트에서 제어용 프로그램(유틸리티) 다운로드 및 설치하기, 환경 설정, **제4단계** 필요에 따라 해당 업체에서 제공하는 기능을 구현하기 위한 송신기와 해당 장비 트리밍(Trimming) 작업 실시하기, 제5단계 시험 비행을 통하여 FPV 작동 상태 확인 및 보정 작업하기 단계로 진행된다. 특히 자신이 사용(선택)하고 있는 FC 또는 FCC와 정상적으로 연동시키기 위하여 해당 업체에서 제공되는 매뉴얼을 반드시 숙지하고 있어야 한다. 다만 제공되는 부품이 제대로 결합해야만 정상적으로 동작한다.

(1) 스마트 기기 활용 방안

과학기술의 발달로 인하여 점차 예전에 사용하는 기계와 장비가 노후화되어 사용되지 않는 경우가 발생하고 있다. 특히 스마트 기기 업체에서 이러한 현상을 자주 경험할 수 있는데 조금 시간이 지나면 자신이 사용하고 있는 스마트 폰이나 패드는 업그레이드로 감당할 수 없는 폐기물로 전락해 버리는 경우가 많다. 우리가 전화를 할 때 스마트 폰으로 소리로 통화를 하거나 영상으로 전화를 하거나 스마트 폰에서 사용하는 기술은 양방향 정보통신기술을 적용하고 있기에 호환이 되는 2대의 스마트 폰이 있다면 이러한 기술을 적용하여 무선 영상 송수신 카메라 기능을 구현할 수 있다.

2대의 스마트 중에서 자신이 현재 사용하고 있는 스마트 기기를 수신(신형)용 영상 카메라로 사용하고, 과거 자신이 사용하고 있었던 스마트 기기(구형)를 송신용 영상 카메라로 사용하여 무선 영상 송수신 카메라를 구현할 수 있다.

가장 단순한 형태는 행아웃이나 화상(영상) 통화 기능 등 자체적으로 제공하는 스마트 기기 앱(App) 또는 어플(Application) 기능을 구현할 수 있지만, 인터넷 상에서 제공하는 다양한 정보를 검색하여 자신에게 적합한 방법을 선택하여 나름대로 멋진 무선 영상 송수신 카메라를 구현할 수 있다. 정보 통신기술을 구현할 수 있는 배경은 스마트 기기를 생산하는 업체와 통신 서비스를 제공하는 업체가 분리되어 있기에 스마트 폰으로 전화나 문자 메시지 서비스(SMS)를 통신 서비스 업체가 중단하지만 스마트 기기는 인터넷 서비스나 동일한 네트워크 시스템(WiFi, Bluetooth, Zigbee 등)에서 스마트 기기를 제조하는 업체에서 하드웨어 적으로 기기들이 정보통신기술 중에서 유선 또는 무선 통신을 사용할 수 있는 기능을 제공하기 때문이다. 아래 <그림 2-9>와 같이 기존에 사용하던 스마트 폰(구형)과 최근에 사용하는 스마트 폰(신형)을 준비하고 해당하는 서비스를 제공하는 업체에서 활용하는 앱 또는 어플을 각각 구형과 신형 스마트 폰에 적합하게 설치하면 된다.

<그림 2-9> 스마트 기기 활용 방안(구형과 신형 스마트 폰)

인터넷 상에서 자료를 검색해 보면, 다양한 방식으로 활용하는 사례를 발견할 수 있다. 앳 홈 비디오 스트리머-모니터(At Home Video Streamer-Monitor), 알프레드(Alfed Camera), 베이비 모니터(Baby Monitor, 유니버설 비디오 모니터링), See CiTV, 워든 캠(Warden Cam 360) 등이 있다.

앳 홈 비디오 스트리머-모니터(At Home Video Streamer-Monitor) 활용 사례는 아래 <그림 2-10>과 같이 CCTV로 사용할 스마트 폰(구형)에는 '앳 홈 비디오 스트리머(At Home Video Streamer)'를, 뷰어로 사용할 스마트 폰(신형) 에는 '앳 홈 카메라(At Home Camera)'를 설치한다. 앱을 실행하면 스마트 폰 카메라가 비추는 화면을 볼 수 있으며, 설치가 완료된 후 앱을 실행하면 스마트 폰 카메라가 비추는 화면을 볼 수 있다. 화면의 우측에는 아이디와 암호가 생성되어 있으며, 그 위에 'QR 코드 생성'이라는 문구가 나타난다. 'QR 코드 생성'을 선택하면 새로운 QR 코드가 생성되며, 이때 뷰어로 사용할 스마트 폰에서 '앳 홈 카메라' 앱을 실행해 QR 코드를 스캔하면 두 대 스마트 폰이 연결된다. '변경'을 선택하면 스트리머 이름과 아이디, 암호를 변경할 수 있으며, '자동 촬영'을 선택하면 자동 촬영 여부를 설정할 수 있다. '등록'을 선택하면 신규가입이 가능하고, 트위터나 페이스북 아이디로 로그인도 가능하다. '앳 홈 비디오 스트리머 추가' 버튼을 누르면 QR 코드로 두 대의 스마트 폰을 연결할 수 있다. 두 대의 스마트 폰이 연결되면 '앳 홈 카메라' 앱에 CCTV로 사용하는 스마트 폰의 후면 카메라가 비추는 화면이 제공된다.

화면의 우측 상단에는 세 개의 아이콘이 있다. 그 중 가장 좌측에 있는 카메라 모양 아이콘은 화면 전환 기능으로, 한 번 누르면 전면 카메라 시점으로 변환된다. 가운데 있는 전구 모양 아이콘은 플래시 기능으로, '앳 홈 비디오 스트리머'가 설치된 스마트폰의 플래시 기능을 제어할 수 있다. 다음 우측에 있는 '중급'이라고 쓰여있는 아이콘은 화질 선택 기능으로, 고급/중급/저급 중 하나를 선택할 수 있다.

화면의 하단에는 다섯 개의 아이콘이 있다. 달 모양 아이콘은 나이트 비전 기능으로, 어두운 곳에서도 밝은 화면의 영상을 촬영할 수 있다. 스피커 모양 아이콘은 소리 설정 기능으로, CCTV에 전달되는 음성을 듣거나 차단할 수 있다. 또한 가운데에 있는 빨간색 원 버튼은 기록 기능으로, 촬영된 영상을 SD카드에 저장할 수 있다. 우측에 있는 가위 모양 아이콘은 캡처 기능인데, 스마트 폰 앨범에 스크린 샷을 저장할 수 있다. 마지막으로 마이크 모양 아이콘은 누르면서 대화할 수 있는 기능으로, 아이콘을 누른 상태에서 말을 하면 CCTV를 통해 소리가 전달된다. At Home은 딥 러닝을 이용하여 인공 지능 보안 카메라처럼 사람의 얼굴을 인식할 수 있으며, 기존 단순 움직임 감지와는 다르게 얼굴 형태를 구별할 수 있다. 한 번에 4개의 카메라를 한 화면에서 동시에 확인할 수 있다.

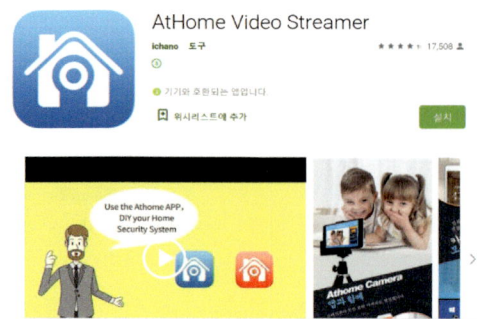

<그림 2-10> 앳 홈 비디오 스트리머-모니터(At Home Video Streamer-Monitor)

알프레드(Alfed Camera)는 아래 <그림 2-11>과 같이 기존 구형 스마트 폰은 촬영 용도로 사용하고, 현재 신형 스마트 폰은 뷰어 용도를 지정하면 상시로 녹화하는 보안 카메라 기능을 제공한다. 디자인이 인상적이며, 구글 계정으로 로그인하면 뷰어 스마트 폰으로 설치된 화면 영상을 선명하게 볼 수 있다. 만약 사용자가 정액 결제를 신청하면 HD 화질로 업그레이드 및 영상 자료를 확대까지 할 수 있다.

주로 촬영 용도로 설치된 장소에 상태를 실시간으로 확인하고 감시하는 용도로 사용한다. 주변이 어두운 환경에서도 저조도 모드를 활성화시키면 야간(밤)에도 사물을 훤히 보이게 할 수 있다. 알프레드는 기본적으로 구글 계정으로 로그인만 하면 이용할 수 있는데, 스마트 폰 뷰어에 대하여 사용자 제한이 없다. 하나 구글 계정만 가지고 있으면 자신과 공유하고 싶은 사람이면 모두 함께 언제든지 촬영 장소에 설치된 실시간 감시 모니터 화면 상태를 함께 볼 수 있다.

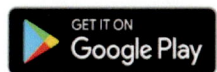 

<그림 2-11> 알프레드(Alfed Camera)

베이비 모니터(Baby Monitor, 유니버설 비디오 모니터링)는 아래 <그림 2-12>와 같이 앱 이름에서부터 알 수 있듯 아기를 언제 어디서나 확인할 수 있는 용도로 제작된 보안 카메라 앱이다. 일반적인 보안 카메라와 마찬 가지로 사용 방법이 유사하여 베이비 모니터 용도인 만큼 마이크 기능을 지원해 촬영용 스마트 폰의 마이크를 통해 아기와 직접 대화할 수 있다. 고양이나 양, 무당벌레 등 12가지 동물 나이트 라이트를 지원해 모빌도 필요 없다. 일반적인 보안 카메라 설정과 동일하게 촬영용, 뷰어용 디바이스를 지정한다.

아이가 밤에 잠에서 깨더라도 아이를 진정시키는 12가지 동물 화면을 지원하고 있다. 언제 어디서나 아이를 확인할 수 있고, 아이에게 직접 말을 걸 수도 있다. 와이파이 뿐만 아니라 3G/4G 환경에서 아이를 실시간 모니터링 할 수 있다. 일반적인 보안 카메라 앱으로 베이비 모니터로서 용도로 훨씬 최적화된 기능을 제공한다.

<그림 2-12> 베이비 모니터(Baby Monitor, 유니버설 비디오 모니터링)

See CiTV는 아래 <그림 2-13>와 같이 최대 1080p HD의 영상 품질을 지원할 뿐만 아니라 동영상 딜레이를 감소시키면서도 완벽한 실시간을 모니터링을 제공한다. 촬영용 스마트 폰의 배터리 소비가 적으며 상시 충전에 대한 부담이 거의 없다. CCTV 임에도 불구하고 고화질 영상을 얻을 수 있으며, 촬영용 스마트 폰 컨트롤 기능이 있어 원격으로 촬영 여부까지 지정할 수 있다. 카메라 접속 번호를 따로 지정할 수 있어 훨씬 안전한 보안 기능을 제공한다.

　특정 기기의 경우 멀티 터치로 실시간 영상을 확대 및 축소할 수도 있다. 움직임 감지 영상 녹화 방식이 SeeCiTV는 일반 보안 카메라 앱과 다르다. 보통 일반 보안 카메라 앱은 움직임이 발생했을 때 녹화가 바로 시작되지만, SeeCiTV는 블랙박스 녹화 방식과 마찬가지로 움직임 감지하기 직전과 그 이후의 영상까지 녹화가 되기 때문에 어떠한 방식으로 움직임이 녹화되는지 상세하게 살펴볼 수 있다.

<그림 2-13> See CiTV

워든 캠(Warden Cam 360)은 아래 <그림 2-14>와 같이 움직임을 감지하는 데 특성화된 보안 카메라 앱이다. 움직임 감지뿐만 아니라 움직임 경고 이메일 알림부터 예약까지 그 어떤 기능보다 움직임에 대한 민감도가 뛰어난 앱이라 할 수 있다. 보안 카메라가 갖춰야 할 기본적인 기능을 제공한다. 사용자가 쉽게 이용할 수 있는 편리성을 제공하고 제공되는 영상 화질이 우수하다. 실시간 영상 감상 중에도 다양한 효과를 줄 수 있다. 촬영용 스마트 폰으로 내 음성을 전달할 수 있는 기능을 지원한다.

움직임 감지 녹화 영상은 지정된 클라우드에 자동 업로드 된다. 보통 움직임 감지 녹화 영상은 구글 클라우드, iCloud 등 사용자의 스마트 폰 내부 클라우드에 저장되며, 드롭박스에 저장되어 스마트 폰을 유연 하게 사용할 수 있다. 뷰어 스마트 폰 외에도 PC나 드롭박스가 다운로드가 되면 어떤 디바이스에서나 쉽게 녹화 영상을 볼 수 있다.

<그림 2-14> 워든 캠(Warden Cam 360)

앳 홈 비디오 스트리머-모니터(At Home Video Streamer-Monitor), 알프레드(Alfed Monitor), 베이비 모니터(Baby Monitor, 유니버설 비디오 모니터링), See CiTV, 워든 캠(Warden Cam 360)은 인터넷 서비스가 제공되는 사물인터넷(IoT, Internet of Things) 환경에서 사용자에게 저렴한 설치 비용으로 최대의 만족감을 제공하는 실시간 감시 모니터링 서비스를 제공할 수 있다. 다만 인터넷 환경이 제공되지 않는 Drone에서 이러한 서비스를 FPV 무선 영상 송수신 시스템으로 구현하기에는 여러 가지 어려움이 존재한다.

기존 FPV 무선 영상 송수신 시스템을 스마트 기기를 사용하여 영상 또는 사진 자료를 확인하고 저장할 수 있는 방안으로 아래 <그림 2-15>와 같이 기존에 사용하던 FPV 무선 영상 송신기와 접목시켜 스마트 기기로 FPV 무선 영상 수신기를 구현할 수 있다. 기존 두 대의 전화기(구형과 신형)가 필요하지 않으며 현재 사용하고 있는 스마트 기기에 해당하는 서비스를 제공하는 업체에서 활용하는 앱 또는 어플을 설치하면 된다. EaChine[4])에서 개발한 무선 영상 수신 서비스는 안드로이드와 iOS 계열 기기에서 해당하는 서비스를 제공하고 있다.

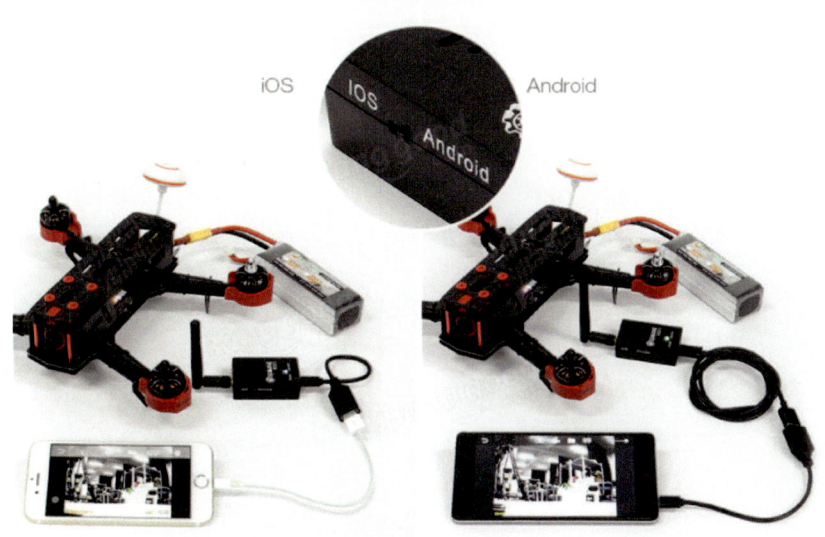

<그림 2-15> EaChine 무선 영상 수신 시스템

---

4) https://www.eachine.com/

현재까지 아래 <그림 2-16>와 같이 EaChine 무선 영상 수신 시스템과 호환이 되면 기존 FPV 무선 영상 송신 시스템을 활용하여 실시간 무선 영상 서비스를 제공받을 수 있다. 아래 <그림 2-16>과 같이 기존에 사용하던 FPV 무선 영상 송신기와 접목시켜 스마트 기기로 FPV 무선 영상 수신기를 구현할 수 있다.

<그림 2-16> EaChine 호환 기존 FPV 무선 영상 송신 시스템

EaChine 호환 기존 FPV 무선 영상 송신 시스템에서 촬영하고 있는 영상 또는 사진 자료를 해당하는 앱을 실행시키면 아래 <그림 2-17>과 같이 스마트 기기에서 실시간으로 확인할 수 있다.

<그림 2-17> Parrot AR.Drone 스마트 기기 연결 상태

(2) CCTV 활용 방안

CCTV(Closed Circuit TeleVision)는 Closed Circuit Television의 약자로 폐쇄회로 텔레비전을 말한다. 특정 건축물이나 시설물에서 특정 수신자를 대상으로 유선 또는 특수 무선 전송로를 이용해 화상을 전송하는 시스템으로 산업용, 교육용, 의료용, 교통 관제용 감시, 방재용 및 사내의 화상정보 전달용 등 용도가 다양하다.

일반 텔레비전 방송과 달리 CCTV 신호는 동축케이블, 마이크로 웨이브 링크 혹은 제어 접근이 가능한 다른 전송 매체로만 전송되기 때문에 일반 대중은 임의로 수신할 수 없도록 되어 있다. 보안이 필요한 은행이나 골목길 등과 같은 우범지대에 무인 감시용으로 사용되는 경우가 많으며 비교적 가까운 거리에 텔레비전 카메라와 수상기를 설치하여 확인한다. 대부분의 CCTV 설치는 아래 <그림 2-18>과 같이 운영되고 있다.

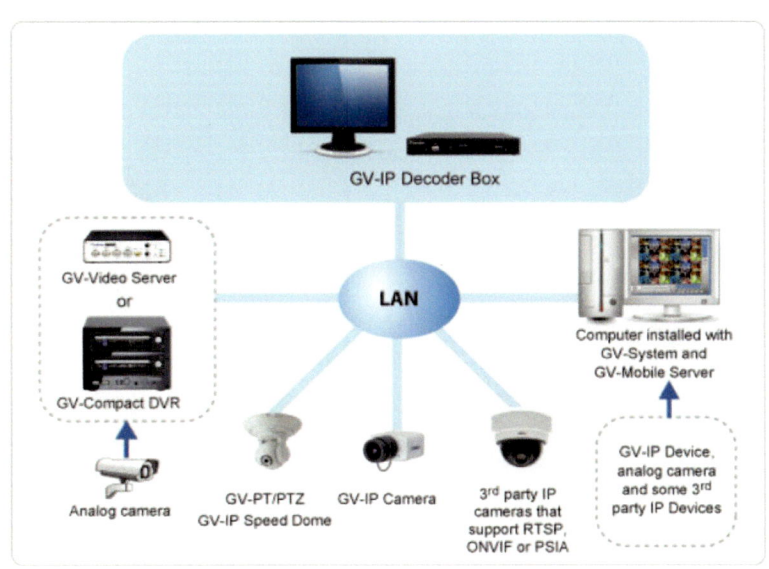

<그림 2-18> 일반 CCTV 설계 구조

CCTV 설치를 통해 범죄 예방 및 억제효과와 범인 발견 및 체포의 용이성, 범죄에 대한 두려움 감소, 경찰인력 보완 등의 효과를 얻을 수 있으나 일반 시민들의 초상권 및 사생활 침해 문제 등도 함께 거론된다.

인터넷은 실시간으로 처리되는 자료(정보)를 온라인에서 서비스를 제공한다. 이러한 기능을 수행하기 위하여 가정이나 회사, 기관에서 유선이나 무선 네트워크를 사용하려면 프로토콜을 사용해야 한다. 이러한 역할을 제공하는 프로토콜이 **인터넷 프로토콜(Internet Protocol, IP)**이며 카메라를 사용하는 장비에 이러한 IP를 부여하면 영상 서비스를 실시간으로 제공할 수 있는 IP 카메라(IP camera)를 구현할 수 있다. IP 카메라(IP camera)는 일반적 감시를 위해 배치되는 디지털 비디오 카메라의 일종으로 아날로그 방식의 폐쇄회로 텔레비전(CCTV) 카메라들과 달리 컴퓨터 네트워크와 인터넷을 통해 데이터를 송수신할 수 있다. 이러한 일을 하는 대부분의 카메라들이 웹캠이지만 IP 카메라 또는 넷캠(Netcam)은 일반적으로 네트워크 연결을 통해 직접 접근이 가능한 감시용 목적에만 해당된다. 일부 IP 카메라들은 녹화, 비디오 및 알람 관리를 처리하기 위해 중앙식 네트워크 비디오 레코더(NVR)의 지원이 필요하다. 그 밖의 카메라들은 NVR이 없어도 탈중앙화 방식으로 운용할 수 있는데, 카메라는 로컬 또는 원격의 스토리지 미디어에 직접 녹화가 가능하다.

IP 카메라는 유선과 무선으로 구분된다. 유선 IP 카메라는 대부분의 CCTV에서 지정되는 방식이며, 무선 IP 카메라는 무선 영상 송수신 방식을 사용하는 카메라에 지정되는 방식이다.

S-CAM(SC-H-110P)은 아래 <그림 2-19>과 같이 적외선 방식과 팬 틸트 기능을 제공하여 야간과 주간, 상하좌우 방향을 조종하면서 실시간으로 인터넷상에서 설치된 공간의 움직임을 감시할 수 있는 기능을 제공한다. 인터넷에서 사용하는 IP는 공인과 사설로 구분되는데, 결국 공인 IP로 전환되어 인터넷에서 해당 하는 역할과 기능을 제공할 수 있다. 특히 사설 IP는 공인 IP 부족 현상과 지나친 낭비 해결, 인터넷에 연동되지 않아도 자체적인 인트라넷 서비스를 제공하는 역할을 수행하지만 인터넷을 이용하는 서비스를 제공하기 위하여 해당 업체에서 제공하는 매뉴얼에 따라 반드시 정확하게 네트워크 환경을 설정해야만 제대로 기능과 역할을 수행할 수 있다.

<그림 2-19> S-CAM(SC-H-110P) 활용

가) 유선 방식

대부분 CCTV는 자체적으로 유선으로 연결되어 카메라를 통하여 실시간으로 감지된 영상 또는 사진 자료를 일반 TV 화면으로 모니터링하거나 컴퓨터 저장 장비 등에 저장하여 사후에 활용하는 방식으로 운영되고 있다. 대부분 아래 <그림 2-20>과 같이 다양한 형태의 CCTV 감지용 카메라를 설치하여 주간에 감지 또는 촬영된 영상 자료를 실시간으로 감지하고 있지만, 적외선 카메라를 설치하면 야간에도 감지 대상 물체를 인지하여 실시간 감지 및 촬영 녹화 기능을 제공하고 있다.

<그림 2-20> 일반 CCTV 카레라 설치 사례

유선 방식이라 Drone에 적용하기 어렵지만 CCTV 방식처럼 자체적으로 전원을 공급하면 일반 카메라에서 촬영한 정보를 자체적으로 카메라 메모리 또는 일반 외부 저장 장비(장치)에 기록하여 Drone 비행이 완료되면 감지 또는 촬영된 영상 자료를 수집할 수 있다. 다만 현실적으로 Drone 임무 수행 장비 운영 결과 분석에서 장비 운영비용 대비 산출 기대 효과 측면에서 효율성이 낮다고 할 수 있다.

나) 무선 방식

점차적으로 확대되고 있는 CCTV 운영 방식으로서 유선이 아닌 무선 방식으로 연결된 카메라를 통하여 보여주는 장면을 컴퓨터 등 저장 장치에 기록하거나 직접 모니터 화면으로 실시간으로 감시할 수 있다. 유선 방식보다 경제적 설치 비용이 저렴할 수 있지만 주변 무선 주파수 간섭 현상으로 화면(영상) 전송 및 수신에 영향을 미칠 수 있다.

Drone에 무선 CCTV 운영 방식을 적용하면 임무 수행 장비로서 사용(활용)성이 편리하지만 CCTV처럼 주변 무선 주파수 간선 현상으로 화면(영상) 전송 및 수신에 영향을 미칠 수 있다. 다만 유선 CCTV 방식보다 Drone 기체에 카메라와 아래 <그림 2-20>과 같이 해당 장비를 쉽게 장착할 수 있으며, 해당 앱이나 어플을 조종(제어)하기 위하여 스마트 기기에 다운로드하여 설치하면 바로 활용할 수 있다. 그렇지만 Parrot AR. Drone 2.4처럼 스마트 기기로 제어할 수 있는 기능을 제공하지 않으며, 단지 촬영 영상 자료를 스마트 기기로 실시간으로 보거나 저장할 수 있는 기능만 제공하고 있다.

<그림 2-20> WiFi AVIN(Model : 802W) FPV 무선 영상 송신 시스템

Drone 기체에 장착된 FPV 무선 영상 송신 시스템에서 사용하고 있는 카메라에서 촬영된 실시간 영상 자료는 FPV 전용 모니터 또는 일반 모니터(PC용 또는 TV용)에서 확인할 수 있지만, 보다 실감 나고 레이싱과 같은 상황에서 판단하기 위하여 아래 <그림 2-21>과 같이 FPV 무선 영상 수신 시스템과 연동시켜 고글(Goggles)이라는 장비가 많이 사용된다.

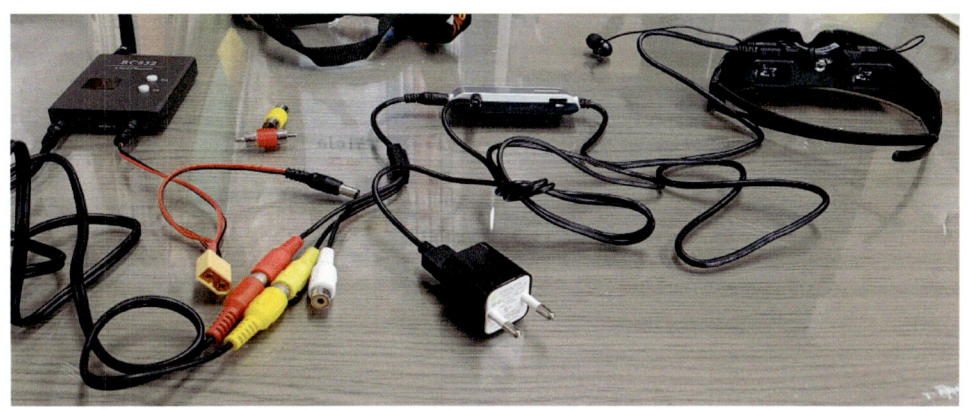

<그림 2-21> FPV 무선 영상 수신 시스템과 고글(Goggles) 장비

(3) 무선 영상 송수신 카메라 활용 방안

가) 일반 카메라 활용 방법

비행체는 가볍고 튼튼해야 비행이 안정적이고 기본적인 비행 제어를 수행할 수 있다. 비행체가 가볍고 튼튼해야 비행이 안정적이라는 사실은 비행체가 가벼우면 더 작은 모터와 프로펠러 낮고 작은 출력을 제공하는 변속기와 배터리를 사용할 있지만, 비행체가 무거우면 더 큰 모터와 프로펠러 높은 출력을 제공하는 변속기와 배터리를 사용해야 한다.

Drone에 카메라와 같은 임무 수행 장비를 추가적으로 장착하면 소형 Drone에는 소형 카메라를 대형 Drone에는 대형 카메라를 장착해야 한다. 아무리 작은 카메라도 전체적으로 기본적으로 장착되는 장비와 더불어 추가적으로 무게를 유지할 수 있어야 하기에 대형 Drone에 대형 카메라를 장착할 수 있지만 소형 Drone에 중대형 카메라를 장착할 수 없기 때문이다.

일반적인 카메라와 드리게 무선 영상 송수신 기능을 제공하는 Drone에 임무수행장비로 장착되는 특수 제작된 카메라는 송수신기와 연계되어 제어(조종)하는 기능과 함께 해당 앱(App)을 설치하여 스마트 기기를 활용하여 제어(조종)하는 기능도 제공하고 있다. 실제로 FPV 무선 영상 시스템을 구현하기 위하여 아래 <그림 2-22>와 같이 사전에 사양(Features & Specifications)을 철저하게 분석하여 자신이 구현하고자 하는 Drone 제작 목적에 부합한지 확인(점검)하는 작업이 실시되어야 한다.

```
Features:
Lightweight smart design
5.8G FPV wireless transmission
Low latency and long range FPV
Support output Micro SD card
Support Video and Camera
Support wiresless Video link to 5.8G radio OSD device/iPhone/iPad
Supports Devo F7 for live video feed
Image Range: 500m-1km
Control Range: 1km-2km
Can be used with the Walkera G-2D gimbal
FatShark Compatible

Specificatons:
Video Resolution: HD 1280x720P
FPS: 30 FPS
Micro High Speed SD Card: Max 32G
Video Format: AVI
AV Output QVGA 320x240 PAL/1Vp-p
Photo: 1000000 Pixels
5.8G Wireless Image Transmission
FCC Bind B Section: 4 Channels
CE Bind B Section: 8 Channels
FCC Output Power ≤ 200mW
CE Output Power ≤ 25mW
```

<그림 2-22> FPV 무선 영상 송수신 시스템 구현 카메라 사양 분석

FPV 무선 영상 시스템을 구현하기 위하여 먼저 FPV 카메라와 FPV 무선 영상 송신 장비와 연동 작업을 실시해야 하는데, 아래 <그림 2-23>과 같이 카메라와 FPV 무선 영상 송신 장비를 해당하는 연결선을 극성을 구분하여 정확하게 연결시켜야 한다.

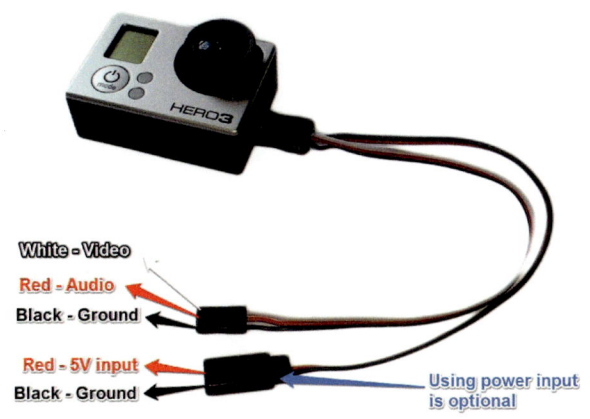

<그림 2-23> FPV 카메라 외부 장치 연결선

다만, FPV 카메라와 FPV 무선 영상 송신 장비와 연동 작업을 실시하는 과정에서 아래 <그림 2-24>와 같이 연결 잭이 서로 다른 경우 호환이 되는 연결 잭을 별도로 구입하든지 아니면 납땜으로 처리하는 경우가 발생할 수 있다.

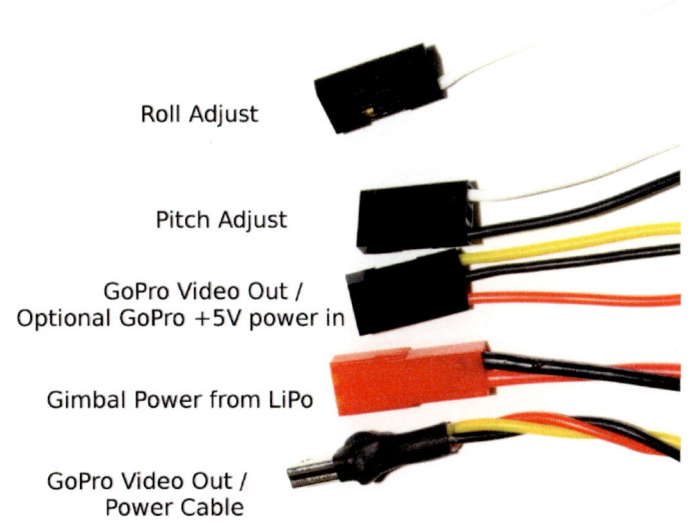

<그림 2-24> 각종 다양한 전자 장비 연결선

만약 짐벌(Gimbal) 장치와 카메라를 연동시키는 FPV 무선 영상 송수신 시스템을 구현하기 위하여 아래 <그림 2-25>와 같이 짐벌 제어 보드(Board)와 Drone 기체를 튼튼하게 고정시키는 작업을 동시에 실시해야 한다.

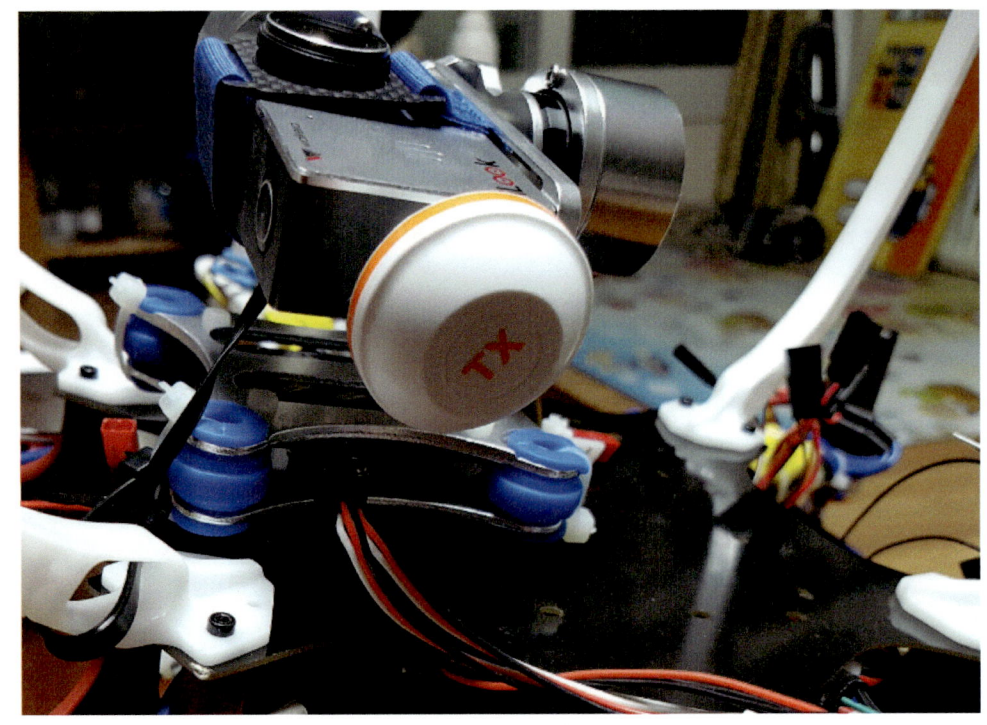

<그림 2-25> FPV 무선 영상 송수신 시스템 짐벌(Gimbal)과 제어 보드(Board) 장착

마지막으로 FPV 카메라를 포함한 무선 영상 송수신 시스템 정상 작동 상태를 확인하기 위하여 아래 <그림 2-26>과 같이 점검하고 보완하는 작업이 실시된다. 반드시 카메라 전원은 대부분 5V 이내 전압을 사용하기 때문에 사전에 자신이 사용하고자 하는 FPV 카메라 전원 공급 전압과 전류를 확인해야 한다. 또한 고글과 모니터로 확인하는 과정에서 영상이 제대로 표시되지 않으면 송신과 수신 장치 대역폭(Band)와 채널(Channel)을 제대로 맞추어야 한다. 대부분 장비가 고장이 없으면 대부분의 문제점은 서로 호환이 되는 무선 영상 송수신 장치가 사용되지 않아서 발생한다.

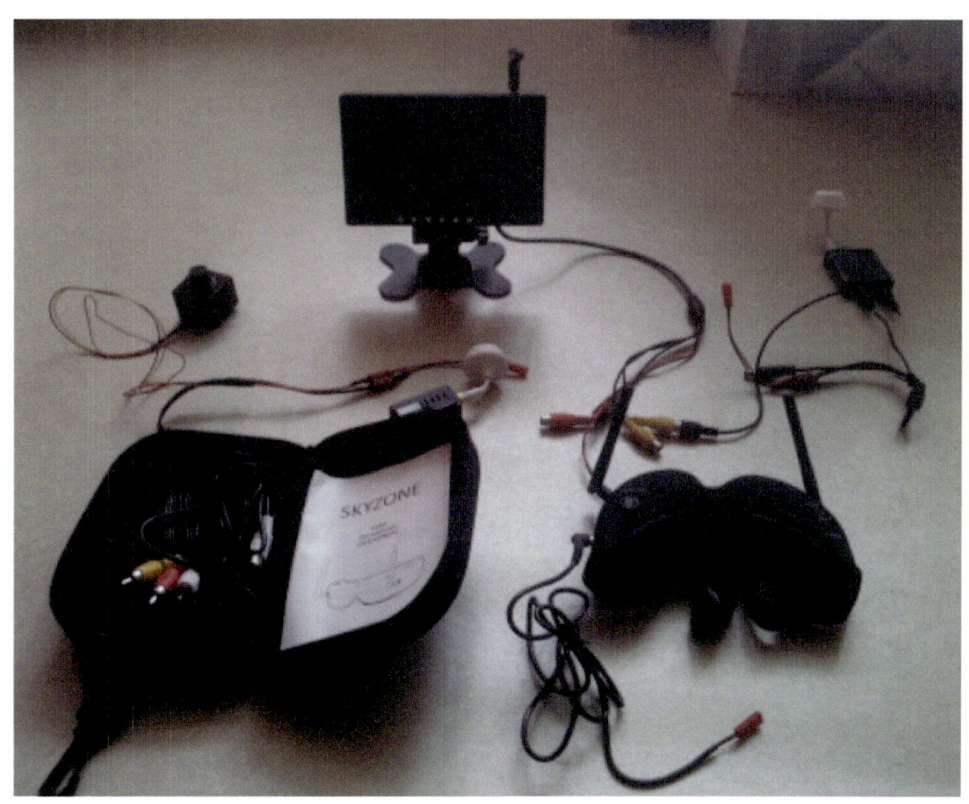

<그림 2-26> FPV 무선 영상 송수신 시스템 작동(동작) 상태 점검

무선 영상 송수신 장비를 이해하기 위하여 밴드(Band)와 채널(Channel)에 대한 개념을 이해하고 있어야 한다. 밴드(Band)는 무선 주파수는 파장 1mm에서 100km 범위, 즉 진동수 3 KHz에서 300 GHz까지의 전자기파이며 RF(Radio Frequency)로 약칭한다. 서로 송신과 수신 상태를 유지하기 위해 먼저 주파수 대역을 맞추어야 하는데, 이것을 **밴드(Band)**라고 하며, 실제적으로 무선 송수신 장비가 대역 주파수를 정하여 할당하여 지정하는 방식을 **채널(Channel)**이라고 한다. 이러한 밴드(Band)와 채널(Channel)에 대한 개념을 이해하기 위하여 아래 <표 2-4>, <그림 2-27>과 같이 무선 주파수와 파장에 대한 구조를 이해하고 있어야 한다.

<표 2-4> 무선 주파수 명칭과 구조 이해

주파수	파장	명칭	영문 명칭	비고
3 ~ 30 kHz	100 ~ 10 km	초장파	Very low frequency	VLF
30 ~ 300 kHz	10 ~ 1 km	장파	Low frequency	LF
300 kHz ~ 3 MHz	1 km ~ 100 m	중파	Medium frequency	MF
3 ~ 30 MHz	100 ~ 10 m	단파	High frequency	HF
30 ~ 300 MHz	10 ~ 1 m	초단파	Very high frequency	VHF
300 MHz ~ 3 GHz	1 m ~ 10 cm	극초단파	Ultra high frequency	UHF
3 ~ 30 GHz	10 ~ 1 cm	초고주파	Super high frequency	SHF
30 ~ 300 GHz	1 cm ~ 1 mm	마이크로파	Extremely high frequency	EHF

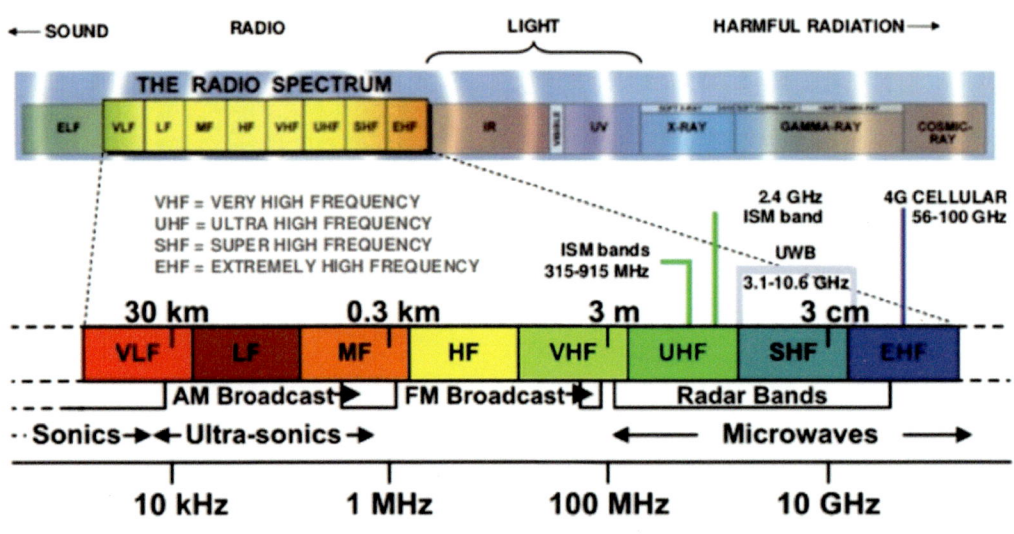

<그림 2-27> 무선 주파수 명칭과 구조 이해

Drone에서 사용 및 활용하고 있는 무선 주파수는 FPV 무선 영상 송수신 시스템과 무선 송수신기 장치가 주로 사용하고 있다. 아래 <그림 2-28>과 같이 무선 주파수와 파장에 대한 구조를 이해가 선행되면 무선 주파수 혼선 또는 교란으로 발생할 수 있는 문제점을 개선(해결)할 수 있는 것으로 기대한다.

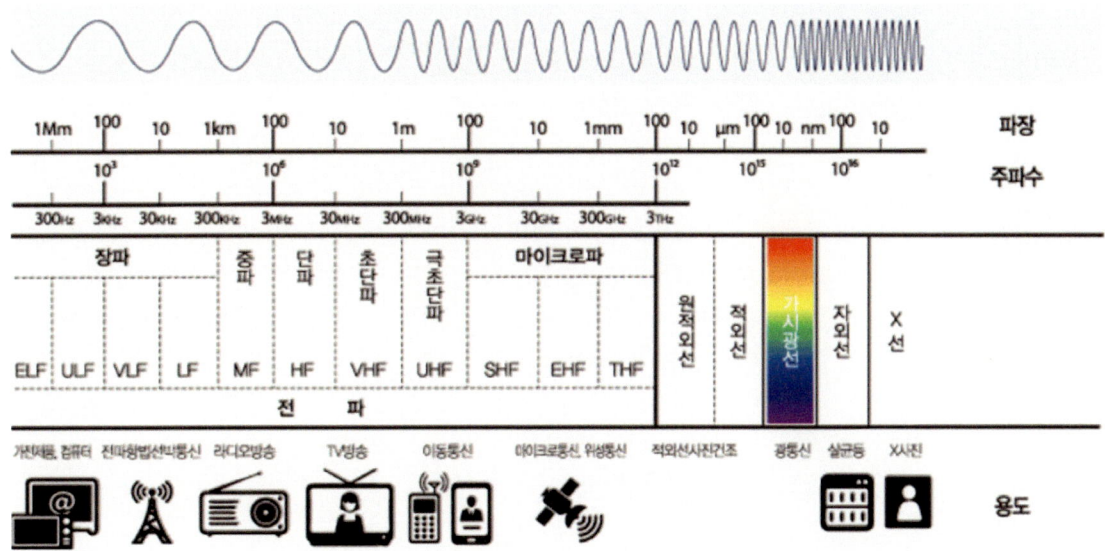

<그림 2-28> 일반 전자 장비 무선 주파수 활용 이해

나) 일반 무선 영상 송수신 장비 활용 방법

Drone에서 카메라로 촬영한 영상을 지상에서 활용하기 위하여 Drone 기체에 장착되는 카메라와 무선으로 영상을 송신하는 장비(무선 영상 송신기)와 지상에서 공중으로 Drone 기체에서 무선으로 보내주는 영상을 수신하는 장비(무선 영상 수신기)와 실질적으로 영상을 볼 수 있는 화면 표시 장치(Display)로 일반 PC 또는 노트북 PC, Drone용 영상 화면 표시 장비가 필요하다. Drone 기체에 장착된 카메라 내부 메모리 방식으로 영상 자료를 저장할 수 있지만, 지상에서 컴퓨터(데스크탑 또는 노트북) 또는 Drone용 영상 화면 표시 장비 자체적으로 제공하는 내부 메모리 방식으로 저장할 수 있다.

이론적으로 단순하지만 실제적으로 카메라, 무선영상 송수신 장비에 해당하는 전압(Volt, V)과 전류(Ampere, A)를 반드시 확인하여 제대로 연결되어야 한다. 또한 전자적으로 극성을 정확하게 구분하기 때문에 지정된 역할을 수행하기 위해 반드시 아래 <그림 2-29>와 같이 자신이 구현하고자 하는 FPV 무선 영상 송수신 시스템 장비에 대하여 연결(연동) 작업 매뉴얼을 정확하게 확인하여 제대로 연결해야 한다.

<그림 2-29> FPV 무선 영상 송수신 시스템 구현 카메라, 무선 영상 송수신 장비

최종적으로 FPV 카메라에서 전송되는 실시간 영상 자료를 확인하기 위하여 자신이 사용하고자 선택한 FPV 전용 모니터 또는 일반 PC 모니터, 고글 장비에 해당하는 **전압(Volt, V)**과 **전류(Ampere, A)**도 반드시 확인하여 제대로 연결되어야 한다. 또한 전자적으로 극성을 정확하게 구분하기 때문에 지정된 역할을 수행하기 위해 반드시 아래 <그림 2-30>와 같이 자신이 구현하고자 하는 FPV 무선 영상 송수신 시스템 장비에 대하여 연결(연동) 작업 매뉴얼을 정확하게 확인하여 제대로 연결해야 한다.

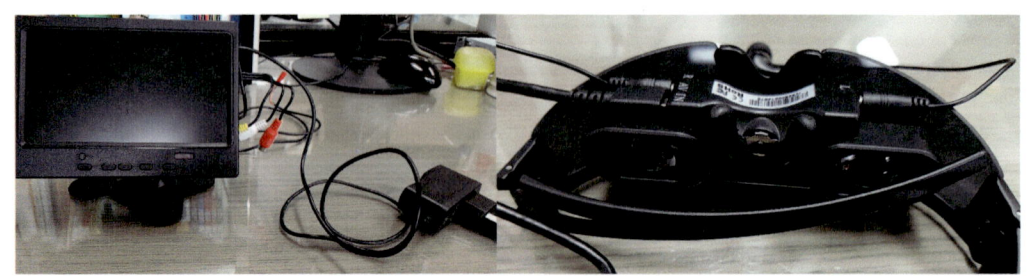

<그림 2-30> FPV 무선 영상 송수신 시스템 구현 모니터, 고글

대부분의 FPV 무선 영상 송수신 장비에서 사용하고 있는 안테나 구조와 모양은 아래 <그림 2-31>과 같이 다양하지만 FPV 카메라에서 촬영한 실시간 영상을 전송하고 수신하는 기능과 역할은 동일하다. 다만 FPV 무선 영상 송수신 시스템이 정상적으로 제대로 동작하기 위한 동일한 조건은 호환성이기 때문에 특별한 경우를 제외하고 동일한 구조와 모양이 사용된다.

<그림 2-31> FPV 무선 영상 송수신 장비 구조와 모양

대부분의 FPV 무선 영상 송수신 장비에서 사용하고 있는 카메라 구조와 모양은 아래 <그림 2-32>와 같이 다양하지만 실시간으로 영상을 촬영하는 기능과 역할은 동일하다. 다만 FPV 무선 영상 송수신 시스템에서 화질이 선명한 영상을 제공하기 위하여 FPV 카메라 선택은 달라질 수 있지만 더불어 FPV 무선 영상 송수신 장비가 이러한 기능과 역할을 제공할 수 있어야 한다. 또한 추가적으로 팬 틸티 기능 제공, 짐벌 연동, iOSD 장비 연동 여부에 대한 추가적인 기능 제공에 대하여 검토해 보아야 한다.

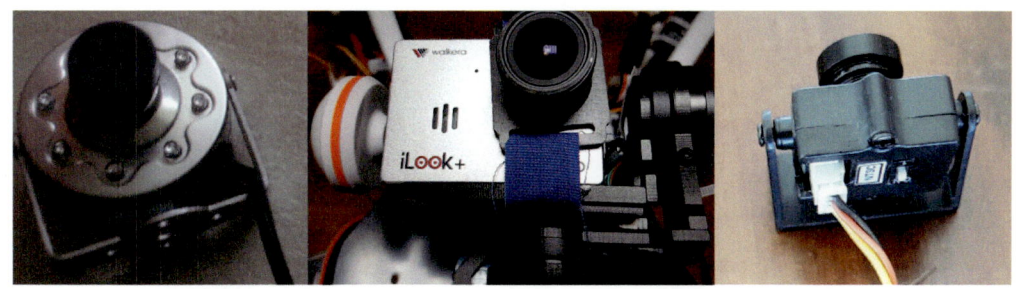

<그림 2-32> FPV 실시간 무선 영상 촬영(송신) 카메라

요즘 FPV 카메라는 아래 <그림 2-33>과 같이 FPV 무선 영상 송신 장비와 일체형으로 된 제품도 출시되고 있지만 자신이 사용하는 FPV 무선 영상 수신 장비와의 호환성은 반드시 사전에 확인하고 선택(구입)해야 한다. 또한 스마트 기기와 연동시켜 사용할 수 있는지 가능성을 검토해야 한다.

<그림 2-33> 일체형 FPV 실시간 무선 영상 촬영(송신) 카메라

대부분 FPV 무선 영상 송신 장치는 송신 제어 보드(Board)와 카메라를 연동시키는 작업이 실시되기 때문에 아래 <그림 2-34>와 같이 FPV 무선 영상 송신 장비와 카메라 연결선에 대하여 정확하게 이해하고 반드시 정확하게 극성에 맞춰 연결되어야 한다.

<그림 2-34> FPV 무선 영상 송신기 구조

자신이 구현하고자 하는 FPV 무선 영상 송수신 시스템에 대한 마스터 플랜이 설정되면 자신이 선택(구입)한 FPV 무선 영상 송신 장비에 대하여 카메라와 연동시키는 작업을 아래 <그림 2-35>와 같이 바르고 정확하게 연결하는 작업을 실시해야 한다.

<그림 2-35> FPV 무선 영상 송신기와 카메라 연결

자신이 구현하고자 하는 FPV 무선 영상 송수신 시스템에 대한 마스터 플랜이 설정되면 자신이 선택(구입)한 FPV 무선 영상 송신 장비에 대하여 카메라와 연동시키는 작업을 아래 <그림 2-36>과 같이 바르고 정확하게 실시해야 한다.

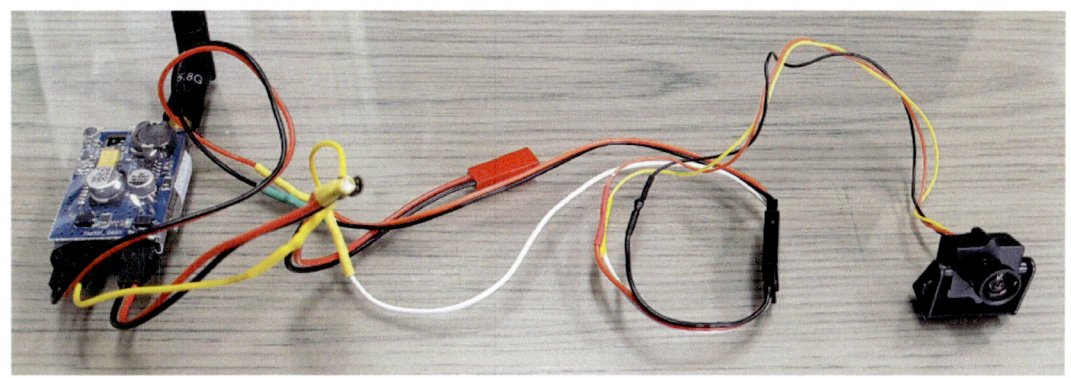

<그림 2-36> FPV 무선 영상 송신 시스템 구현

자신이 구현하고자 하는 FPV 무선 영상 송수신 시스템 구현하는 과정에서 카메라 연결은 아래 <그림 2-37>과 같이 바르고 정확하게 실시해야 한다.

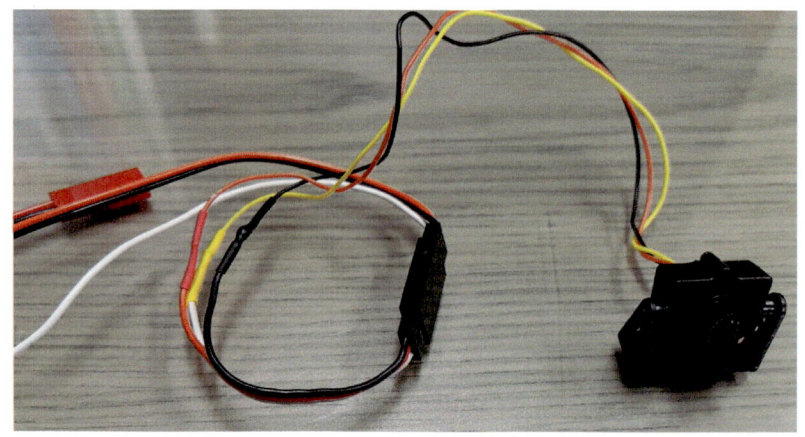

<그림 2-37> FPV 무선 영상 송신 시스템 카메라 연결

자신이 구현하고자 하는 FPV 무선 영상 송수신 시스템 구현하는 과정에서 최종적으로 아래 <그림 2-38>과 같이 FPV 카메라에서 촬영한 영상에 대한 실시간 전송 상태를 확인(점검)해야 한다. 만약 문제점이 발견되면 부분적으로 확인하는 작업이 보완되어야 한다.

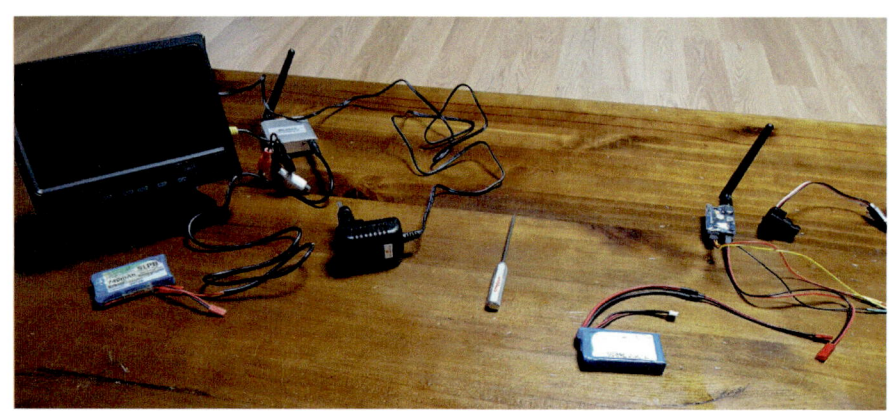

<그림 2-38> FPV 무선 영상 송신 시스템 최종 점검

대부분 FPV 무선 영상 송수신 시스템(장치)는 아래 <그림 2-39>와 같이 무선 주파수 밴드와 채널이 동일해야 한다. 자신이 선택(구입)한 FPV 무선 영상 송신 장비와 수신 장비가 동일한 주파수를 사용해야만 FPV 무선 카메라에서 촬영한 영상이 실시간으로 전송되기 때문에 반드시 정확하게 자신이 사용하고 있는 송신 장치와 수신 장치의 무선 주파수(밴드와 채널)을 정확하게 맞춰야 한다.

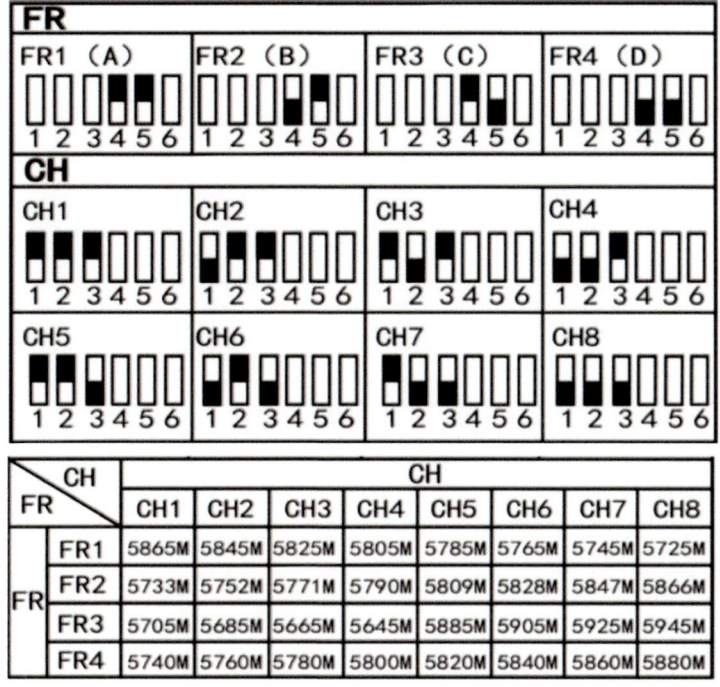

<그림 2-39> FPV 무선 영상 송수신 시스템 동일 무선 주파수 설정

FPV 무선 영상 송수신 시스템(장치)는 동일한 주파수를 사용해야만 아래 <그림 2-40>과 같이 무선 주파수 밴드와 채널 설정을 동일하게 하는 작업을 실시해야 한다.

<그림 2-40> FPV 무선 영상 송수신 시스템 동일 무선 주파수 설정 작업

FPV 무선 영상 송수신 시스템은 일반 TV 모니터 또는 고글을 통하여 FPV 카메라에서 촬영한 실시간 촬영을 제공받을 수 있지만 FPV 전용 모니터와 연계시켜 활용할 수 있다. FPV 무선 영상 수신 장치와 연동시켜 아래 <그림 2-41>과 같이 FPV 카메라에서 촬영한 실시간 촬영을 제공받을 수 있다.

<그림 2-41> FPV 전용 모니터와 FPV 무선 영상 수신 장치 연동

FPV 전용 모니터와 FPV 무선 영상 수신 장치를 결합하여 아래 <그림 2-42>와 같이 두 장비가 차지하는 공간을 최소화할 수 있다.

<그림 2-42> FPV 전용 모니터와 FPV 무선 영상 수신 장치 결합

FPV 무선 영상 수신 시스템(장치) 역할을 제공하는 FPV 전용 모니터는 FPV 무선 영상 송신 장치와 수신 장치 무선 주파수(밴드와 채널)을 동일하게 맞춰서 사용하는 것처럼 아래 <그림 2-43>과 같이 자신이 선택한 FPV 무선 영상 송신 장치와 동일한 무선 주파수(밴드와 채널)을 설정하는 작업을 실시해야 한다. 다만, FPV 무선 전용 수신 시스템(장치)을 제공(내장)하는 FPV 전용 모니터는 FPV 무선 전용 송신 장치와 호환이 되어야 한다.

<그림 2-43> FPV 무선 전용 수신 장치 내장 FPV 전용 모니터 무선 주파수 설정

　FPV 무선 영상 수신 시스템(장치) 역할을 제공하는 FPV 전용 모니터에서 제공하는 메뉴는 아래 <그림 2-44>와 같은 기능을 제공한다. 해당 FPV 전용 모니터에 대한 자세한 사용 방법은 제품 출시와 함께 첨부되는 사용자 매뉴얼을 참고하시기 바랍니다.

<그림 2-44> FPV 무선 전용 수신 장치 내장 FPV 전용 모니터 제공 메뉴

　일반 FPV 전용 모니터와 FPV 무선 영상 수신 시스템(장치)을 연결시키기 위하여 입출력 포트를 제공하고 있는데, 아래 <그림 2-45>와 같이 RCA/AV 입출력 단자, RGB 입출력 단자, HDMI 입출력 단자를 각각 제공한다.

<그림 2-45> FPV 무선 전용 수신 장치 내장 FPV 전용 모니터 외부 입출력 포트

일반(전용 포함) FPV 전용 모니터와 FPV 무선 영상 수신 시스템(장치)을 연결시키는 RCA/AV 입출력 단자는 아래 <그림 2-46>과 같이 암/수를 한 쌍이 되어야 한다. 만약 동일한 구조라면 RCA/AV 암/수 변환 케이블 입출력 단자를 맞춰 연결해야 한다.

<그림 2-46> FPV 무선 전용 수신 장치 내장 FPV 전용 모니터 RCA/AV 입출력 단자

일반(전용 포함) FPV 전용 모니터는 전원 공급 방식으로 리튬 폴리머 배터리(LiPo) 연결 방식(**DC, Direct Current, 직류**)과 일반 가정용 전원 연결 방식(**AC, Alternating Current, 교류**)을 제공한다. 대부분 야외에서는 DC 배터리 연결 방식을 사용하지만 주위에 가정용 전기 공급원이 있으면 AC 전원 방식이 주로 사용된다. 다만, 중국(대부분 FPV 전용 모니터 생산지는 중국), 일본이나 미국 등은 110V 방식이 사용되고 있지만 우리 나라는 대부분 220V, 60Hz가 사용되고 있기 때문에 아래 <그림 2-47>과 같이 연결하는 커넥터(일명 돼지코)를 별도로 구입해야 한다.

<그림 2-47> FPV 무선 전용 수신 장치 내장 FPV 전용 모니터 전원 공급 장치

다) 전문 무선 영상 송수신 장비 활용 방법

전문적으로 활용되고 있는 무선 영상 송수신 장비는 제공되는 영상(또는 사진) 자료가 보다 선명하고 다양한 기능을 제공하기 위하여 팬 틸트 기능이 제공되는 짐벌 기능을 갖춘 특수 장비가 추가되고 Drone 기체에 장착된 센서에 따라 기압, 고도, 온도 등 주변 정보(자료)를 제공하는 iOSD 기능을 제공하고 있다. 방송국이나 농약 방제, 특수 임무 수행 등에 사용된다.

Drone 기체에 일반적 영상 촬영을 제공하는 단순한 기능보다 추가적으로 카메라 방향을 자유롭게 제어(조종)하는 역할을 수행하는 짐벌 장비와 무선 영상 자료에 부가적으로 현재 비행 상태에 대한 정보(자료)를 제공하는 iOSD 장비를 연동시키기 위하여 기본적으로 하드웨어 연결하는 작업과 동시에 송신기에서 제어하고 FC 또는 FCC, 수신기를 함께 연동하는 작업을 실시해야 한다. 기본적으로 Drone 기체는 이론적으로 장비가 추가적으로 제어할 때마다 채널이 할당되어야 한다.

대부분 송수신기는 기본적으로 4채널을 사용하고 있으며, 짐벌과 iOSD 장비가 추가적으로 장착고 제어하기 위하여 채널이 여유롭게 물리적으로 존재해야 한다. 따라서 최소한 6채널 이상을 사용하는 채널을 지원하는 송수신기를 가지고 있어야 하는 이유가 여기에 있다.

일반 RC에서는 기본적으로 4개의 채널을 사용하고 있다. 각 채널에 따른 송수신기 기능과 역할을 제공하는 업체마다 다소 차이가 있지만, 채널1에는 에얼론(Aileron), 채널2에는 엘리베이터(Elevator), 채널3에는 쓰로틀(Throttle), 채널4에는 러더(Rudder)를 할당하고 있다. 채널 모드에 따라 오른손을 주로 사용하는 모드 1, 왼손을 주로 사용하는 모드 2, 또는 거의 사용하지 않고 있는 모드 3, 4에 따라 위치는 다소 다르지만, 대부분 쓰로틀(Throttle)은 모터와 변속기, 전원 연결선과 연동이 이루어지고, 나머지 에얼론(Aileron), 엘리베이터(Elevator), 러더(Rudder)는 서보 모터와 연동이 이루어진다.

Drone 기체는 송수신기가 FC 또는 FCC와 연계되기 때문에 기본적으로 서보 모터는 사용하기 않고 모터와 변속기와 연동되는 체계를 가지고 있지만, 짐벌과 iOSD 장비가 연동시키기 위하여 송수신기가 4채널 이상을 지원하는 최소한 6채널 이상을 지원해야 한다.

대부분 유명한 방송국에서 고화질 영상을 제공하는 방송 촬영에 사용하는 FPV 전용 카메라와 짐벌을 장착하고 있기에 아래 <그림 2-48>과 같이 대규모 사양을 가진 Drone 기체가 활용되고 있다. 주변 기상 상태 변화에 대처하기 위한 안전적인 비행을 위하여 헥사콥터(Hexacopter) 또는 옥토콥터(Octocopter) 구조를 가지고 있으며, 고화질 영상을 촬영하기 위한 짐벌과 iOSD 장비를 연동시키기 위하여 송수신기가 최소한 6채널 이상을 지원하고 있다.

<그림 2-48> 방송 촬영 전문 임무 수행 장비 장착 옥토콥터(Octocopter)

방송 촬영 전문 임무 수행 장비 장착 옥토콥터(Octocopter) 주변 장비 연결 방법은 아래 <그림 2-49>과 같이 제시되어 있다.

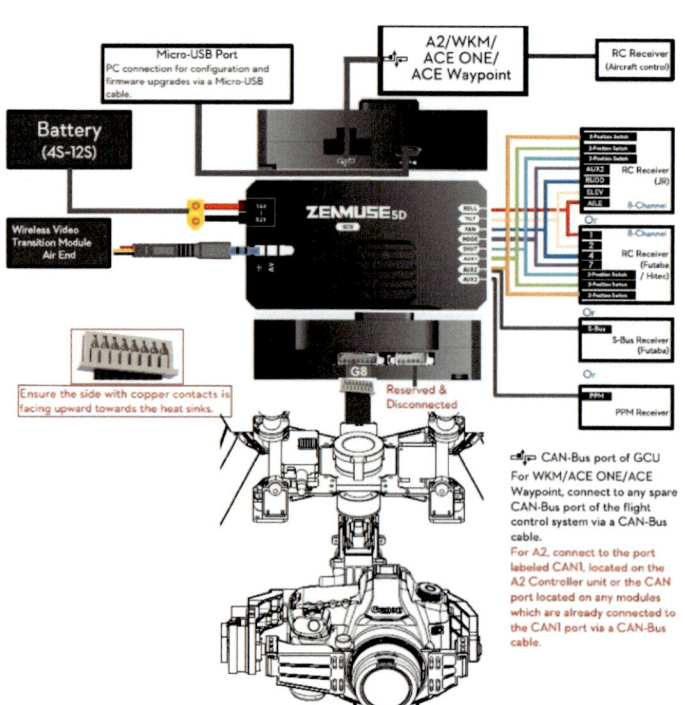

<그림 2-49> 방송 촬영 전문 임무 수행 장비 장착 옥토콥터(Octocopter) 연동 구조

방송 촬영 전문 임무 수행 장비 장착 옥토콥터(Octocopter)는 고화질 영상 촬영 임무를 수행하기 위하여 아래 <그림 2-50>과 같이 고급 서보 모터가 장착된 짐벌 장치로 구성되어 있다.

<그림 2-50> 방송 촬영 전문 임무 수행 장비 장착 옥토콥터(Octocopter) 짐벌 구조

세계적인 Drone 생산 업체인 **중국 DJI사**는 모르지만 팬텀(Phantom) 시리즈, 인스파이어(Inspire) 매빅(Mavic) Drone은 사용자에게 익숙하게 알려져 있다. **프랑스 패럿(Parrot)사**는 모르지만 AR. Drone, 비밥(Bebop) Drone은 사용자에게 익숙하게 알려져 있다.

DJI사의 Drone 기체는 팬텀 시리즈나 인스파이어 시리즈로 일반 사용자에게 구분되지만, 본 교재에서는 사용자맞춤형 DIY 프로젝트 차원에서 Drone 기체에 사용되는 FC(Flight Controller) 또는 FCC(Flight Control Computer)에 따라 임무 수행 장비를 하드웨어(Hardware)적으로 장착하고 소프트웨어(Software)적으로 환경 설정하는 방법에 대하여 다루고자 한다. 기본적인 DJI사에서 판매하고 있는 Naza M Lite/V2, A2/A3/A3-AG 등 FC가 장착된 Drone 기체 제작 관련 하드웨어와 Drone 기체 비행 제어 환경 설정 관련 소프트웨어에 대한 정보(자료)는 김재영·Dark Horse Lee·오승균·박찬용 공저 **단계별 맞춤형 DIY 드론 만들기(2019, 고성도서유통) 교재(p16~24)**나 해당 인터넷 자료를 검색하시기 바랍니다.

DJI사에서 판매하고 있는 Naza M Lite/V2, A2/A3/A3-AG/N3/N3-AG 등 FC에 대한 설정 프로그램은 DJI사 인터넷 사이트[5]에서 해당 환경설정 프로그램(유틸리티)과 드라이브를 각각 다운로드할 수 있는 서비스를 제공(Windows 또는 Mac 버전)한다. 반드시 DJI Drone 기체 환경 설정을 실시하기 이전에 자신이 선택(구입)한 FC에 해당하는 프로그램(유틸리티)을 다운로드하고 설치해야 하지만, 일반 PC와 유선으로 연결하기 위한 드라이브가 반드시 제대로 설치되어야 한다. DJI사 Drone 기체 FC와 정상적으로 연결되어 있다면 아래 <그림 2-51>과 같은 화면에서 가장 아랫부분 왼쪽 모퉁이 모드(Mode)에 빨강색 불빛이 반짝이다가 파랑색으로 변화하여 안정적인 연결 상태를 유지하면서 자신의 Drone 기체 FC 환경설정이 가능한 상태로 진입하게 된다.

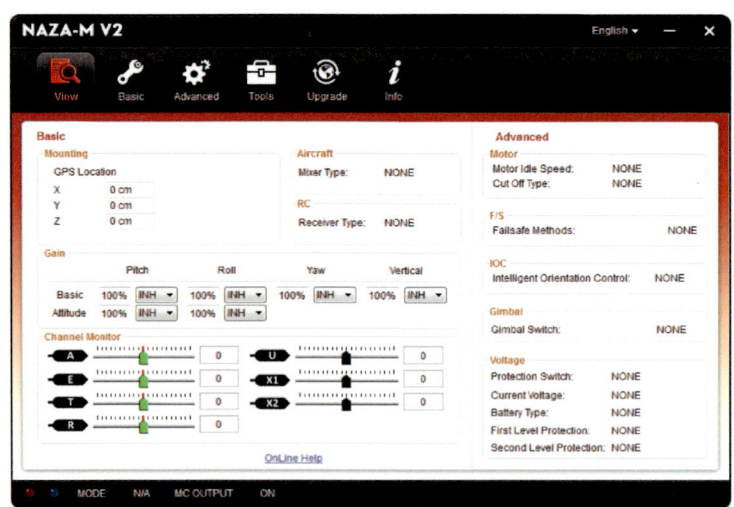

<그림 2-51> DJI FC(Naza M-V2) 임무 수행 장비 환경 설정 상태

---

5) https://www.dji.com/kr

DJI사 Drone 기체 FC와 정상적으로 연결되어 있다면 아래 <그림 2-52>와 같은 화면에서 자신이 선택(구입)하여 사용하고 있는 짐벌(Gimbal)에 대한 환경설정을 정확하고 바르게 설정해야 한다.

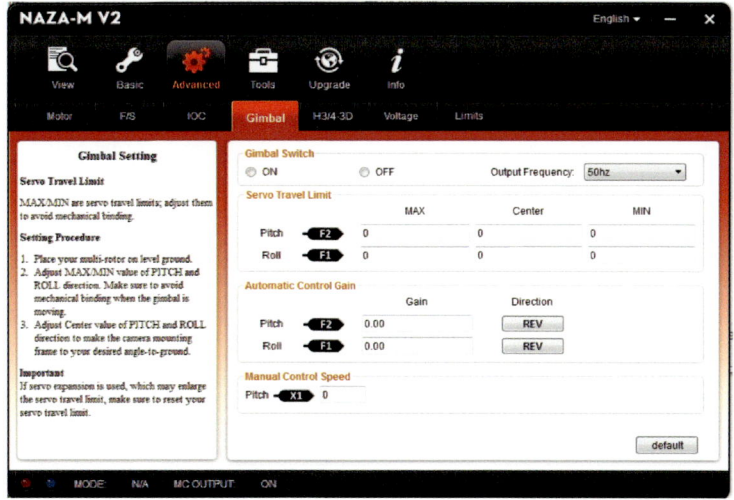

<그림 2-52> DJI FC(Naza M-V2) 임무 수행 장비(Gimbal) 환경 설정

DJI사 Drone 기체 FC와 정상적으로 연결되어 있다면 아래 <그림 2-53>과 같은 화면에서 자신이 선택(구입)하여 사용하고 있는 GPS 장치에 대한 환경설정을 정확하고 바르게 설정해야 한다.

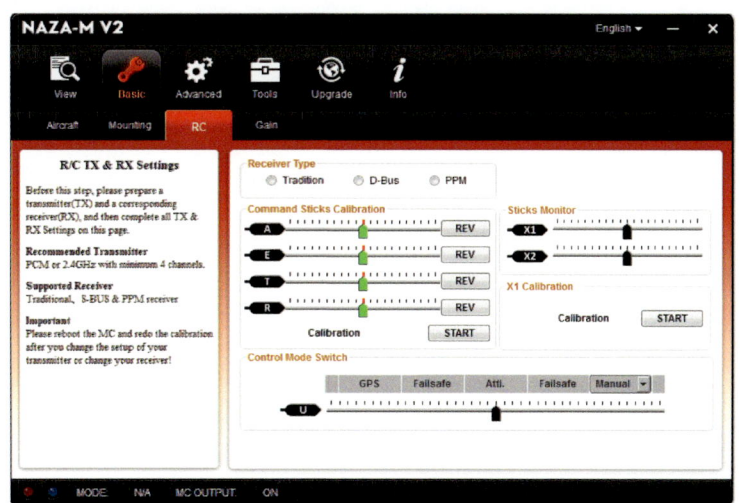

<그림 2-53> DJI FC(Naza M-V2) 임무 수행 장비(GPS) 환경 설정

픽스호크(Pixhawk), 아두파일럿(Ardupilot), 나비오(Navio) 등 APM(ArduPilot Management) 방식으로 운영되는 FC, FCC를 사용하고 있는 Drone 기체 환경 설정방법은 미션 플래너(Mission Planner)를 사용하여 드론 FC 비행 제어 환경을 설정해야 한다. ArduPilot 인터넷 사이트에서 최신 미션플래너 환경설정 프로그램(유틸리티)을 다운로드하여 설치할 수 있으며, 설치 과정에서 일반 PC와 유선으로 연결하기 위한 드라이브가 반드시 제대로 설치되어야 한다.

픽스호크(Pixhawk), 아두 파일럿(Ardupilot), 나비오(Navio) 등 APM 방식으로 운용되는 Drone 기체 FC와 정상적으로 연결 되어 있다면, 아래 <그림 2-54>와 같은 화면에서 자신이 선택(구입)하여 사용하고 있는 짐벌(Gimbal)에 대한 환경설정을 정확하고 바르게 설정해야 한다.

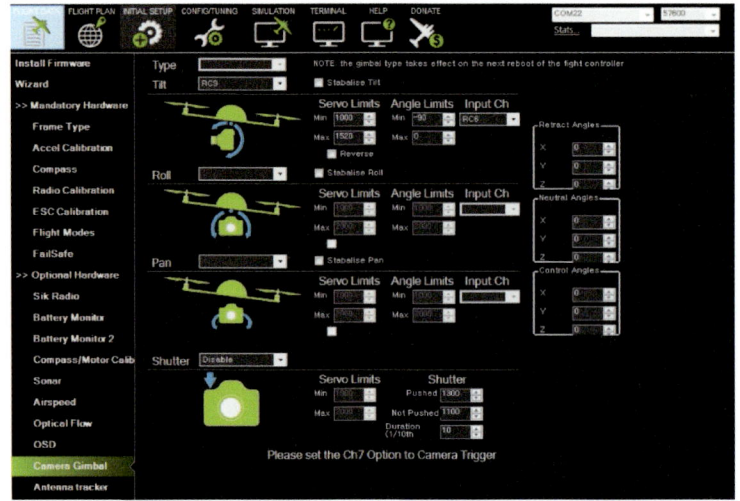

<그림 2-54> 미션 플래너(Mission Planner) 임무 수행 장비(Gimbal) 환경 설정

(4) 짐벌(Gimbal) 활용 방안

가) 짐벌 활용 방법

Drone 기체에 추가적으로 장착되는 짐벌은 아래 <그림 2-55>와 같이 팬 틸트 장비를 응용하여 고정된 카메라를 상하 또는 좌우로 방향을 제어(조종)하여 원하는 방향에 대한 영상 자료를 직접 제공할 수 있는 환경을 제공하는 **임무 수행 장비**라고 할 수 있다.

<그림 2-55> 임무 수행 장비 : 짐벌(Gimbal) 구조

팬-틸트-줌 카메라(Pan–Tilt–Zoom camera, PTZ 카메라) 는 팬 틸티 장비를 Drone 기체에서 카메라를 최대로 활용하기 위한 방향과 확대 또는 축소를 원격으로 제어할 수 있는 카메라이다. 텔레비전 방송 제작의 PTZ 컨트롤은 텔레비전 스튜디오, 스포츠 이벤츠 등의 공간에서 프로페셔널 비디오 카메라와 함께 사용된다. 로보틱 카메라(Robotic Camera) 줄임말로서 로보(Robo)라고도 불리우며, 자동화 시스템에 의해 원격으로 제어가 가능하다. PTZ 컨트롤들은 일반적으로 카메라 없이 별매로 판매되지만 플레처 카메라의 경우처럼 세트로 판매되기도 한다.

다른 종류 카메라로 **ePTZ** 또는 **가상 팬-틸트-줌(Virtual Pan-Tilt-Zoom, VPTZ)** 가 있으며 고해상도 카메라가 물리적인 카메라 움직임 없이 디지털 방식으로 이미지의 일부분에 줌 또는 패닝 기능을 수행한다. 초저 대역 감시 스트리밍 기술은 VPTZ를 사용하여 전반적인 대역 사용량을 증가시키지 않고 사용자 지정 영역을 더 높은 품질로 영상 스트리밍 서비스를 제공한다. 이러한 유형의 방범 카메라는 디지털 비디오 레코더에 연결하여 녹화를 수행하기도 한다. PTZ 카메라들은 방범, 화상 회의, 생방송, 강의 녹화 등의 분야에 흔히 사용된다.

Drone 기체에 추가적으로 장착되는 2축, 3축 짐벌은 아래 <그림 2-56>과 같이 해당 짐벌 보드 제어 프로그램(유틸리티)를 다운로드하여 설치하여 자신이 구입(선택)한 짐벌(Gimbal)에 대한 환경을 정확하고 바르게 설정해야 한다.

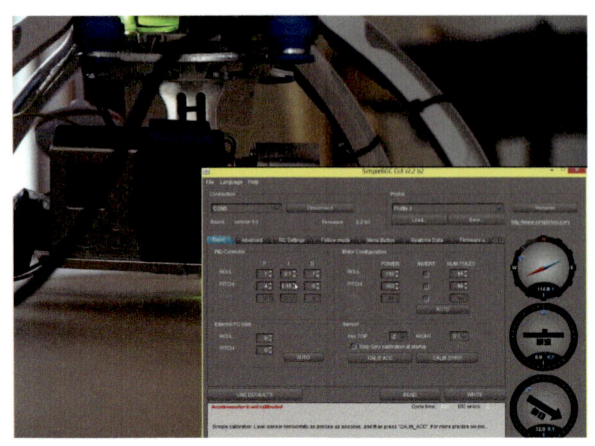

<그림 2-56> 짐벌(Gimbal) 제어 보드(Board) 일반 PC BGC 프로그램 환경 설정

일반 PC와 짐벌 제어 보드와 유선으로 연결된 상태에서 환경설정을 정확하게 바르게 실시하려면 <그림 2-57>과 같이 자신이 사용하는 송신기와 해당 기능키 작동 상태가 제대로 작동하는지 최종 점검을 실시한다. 문제점이 발견되면 짐벌 제어 보드 환경 설정과 송신기 기능키 환경 설정을 정확하게 설정해야 한다.

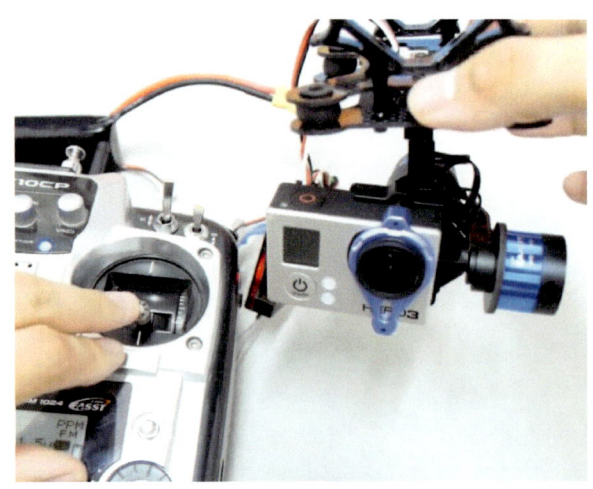

<그림 2-57> 짐벌(Gimbal) 제어 보드(Board)와 송수신기 연동 환경 설정

Drone 기체에 추가적으로 장착되는 짐벌은 제어를 송신기(조종기)를 통하여 수행하게 되는데 사용자 자신이 원하는 기능키를 사용하기 위하여 송수신기 환경을 적절하게 설정해야 한다. 워케라 데보7(Walkera Devo7) 송수신기와 QR X350 Pro 짐벌에 대한 환경 설정 방법은 아래 <그림 2-58>과 같이 제공되는 매뉴얼을 참고하여 정확하게 설정해야 한다.

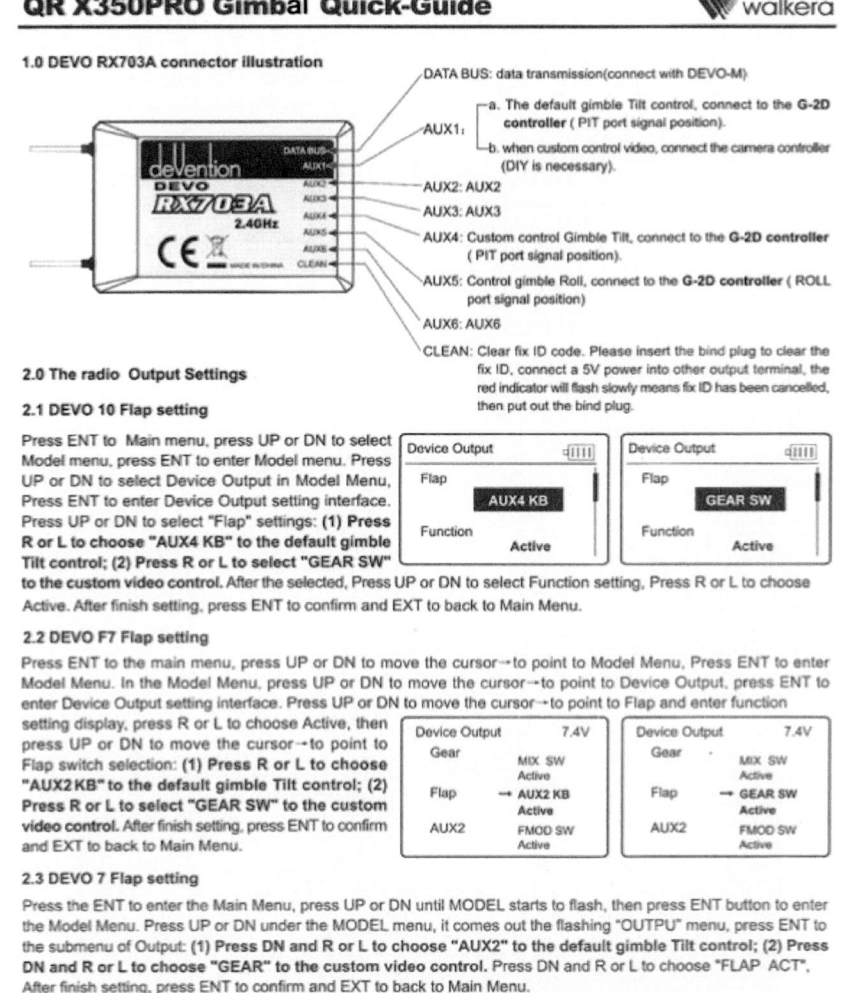

<그림 2-58> 짐벌(Gimbal)과 Devo7 송수신기와 연동 환경 설정

(5) iOSD(information On Screen Display) 활용 방안

가) iOSD 활용 방법

OSD는 모니터에 대해 사용자가 필요로 하는 정보나 알아야 할 정보를 화면상에 직접 표시하는 기능을 말한다. 이러한 정보 중에는 화면 밝기(brightness)와 대비(contrast), 튜닝, RGB 조정, 화면의 상하 좌우 크기 및 위치 조정 등이 포함된다. OSD는 이러한 상태들의 조정 진행 상태를 화면에 표시하여 주는 기능으로서, 주로 15인치 이상의 고급형 모니터 기종에 이 기능이 탑재되어 있다.

iOSD는 컴퓨터 또는 텔레비전 모니터의 화면을 사용자가 직접 최적화시킬 수 있도록 해주는 조정 기능으로 화면에 나타난 OSD 창을 통해 조정(제어)하는 프로그램을 사용하여 최적화 작업을 수행한다. 조정할 수 있는 항목은 모니터에 따라 조금씩 다르지만 주로 화면 밝기와 대비, 동조, RGB 조정, 화면의 상하 좌우 크기 및 위치 조정 등이 포함된다. OSD는 조정 진행 상태를 화면에 표시하여 주는 기능으로 모니터 기종에 따라 설정하는 기능이 포함되어 있다. Drone 비행 상태에서 Drone 기체의 배터리 전압(잔량)이나 비행 시간, 기체의 기울기(자세), 방위, 출발 위치의 방향과 거리, 고도, 속도 등의 정보를 화면에 표시해 준다. 기체에 장착되며, 카메라와 영상 송신기 사이에서 가속도 센서나 지자계 센서, GPS 등을 통해 들어온 정보를 카메라의 영상에 섞어 영상 송신기에 보내는 역할을 한다.

Drone 기체에 추가적으로 장착되는 iOSD 장비는 아래 <그림 2-59>와 같이 Drone 기체에 장착된 센서, GPS 장치가 제공하는 정보를 FPV 무선 영상 송수신기와 연동하여 사용자에게 일반 TV 모니터 또는 고글에 정보를 제공하는 임무 수행 장비라고 할 수 있다.

<그림 2-59> iOSD 연결 상태

Drone 기체에 추가적으로 장착되는 짐벌은 아래 <그림 2-60>과 같이 팬 틸트 장비를 응용하여 고정된 카메라를 상하 또는 좌우로 방향을 제어(조종)하여 원하는 방향에 대한 영상 자료를 직접 제공할 수 있는 환경을 제공 하는 임무 수행 장비라고 할 수 있다.

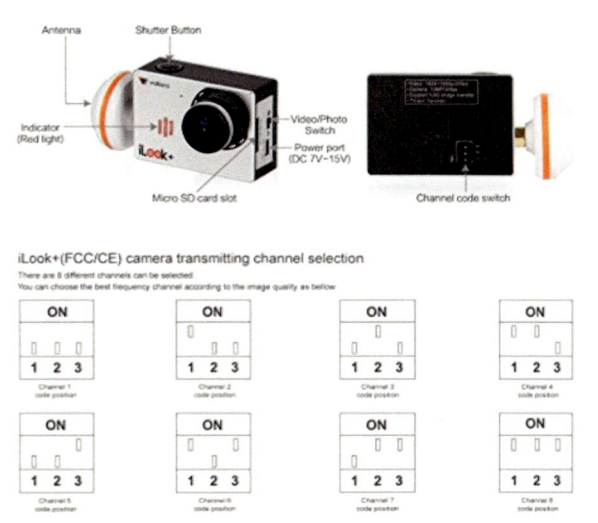

<그림 2-60> Walkera iLook 카메라 무선 주파수 환경 설정

3. GPS 장비 환경 설정하기

가. GPS 장비 이해

대부분의 Drone은 시동이 걸린 상태(Armed)에서 이륙을 시도하면 기체가 지구 자전 방향을 향해 기울어진 상태로 기체가 불안정하게 움직이며 정지된 상태를 유지하려고 시도한다면 계속 기체가 불안정하게 상하좌우로 움직이면서 정지된 상태를 유지하기 힘들어 진다. 또한 착륙할 경우에도 이륙할 때와 동일한 불안정한 상태가 발생한다. 이러한 현상은 지구의 자전(Rotation of the earth, 서->동)과 뉴튼(Isaac Newton)이 제시한 중력의 법칙(law of universal gravity)과 반용과 반작용이 법칙(Newton's laws of motion, 제3법칙)이 작용되기 때문이다. 기체에 장착된 FC 자체에 내장되어 있지만, 현재 좌표에 대한 정보를 처리할 수 있는 장비가 존재 하지 않기 때문이다. 이러한 문제를 해결할 수 있도록 고안된 장비가 GPS[6](Global Positioning System)이다. Drone에서 사용하는 GPS 장비는 외형이 다소 다르지만 6개의 위성[7](satellite)으로부터 받은 좌표 정보를 저장하고 있다가 위치와 관련된 Drone 제어에 사용되고 있다는 사실은 동일하다. GPS는 Drone 장착된 수신 장비로 위치, 즉 위도(latitude)와 경도(longitude) 정보를 저장하고 있다가 Drone 제어에서 해당 임무를 수행하도록 설계되어 있다.

Drone에 GPS를 장착시키고 FC와 정상적으로 연동된다면, Drone은 GPS 모드를 제공하여 매뉴얼(Manual) 또는 수동 모드와 비교하면 안정적으로 비행을 수행할 수 있으며, 출발 위치(Home)로 비상 상황에서 복귀할 수 있는 RTL(Return To Launch) 기능을 제공할 수 있으며, 정해진 좌표로 자동으로 비행을 실시할 수 있는 기능을 제공할 수 있다. 다만, GPS가 정상적으로 장착되어 있으며 6개의 위성으로부터 수신 상태가 양호하다면 가능할 수 있다.

Drone에서 이러한 기능을 제공하기 위하여 인공위성에서 수집한 정보를 수신할 수 있는 수신기가 필요하며, 수신기는 이러한 기능을 처리하기 위하여 FC에서 이러한 기능을 제공할 수 있도록 설계되어 있어야 한다. 물리적(Hardware)으로 FC에 수신기와 연동시킬 수 있는 포트(Port)가 제공되어야 한다.

Drone을 GPS와 연계시키기 위하여 자신이 사용하고 있는 FC에 적합한 GPS 수신기를 구입해야 하는데, 무엇보다도 수신기와 FC 수신기 연결을 위한 포트에 적합한 핀(Pin) 구조와 배열이 정확해야 한다. 이러한 물리적인 연결이 성공적으로 이루어지면, 해당 프로그램(소프트웨어)을 다운로드하여 설치(설정)하여 GPS 수신 상태가 정상적으로 이루어지는가에 대한 상태를 사전에 반드시 확인해야 한다. 이러한 작업이 성공적으로 이루어지면다음에는 자신이 사용하고 있는 송신기에서 GPS 관련 기능을 설정해야 한다.

---

[6] 우주 부분(SS, space segment), 제어 부분(CS, control segment), 사용자 부분(US, user segment)로 구성되어 있으며, 위성은 송신장치에 해당(자료출처 : 위키백과)

[7] 인공위성을 의미하며, 비행하는 궤도의 해수면에 따라 정지위성(geostationary satellite)과 이동위성(orbiting satellite)으로 구분되며, 용도에 따라 과학위성, 통신위성, 군사위성, 기상위성 등으로 분류하며, 궤도에 따라 저궤도 위성, 극궤도 위성, 정지 궤도 위성 등으로 분류(자료출처 : 위키백과)

Drone에서 GPS 장비를 연동시켜 활용할 수 있는 방안은 현재 주로 돌발적인 상황 발생할 경우 이륙 지점으로 복귀하는 **RTL(Return To Launch) 기능** 구현, 정해진 좌표에 따라 이동하는 **자율비행**, 기존 비행 위치(좌표)를 기억하여 안정적으로 비행하는 **GPS 모드 비행** 등에 적용되고 있다. 현재 시판되는 GPS 장비는 아래 <그림 3-1>과 같이 형태가 다양하지만, GPS 활용 방안에서 제시하는 목적을 위해 주로 사용되고 있다.

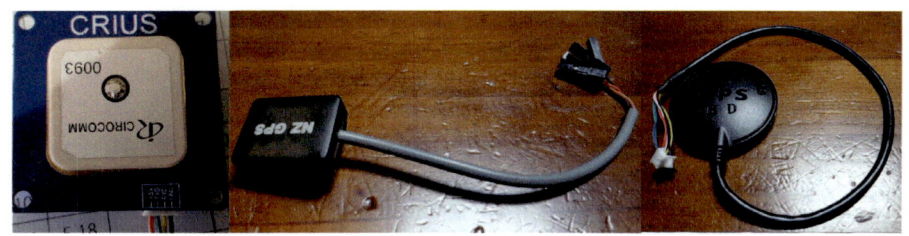

<그림 3-1> 다양한 GPS 사용 모델 외부 형태

현재 시판되고 있는 GPS 장비 외부 형태가 다양하고 활용되는 목적을 수행해야 하며, 자신이 선택(구입)한 GPS 장비가 정상적으로 동작하면 아래 <그림 3-2>와 같이 LED 점멸등이 초록색으로 변경된다.

<그림 3-2> GPS 하드웨어 및 연결 상태 점검

결국 Drone과 GPS 장비를 연동시키는 최종 목표는 **지상관제시스템(GCS, Ground Control System)을 구현**하는 것이다. **지상관제시스템**은 자율비행 및 실시간 비행경로 변경 관제를 가능하게 하며, 지도 데이터 처리, 비행경로 사전 분석 기능을 제공하며, 지오펜스(Geo-fence) 기능, 필요시 비행금지 지역 생성 기능을 제공할 수 있다. FCS 제어방식은 위치, 자세 제어, 경로비행 제어 등에 필요한 Drone 설계 핵심기술로서 핵심 모듈 (AHRS, FC) 자체 설계를 가능하게 하며, 제어기 커스텀마이징(Customizing)추적 및 분석 가능을 제공하기에 지상관제시스템을 연동시킬 수 있도록 환경을 설정해 주어야 한다.

나. GPS 장비 환경 설정하기

　　Drone에 GPS 장비를 장착하고 연동시키는 과정은 아래와 같다. **제1단계** 자신이 원하는 GPS 사양 및 가격을 분석하고 해당 장비를 구입하기, **제2단계** 해당 업체에서 제공되는 매뉴얼에 따라 순차적으로 조립하기, **제3단계** 필요에 따라 해당 업체에서 안내에 따라 해당 프로그램(유틸리티) 다운로드 및 설치하기, 환경 설정, **제4단계** 필요에 따라 해당 업체에서 제공하는 기능을 구현하기 위한 송신기와 해당 장비 트리밍(Trimming) 작업 실시하기, 제5단계 시험 비행을 통하여 GPS 작동 상태 확인 및 보정 작업하기 단계로 진행된다. 자신이 사용하고 있는 FC에 따라 제공되는 포트를 통하여 연동되는 경우가 발생하면 **사전에 자신이 선택한 FC 모델에 대한 매뉴얼을 숙지**하여 제시되는 과정에 따라 작업을 진행하면 된다. 다만 아래 <그림 3-3>과 같이 GPS 장비와 자신이 선택한 FC 또는 FFC 제어 보드(Board)에 제대로 결합을 거쳐야만 정상적으로 동작된다.

<그림 3-3> GPS 하드웨어 연결선

　　Drone에 GPS를 장착하여 제어하기 위하여 사용하는 FC(Flight Controller)가 연동할 수 있는 기능을 제공해야 한다. **DJI사에서 제공하는 대부분의 FC**는 GPS를 연동시킬 수 있는 기능을 제공하고 있다. 가장 정확한 오차 범위에서 호버링(Hovering) 기능을 제공하고 있지만, FC 가격이 고가이고 자사 제품에서 연동하는 제품을 선택해야 하지만 연동하는 방법은 쉽다. **아두이노 FC**는 가격이 저렴하고 연동시킬 수 있는 소스(Source)가 오픈되어(Open) 있지만, 전자와 전기 분야 공학적 지식과 전문 프로그래밍에 대한 능력을 요구하고 있다. 다만 확장성이 매우 뛰어나고 다양한 기능을 구현할 수 있으며, GPS 연동 과정에 대한 원리를 이해할 수 있는 이론적 지식을 제공하고 있다. **픽스호크(Pixhawk) 또는 아두파일럿(Ardupilot) 등 APM(ArduPilot Management) 방식을 사용하고 있는 FC**에 GPS를 연동시키는 방법은 가격에서 DJI사에서 제공하는 FC와 비교하면 보다 저렴하지만, 제공하는 기능은 아두이노를 활용한 방식처럼 확장성이 뛰어나다. 또한 아두이노에서 구현할 수 있는 방법과 비교하면 전기와 전자 분야 공학적 지식과 프로그래밍 능력을 많이 요구하지 않지만, 제공하는 기능의 다양성과 연동시키는 방법에 대한 쉬운 방안을 제공한다. **라즈베리 파이(Raspberry Pi)를 기반으로 하는 FCC(Flight Control Computer)**로 제어하는 방법은 리눅스 시스템(Linux System) GPIO(General-purpose input/output) 구조에 대한 전문적인 기술을 요구하지만, 인공지능 시스템과 연동시킬 수 있는 다양한 확장성을 제공하고 있다.

자신이 사용하고자 하는 Drone 기체에 장착할 GPS 송수신 상태를 확인하려면 아래 <그림 3-4>와 같이 Visual GPS(XP용/설치용) 등을 자신이 사용하는 PC에 해당 인터넷 사이트에서 다운로드하여 설치하여 GPS 정상적 동작 상태를 확인할 수 있다.

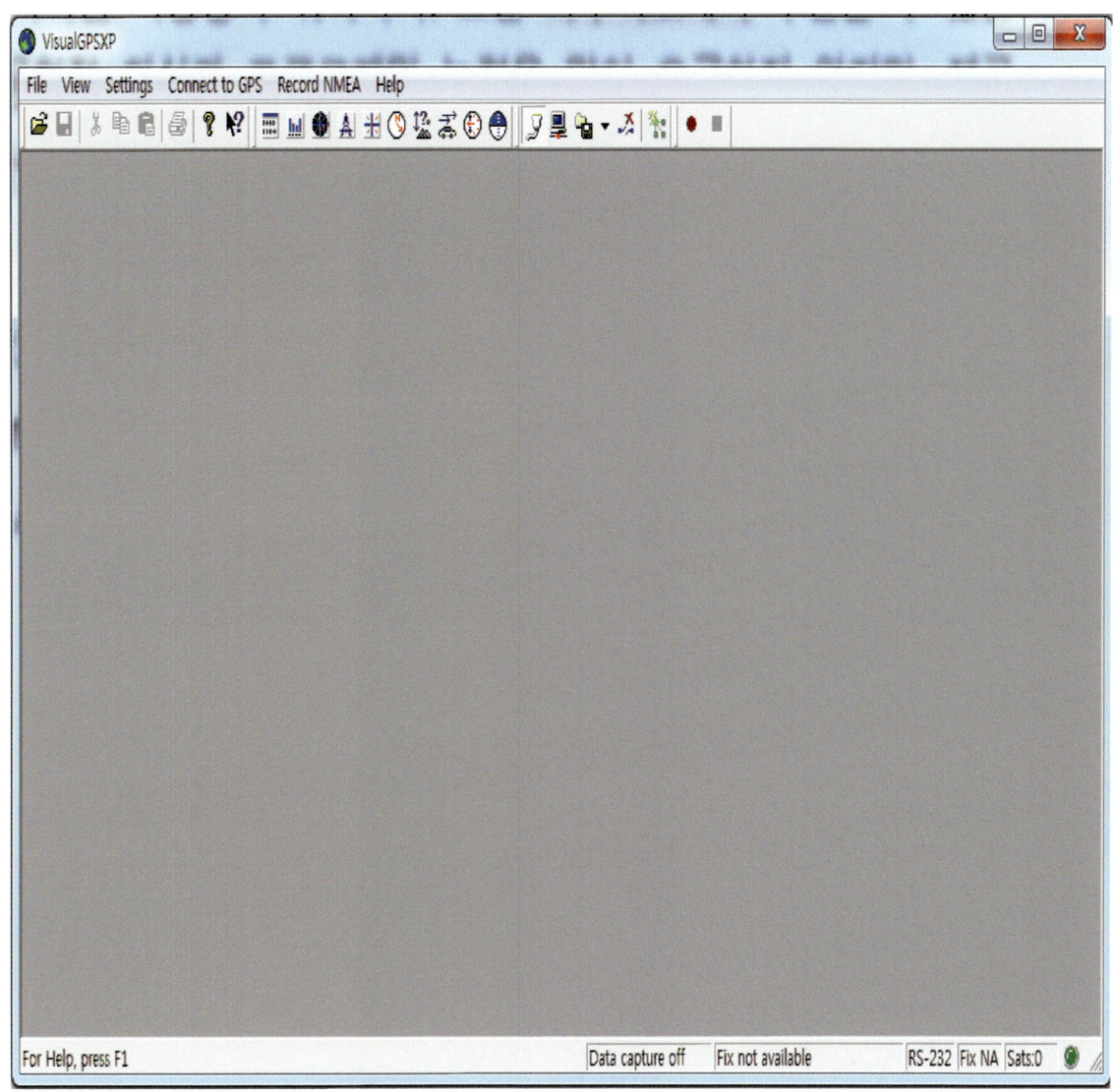

<그림 3-4> GPS 동작 상태 확인 프로그램(Visual GPS XP)

자신이 사용하고자 하는 Drone 기체에 장착할 GPS 송수신 상태를 확인하려면 아래 <그림 3-5> 와 같이 U-Center 등을 자신이 사용하는 PC에 해당 인터넷 사이트에서 다운로드하여 설치하여 GPS 정상적 동작 상태를 확인할 수 있다.

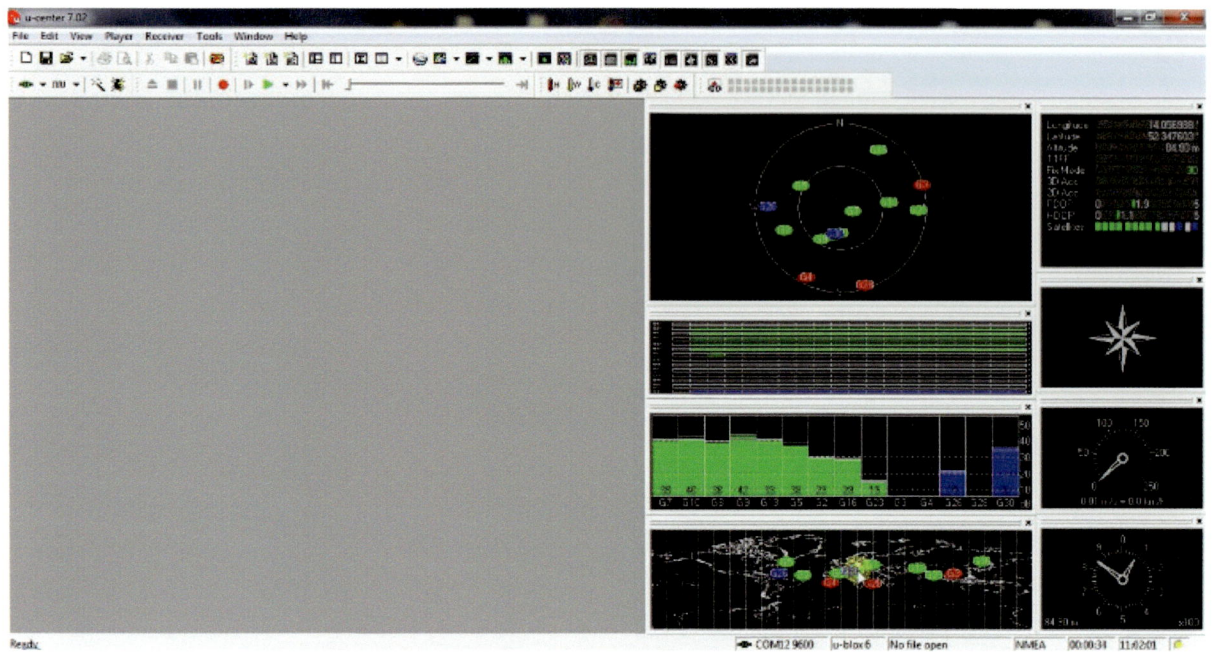

<그림 3-5> GPS 동작 상태 확인 프로그램(U-Center)

GPS 제어 프로그램(유틸리티)가 정상적으로 설치되고 자신이 선택(구입)한 GPS가 연동되어 있는 FC 또는 FCC에 유선 또는 무선으로 연결(접속)된 상태에서 GPS 송수신 상태를 아래 <그림 3-6>과 같이 Visual GPS(XP용/설치용) 프로그램(유틸리티)이 GPS 정상적 접속 및 동작 상태 정보(자료)와 제어 환경을 제공한다.

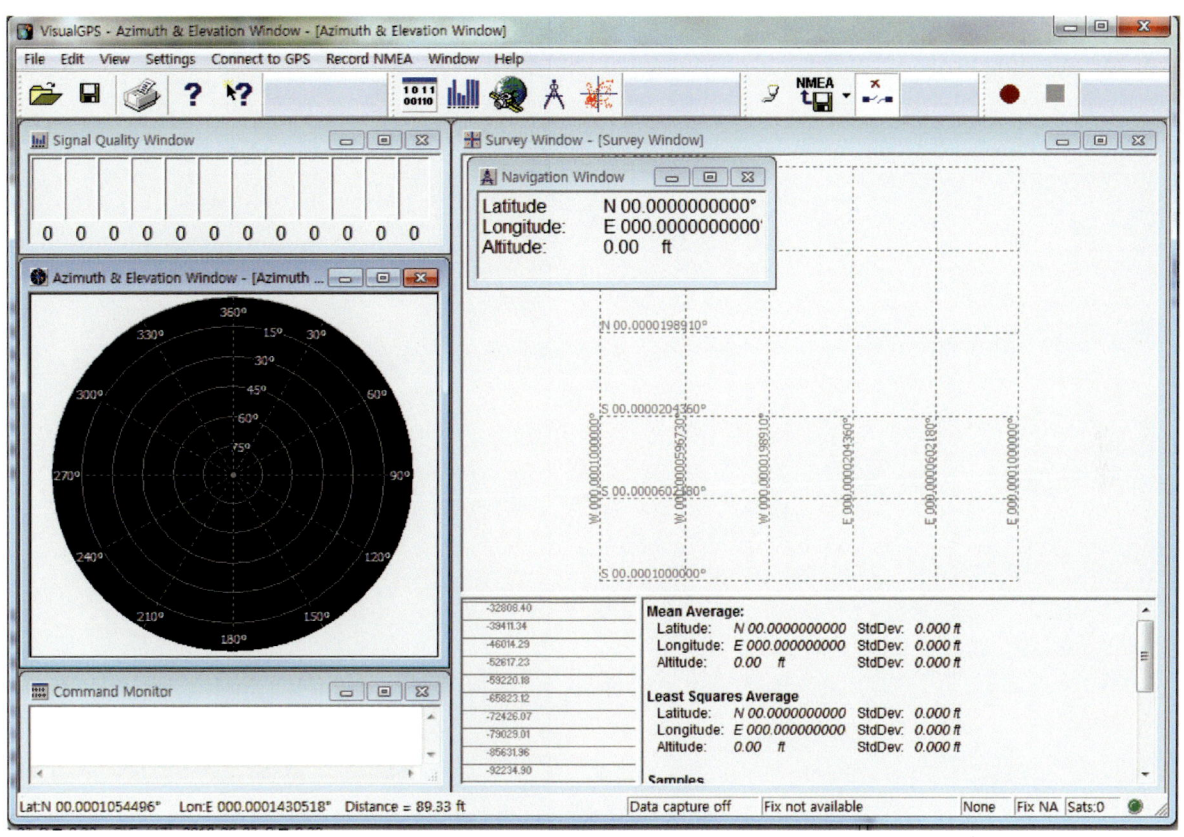

<그림 3-6> GPS 프로그램(Visual GPS) 실행 화면

GPS 제어 프로그램(유틸리티)가 정상적으로 설치되고 자신이 선택(구입)한 GPS가 연동되어 있는 FC 또는 FCC에 유선 또는 무선으로 연결(접속)된 상태에서 GPS 송수신 상태를 아래 <그림 3-7>과 같이 U-Center 프로그램(유틸리티)이 GPS 정상적 접속 및 동작 상태 정보(자료)와 제어 환경을 제공한다.

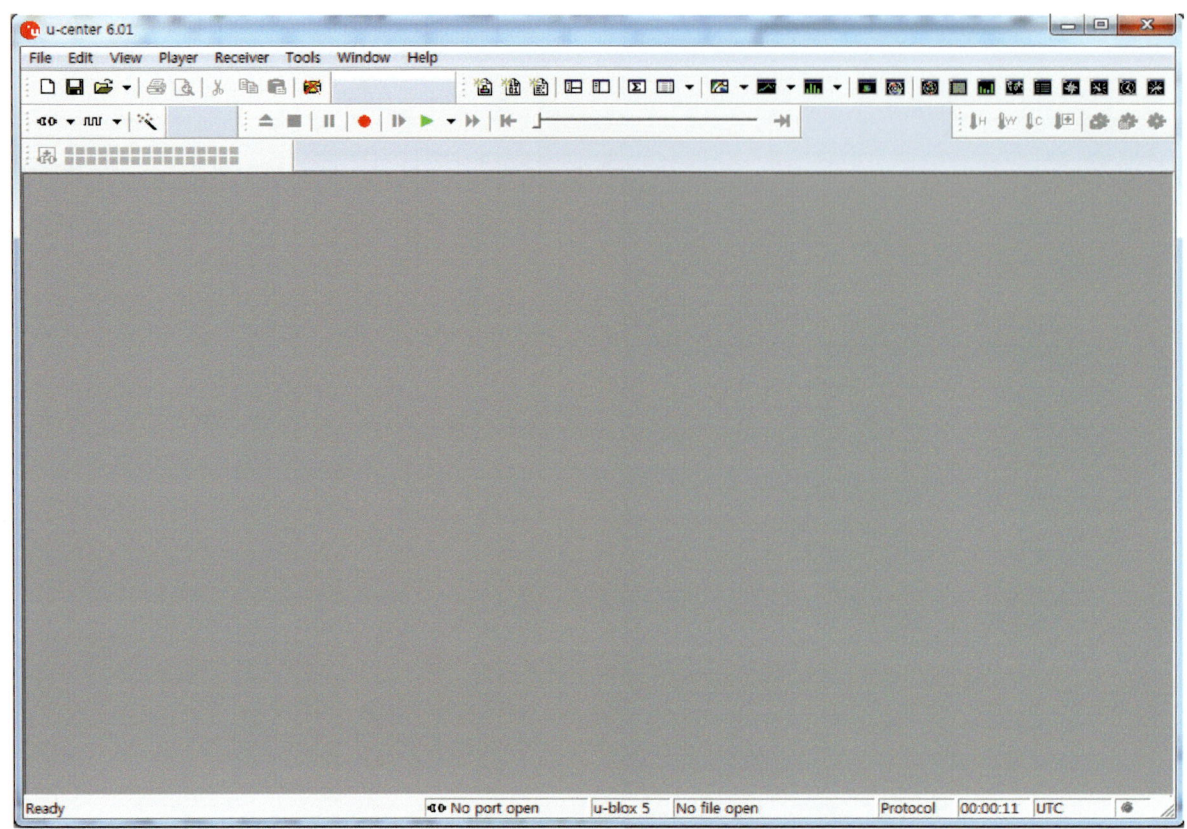

<그림 3-7>　GPS 프로그램(U-Center) 실행 화면

(1) DJI사 FC(Flight Controller) 제어 활용 방안

Drone에 GPS를 장착하여 제어하기 위하여 사용하는 FC(Flight Controller)가 연동할 수 있는 기능을 제공해야 한다. **DJI사에서 제공하는 대부분의 FC**는 GPS를 연동시킬 수 있는 기능을 제공하고 있다. 가장 정확한 오차 범위에서 호버링(Hovering) 기능을 제공하고 있지만, 아래 <표 3-1>과 같이 가격이 고가이며 자사 제품에서 연동하는 제품(부품)을 선택해야 하지만 연동하는 방법은 쉽다.

<표 3-1> DJI사 FC(IMU) 시리즈

구분	지원 기능	구입 가격	비고
Naza-M Lite	MC,GPS,BEC/LED	₩106,000	
Naza-M V1	MC,GPS,BEC/LED,iOSD지원	₩499,000	
Naza-M V2	MC,GPS,BEC/LED,iOSD지원,PMU,Zenmuse H3-2d	₩220,000	
N2	MC,GPS,BEC/LED,iOSD지원,PMU,Zenmuse H3-2d	₩315,000	
N3	MC,GPS,BEC/LED,iOSD지원,PMU,Zenmuse H3-2d	₩500,000	
N3-AG	MC,GPS,BEC/LED,iOSD지원,PMU,Zenmuse H3-2d	₩520,000	
A2	MC,GPS,BEC/LED,iOSD지원,PMU,Zenmuse H3-2d	₩350,000	
A3	MC,GPS,BEC/LED,iOSD지원,PMU,Zenmuse H3-2d	₩1,250,000	
A3-AG	MC,GPS,BEC/LED,iOSD지원,PMU,Zenmuse H3-2d	₩1,280,000	
A3-Pro	MC,GPS,BEC/LED,iOSD지원,PMU,Zenmuse H3-2d	₩2,090,000	

자신이 선택(구입)한 Drone 기체 프레임에 아래 <그림 3-8>과 같이 Naza FC 지원(호환) 가능한 모델을 선택하여 해당 GPS를 구입하여 DJI사에서 제공되는 매뉴얼에 따라 연결(하드웨어)하고 해당 제어 프로그램(유틸리티)과 드라이버를 다운로드 받아 환경(소프트웨어)을 설정하면 된다.

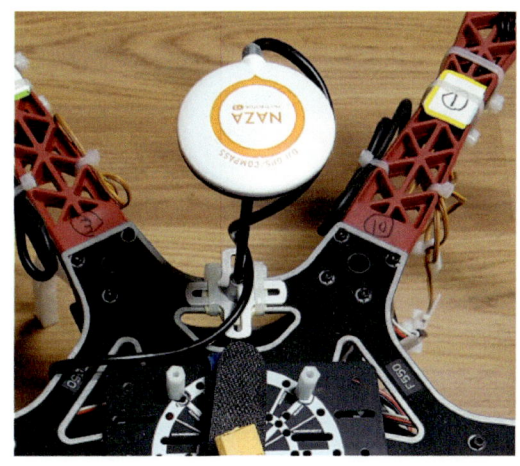

<그림 3-8> DJI Naza M-V2 GPS 장작 상태

자신이 선택(구입)한 Drone 기체 프레임에 제대로 정확하게 연결하려면 아래 <그림 3-9>와 같이 조립하기 이전에 DJI사에서 제공되는 매뉴얼에 따라 연결(하드웨어)하는 방법과 다른 주변 장치와의 연동에 대하여 미리 생각해야 한다.

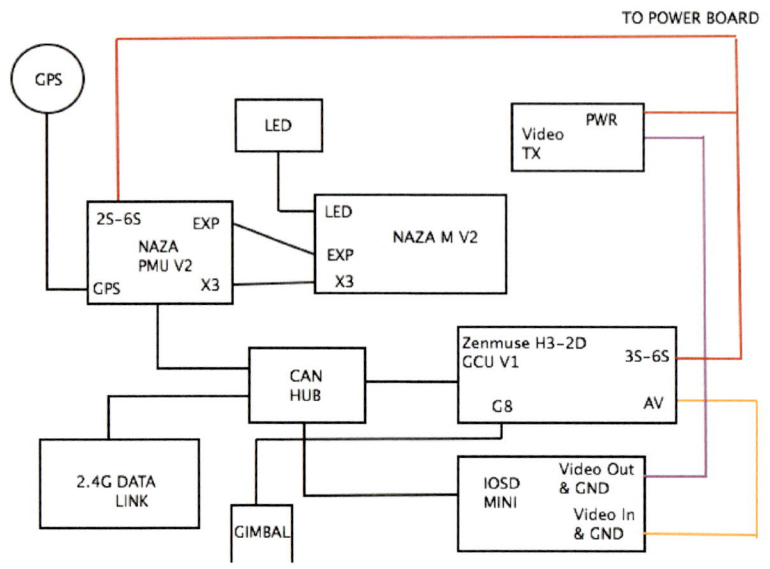

<그림 3-9> DJI Naza 시리즈 GPS 장비 연동 매뉴얼(Datasheet)

Drone 기체에 장착하기 이전에 아래 <그림 3-10>과 같이 DJI사에서 제공되는 매뉴얼에 따라 연결(하드웨어) 상태를 확인하고 해당 제어 프로그램(유틸리티)과 드라이버를 다운로드 받아 환경(소프트웨어)을 설정하면 사전 GPS 장비 설치하는 과정에서 발생하는 시행착오를 다소 줄일 수 있다.

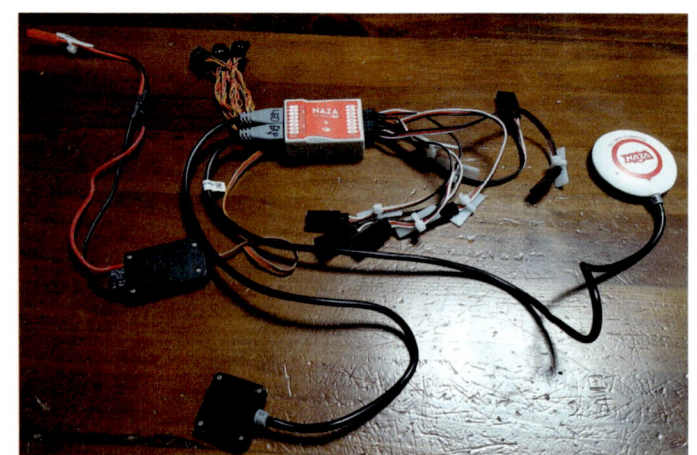

<그림 3-10> DJI Naza 시리즈 GPS 장비 연결 상태 점검

Drone 기체에 DJI사에서 판매하고 있는 Naza 시리즈 FC(M-Lite/V1)와 GPS 장비는 아래 <그림 3-11>과 해당 FC 포트(Exp)와 호환 가능한 GPS 장비를 DJI사에서 제공되는 매뉴얼에 따라 바르고 정확하게 연결하면 된다.

<그림 3-11> DJI Naza 시리즈 FC(M-Lite/V1)와 GPS 장비 연결

Drone 기체에 DJI사에서 판매하고 있는 Naza 시리즈 FC(M-Lite/V1)와 수신기는 아래 <그림 3-12>와 해당 FC 포트(LED)와 해당되는 호환 가능한 수신기를 DJI사에서 제공되는 매뉴얼에 따라 바르고 정확하게 연결하면 된다.

<그림 3-12> DJI Naza 시리즈 FC(M-Lite/V1)와 수신기 연결

Drone 기체에 DJI사에서 판매하고 있는 Naza 시리즈 FC(M-V2)와 GPS 장비는 아래 <그림 3-13>과 해당 FC 포트(Exp)와 호환 가능한 GPS 장비를 DJI사에서 제공되는 매뉴얼에 따라 바르고 정확하게 연결하면 된다.

<그림 3-13> DJI Naza 시리즈 FC(M-V2)와 GPS 장비 연결

Drone 기체에 DJI사에서 판매하고 있는 Naza 시리즈 FC(M-V2)와 수신기는 아래 <그림 3-14>와 해당 FC 포트(LED)와 해당되는 호환 가능한 수신기를 DJI사에서 제공되는 매뉴얼에 따라 바르고 정확하게 연결하면 된다. 주변 장비로서 임무 수행 장비(짐벌 카메라)는 DJI사 제공되는 매뉴얼에 따라 바르고 정확하게 연결하면 된다.

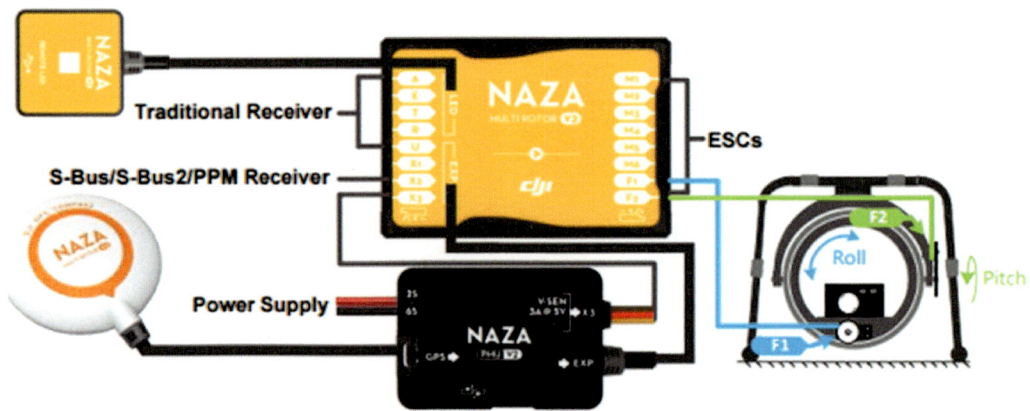

<그림 3-14> DJI Naza 시리즈 FC(M-V2)와 수신기 연결

Drone 기체에 DJI사에서 판매하고 있는 Naza 시리즈 FC(M-V2)와 수신기는 아래 <그림 3-15>와 같이 해당 FC 포트와 해당되는 호환 가능한 장비를 DJI사에서 제공되는 매뉴얼에 따라 바르고 정확하게 연결하면 된다.

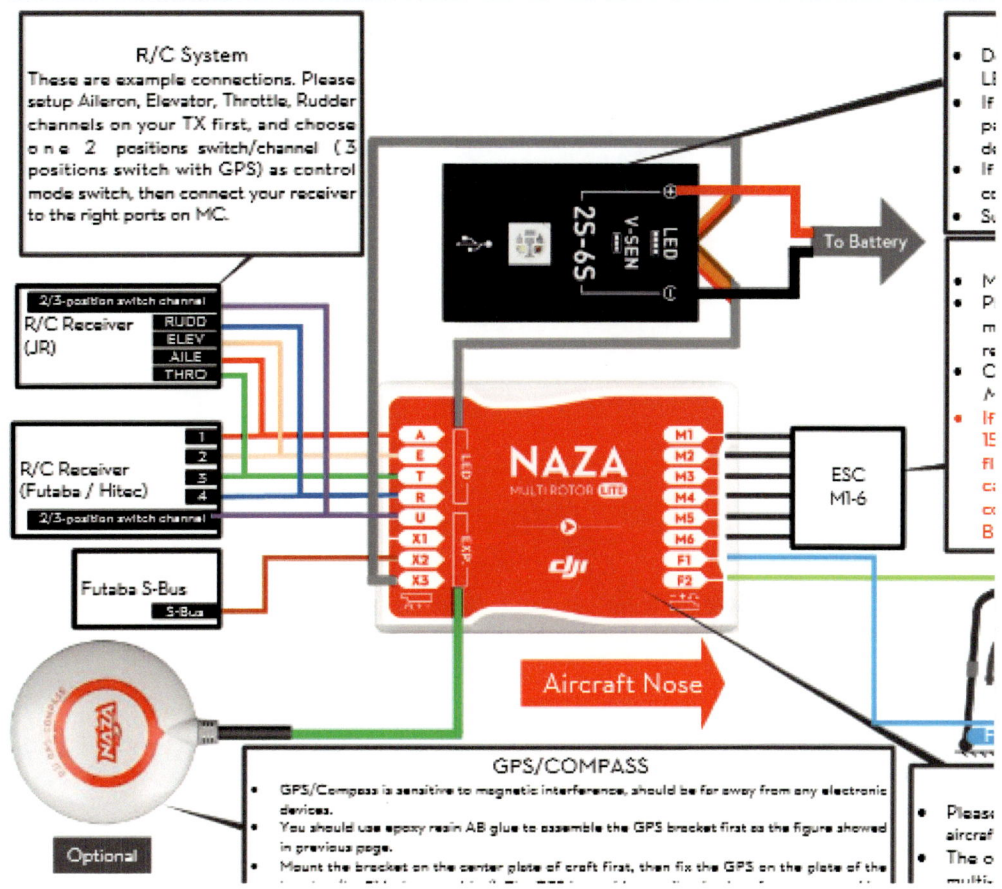

<그림 3-15> DJI Naza 시리즈 임무 수행 장비 연동 방법 매뉴얼

Drone 기체에 DJI사에서 판매하고 있는 Naza 시리즈 FC(M-V2)와 GPS 장비를 연동(연결)하면 아래 <그림 3-16>과 같이 해당 제어 프로그램(유틸리티)과 드라이버를 다운로드 받아 환경(소프트웨어)을 설정해야 한다.

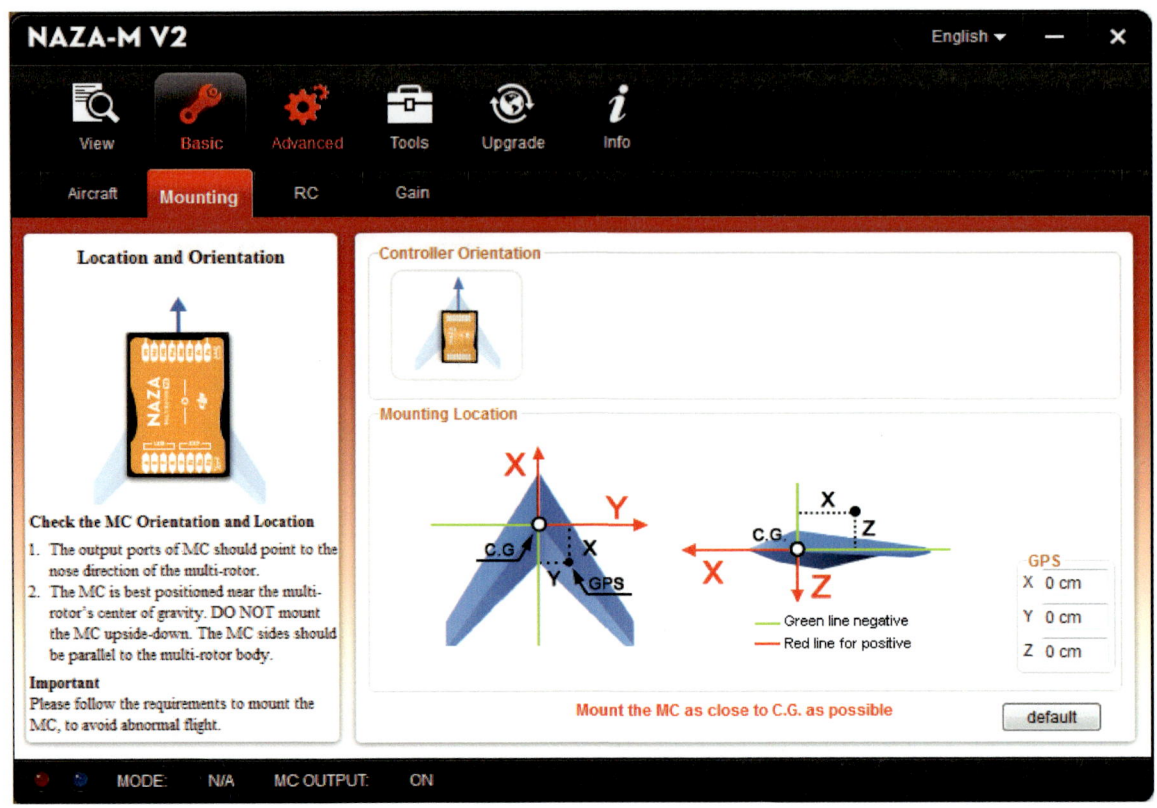

<그림 3-16> DJI Naza 시리즈 FC(M-V2)와 GPS 장비 제어 환경 설정

Drone 기체에 DJI사에서 판매하고 있는 Naza 시리즈 FC(M-V2)와 GPS 장비를 연동(연결)하면 아래 <그림 3-17>과 같이 해당 제어 프로그램(유틸리티)과 드라이버를 다운로드 받아 환경(소프트웨어)을 설정해야 한다.

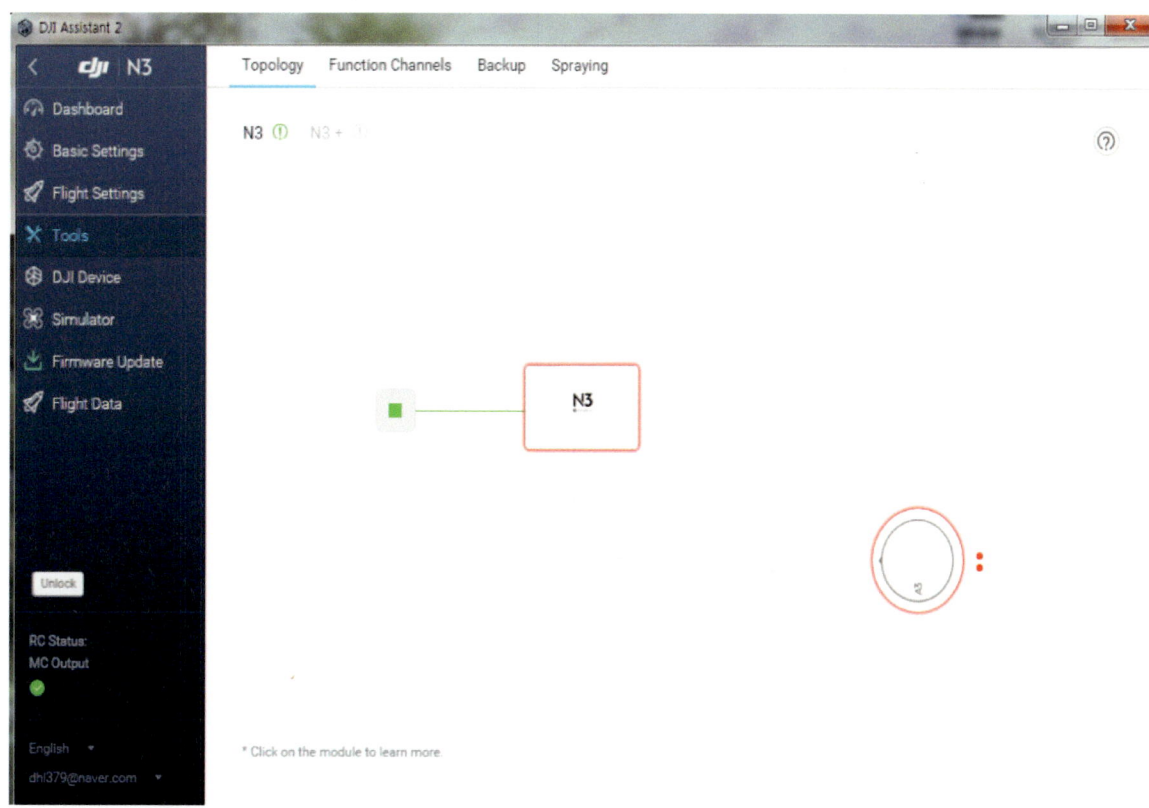

<그림 3-17> DJI Naza 시리즈 FC(N3)와 GPS 장비 제어 환경 설정

(2) 픽스호크(Pixhawk) FC(Flight Controller) 제어 활용 방안

픽스호크(Pixhawk) 또는 아두파일럿(Ardupilot) 등 APM(ArduPilot Management) 방식을 사용하고 있는 FC에 GPS를 연동시키는 방법은 가격에서 DJI사에서 제공하는 FC와 비교하면 보다 저렴하지만, 제공하는 기능은 아두이노를 활용한 방식처럼 확정성이 뛰어나다. 또한 아두이노에서 구현할 수 있는 방법과 비교하면 전기와 전자 분야 공학적 지식과 프로그래밍 능력을 많이 요구하지 않지만, 제공하는 기능의 다양성과 연동시키는 방업에 대한 쉬운 방안을 제공한다. 아래 <그림 3-18>과 같이 가격은 중고가 비용이 소요되지만 호환되는 제품을 사용자가 선택(구입)할 수 있으며 주변에 추가적인 장비를 연동시킬 수 있기 때문에 사용자가 증가하고 있다.

<그림 3-18> Pixhawk FC 보드(Board) GPS 장비 연동

Drone 기체와 Pixhawk FC 보드(Board)를 GPS 장비를 연동(연결)하려면 아래 <그림 3-19>과 같이 해당 제어 프로그램(유틸리티)과 드라이버를 다운로드 받아 환경(소프트웨어)을 설정해야 한다.

<그림 3-19> GPS 하드웨어 및 연결 상태 점검

Pixhawk FC 보드(Board)와 Ardupilot(APM 방식)을 GPS 장비를 연동(연결)하기 위하여 사용하는 포트 연결선은 아래 <그림 3-20>과 같이 배열 구조(5핀 Vs 6핀)에서 차이가 있다.

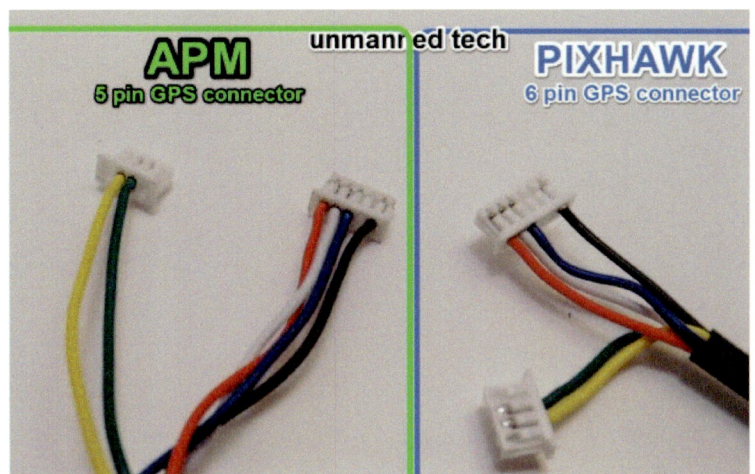

<그림 3-20> Pixhawk(APM 운영 방식) FC 보드와 GPS 장비 연결

동일한 **APM 운영 방식**을 사용하고 있지만 Pixhawk FC 보드(Board)와 다르게 Ardupilot FC 보드(Board)와 GPS 장비를 연동(연결)하기 위하여 사용하는 포트 연결선은 아래 <그림 3-21>과 같이 Ardupilot사에서 제공되는 매뉴얼에 따라 바르고 정확하게 연결하면 된다.

<그림 3-21> Ardupilot(APM 운영 방식) FC 보드와 GPS 장비 연결

Drone 기체에 APM 방식 제어 FC 보드와 GPS 장비를 연동(연결)하면 아래 <그림 3-22>와 같이 해당 제어 프로그램(**Mission Planner**)과 드라이버를 다운로드 받아 환경(소프트웨어)을 설정해야 한다.

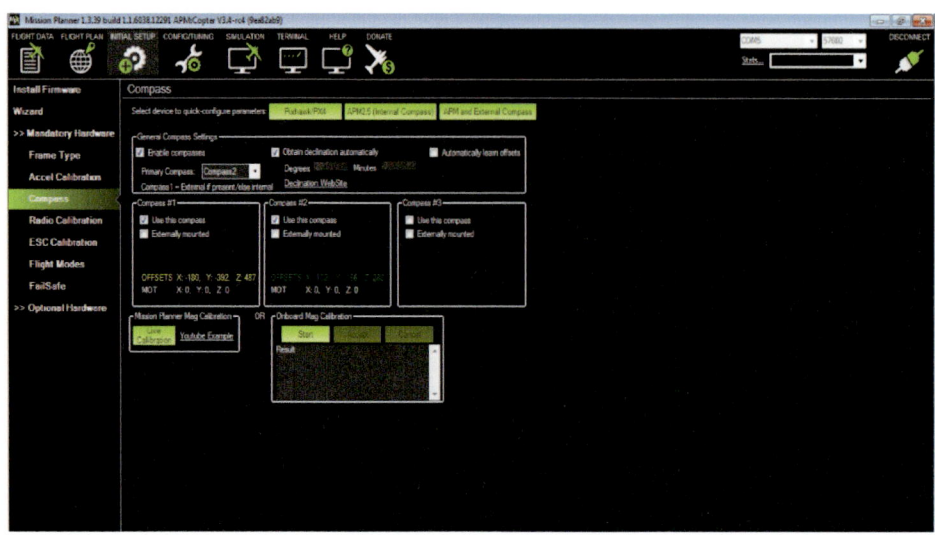

<그림 3-22> APM 방식 FC 보드와 GPS 장비 제어 환경 설정(Mission Planner)

Drone 기체에 APM 방식 제어 FC 보드와 GPS 장비를 연동(연결)하면 아래 <그림 3-23>와 같이 해당 제어 프로그램(**Q Ground Control**)과 드라이버를 다운로드 받아 환경(소프트웨어)을 설정해야 한다.

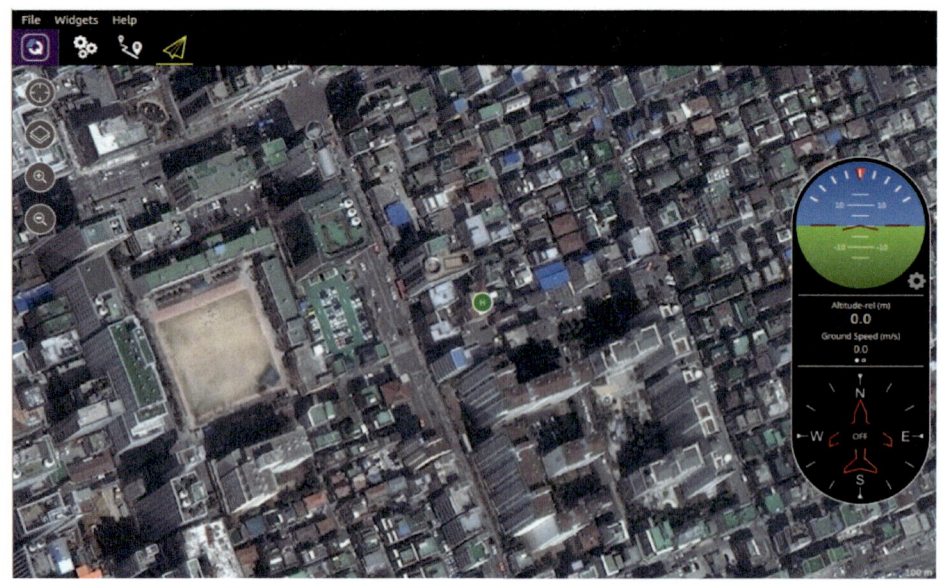

<그림 3-23> APM 방식 FC 보드와 GPS 장비 제어 환경 설정(Q Ground Control)

(3) 아두이노(Arduinio) FC(Flight Controller) 제어 활용 방안

아두이노 FC는 가격이 저렴하고 연동시킬 수 있는 소스(Source)가 오픈되어(Open) 있지만, 전자와 전기 분야 공학적 지식과 전문 프로그래밍에 대한 능력을 요구하고 있다. 다만 확장성이 매우 뛰어나고 다양한 기능을 구현할 수 있으며, GPS 연동 과정에 대한 원리를 이해할 수 있는 이론적 지식을 제공하고 있다. 아래 <그림 3-24>와 같이 가격은 저가 비용이 소요되지만 호환되는 제품을 사용자가 선택(구입)할 수 있으며 주변에 추가적인 장비를 연동시킬 수 있기 때문에 사용자가 증가하고 있다.

<그림 3-24> Arduino 계열 FC 보드(Board) GPS 장비 연동

Drone 기체와 Arduino 계열 FC 보드(Board)를 GPS 장비를 연동(연결)하려면 아래 <그림 3-25>와 같이 해당 제어 프로그램(유틸리티)과 드라이버를 다운로드 받아 환경(소프트웨어)을 설정해야 한다.

<그림 3-25> Arduino 계열 FC 보드와 GPS 장비 연결

Drone 기체와 Arduino 계열 FC 보드(Board)를 GPS 장비를 연동(연결)하면 아래 <그림 3-26>과 같이 해당 제어 프로그램(유틸리티)과 드라이버를 다운로드 받아 환경(소프트웨어)을 설정해야 한다.

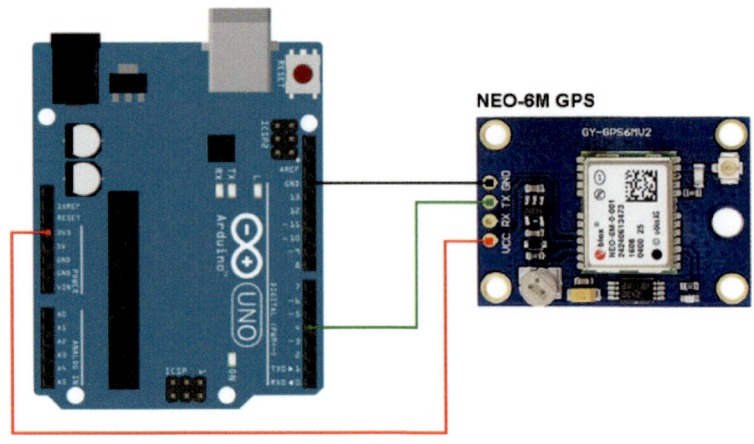

<그림 3-26> Arduino 계열 FC 보드와 GPS 장비 연결

Drone 기체와 Arduino 계열 FC 보드(Board)를 GPS 장비를 연동(연결)하면 아래 <그림 3-27>과 같이 해당 제어 프로그램(유틸리티)과 드라이버를 다운로드 받아 환경(소프트웨어)을 설정해야 한다.

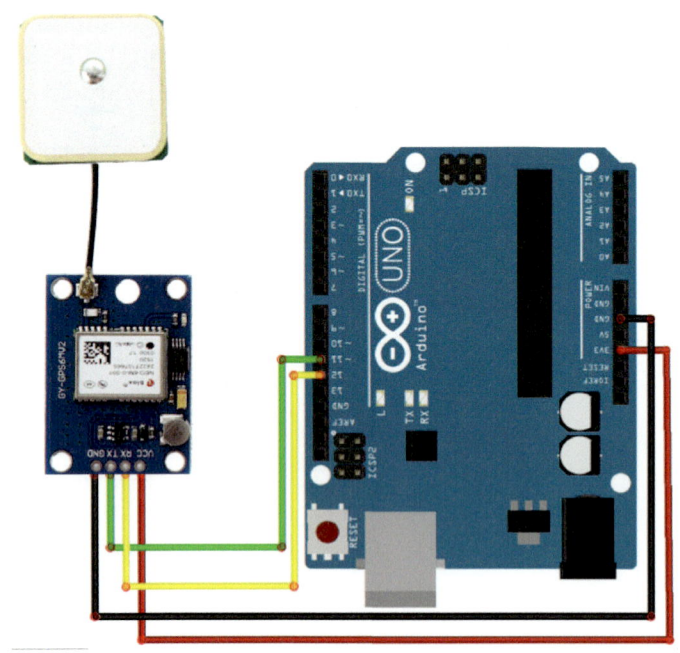

<그림 3-27> Arduino 계열 FC 보드와 GPS 장비 연결

Drone 기체와 Arduino 계열 FC 보드(Board)가 GPS 장비와 정상적으로 동작되는 상태를 확인(점검)하는 방법은 다음과 같다.

우선 Drone 기체와 Arduino 계열 FC 보드(Board)를 아래 <그림 3-28>과 같이 자신이 선택(구입)한 GPS 장비와 Arduino 계열 FC 보드 연동시키는 매뉴얼에 따라 바르고 정확하게 연결해야 한다. 중요한 점은 GPS 장비(모듈)과 GPS 제어 보드(I2C 모듈)가 시리얼 통신(Serial Communication) 방법이 사용되고 있기에 연결하는 유선은 송신(TX, Transmitter Data)과 수신(RX, Receive Data)가 서로 교차되어 연결되어야 한다.

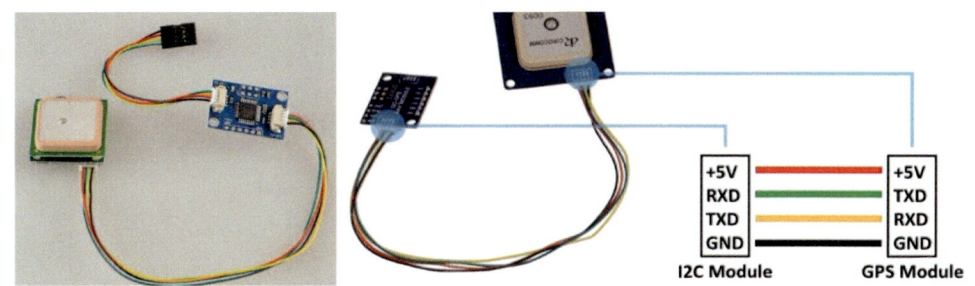

<그림 3-28> Arduino 계열 FC 보드와 GPS 장비 연결 구조

GPS 장비를 연동(연결)하면 아두이노 스케치 프로그램(소프트웨어)를 해당 사이트에서 다운로드하고 자신이 사용하고 있는 PC에 설치한다. 아두이노계열 FC 보드와 연결된 상태에서 동시에 드라이버를 다운로드 받아야 한다. 아래 제시된 아두이노 스케치 소스 코드는 자신이 선택(구입)하여 Arduino FC 보드와 연동된 GPS 정상적 동작 상태를 확인하는 소스이다. 만약 제대로 아두이노 FC 보드와 GPS 장비가 연결된 상태에서 아두이노 스케치 매뉴얼에 언급된 것처럼 소스 코드를 로딩(Open)하고 컴파일(Compile)하고 나서 만약 오류가 발견되지 않으면 실행 파일을 적재(UpLoading)하면 GPS 장비 정상적 동작 상태를 확인할 수 있을 것이다.

```
#include <SoftwareSerial.h>
SoftwareSerial gps(11, 12);      //tx, rx를 각각의 핀에 연결
void setup() {
  Serial.begin(9600);
  gps.begin(9600);
}
void loop() {
  if(gps.available()){
    Serial.write(gps.read());
  }
}
```

Arduino 계열 FC 보드(Board)는 사양에 따라 또는 활용하는 방법에 따라 입출력 포트에서 다소 다른 방법이 사용된다. Arduino 계열 FC 보드를 Drone 제어용 FC 보드로 개발된 것이 Crius MultiWii FC 제어 보드이며, 아래 <그림 3-29>와 같이 GPS 장비와 연동하려면 자신이 선택(구입)한 GPS 장비와 Arduino 계열 FC 보드 연동시키는 매뉴얼에 따라 바르고 정확하게 연결해야 한다. 또한 해당 제어 프로그램(유틸리티)과 드라이버를 다운로드 받아 환경(소프트웨어)을 설정해야 한다.

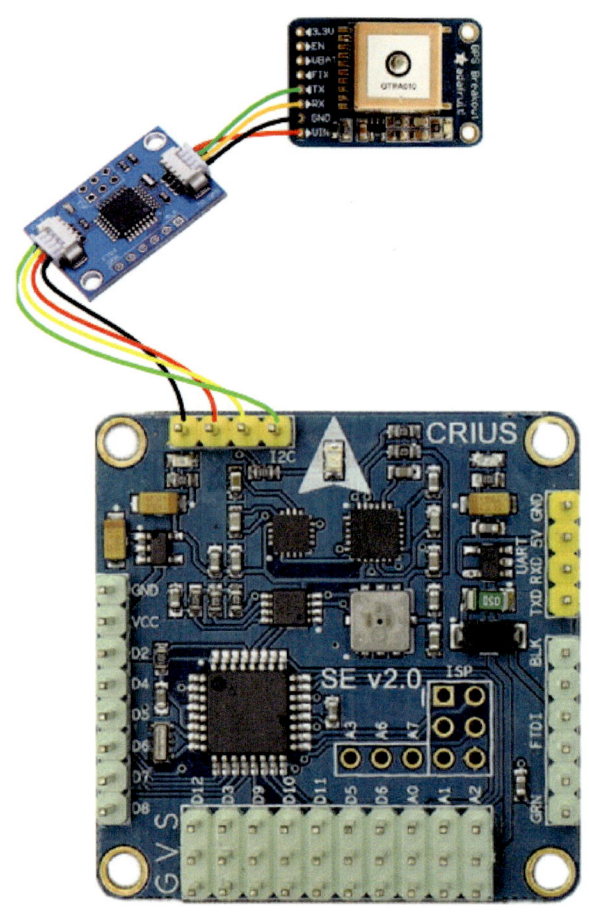

<그림 3-29> MultiWii FC 보드와 GPS 장비 연동

(4) 라즈베리 파이(Raspberry Pi) FCC(Flight Control Computer) 활용 방안

라즈베리 파이(Raspberry Pi)를 기반으로 하는 FCC(Flight Control Computer)로 제어하는 방법은 리눅스 시스템(Linux System)과 GPIO(General-purpose input/output) 구조에 대한 전문적인 기술을 요구하고 있지만, 인공지능 시스템과 연동시킬 수 있는 다양한 확장성을 제공하고 있다. 아래 <그림 3-30>과 같이 장비 구입 가격은 저가 비용이 소요되지만 호환되는 제품을 사용자가 선택(구입)할 수 있으며 주변에 추가적인 장비를 연동시킬 수 있기 때문에 사용자가 증가하고 있다.

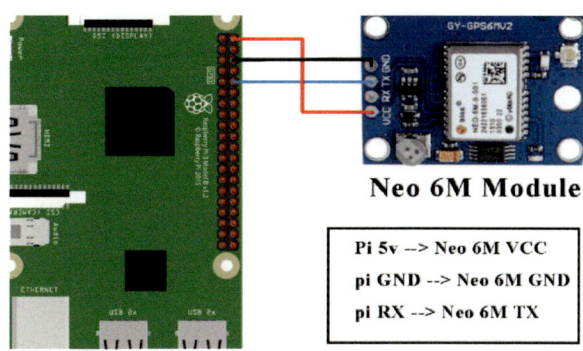

<그림 3-30> 라즈베리 파이 FCC 보드와 GPS 장비 연동

Drone 기체와 라즈베리 파이 FCC 제어 보드(Board)를 GPS 장비를 연동(연결)하려면 아래 <그림 3-31>과 같이 해당 제어 프로그램(유틸리티)과 드라이버를 다운로드 받아 환경(소프트웨어)을 설정해야 한다.

<그림 3-31> 라즈베리 파이 FCC 보드와 GPS 장비 연동

Drone 기체와 미니(Mini) 라즈베리 파이 FCC 제어 보드(Board)를 GPS 장비를 연동(연결)하려면 아래 <그림 3-32>와 같이 해당 제어 프로그램(유틸리티)과 드라이버를 다운로드 받아 환경(소프트웨어)을 설정해야 한다.

<그림 3-32> 미니(Mini) 라즈베리 파이 FCC 보드와 GPS 장비 연동

Drone 기체와 연동하여 사용할 수 있는 라즈베리 파이 FCC 제어 보드(Board)를 GPS 장비를 연동(연결)하기 이전에 아래 <그림 3-33>와 같이 입출력 포트와 단자를 확인해야 한다.

<그림 3-33> 라즈베리 파이 비교(3.0 이하 VS 4.0)

Drone 기체와 연동하여 사용할 수 있는 라즈베리 파이 FCC 제어 보드(Board)를 GPS 장비를 연동(연결)하기 이전에 라즈베리 파이 FCC 입출력 포트와 단자를 확인하면 아래 <그림 3-34>와 같이 라즈베리 파이 3.0 이하 버전에는 5핀을 사용하였지만, 라즈베리 파이 4.0 이상 버전부터는 C타입을 입출력 포트와 단자가 연결하기 위해 사용된다.

<그림 3-34> 라즈베리 파이(3.0 이하 VS 4.0) 전원 공급 장비 구조

Drone 기체와 라즈베리 파이 FCC 제어 보드(Board)를 임무 수행 장비를 연동시키기 위하여 아래 입출력 단자와 포트를 제대로 정확하게 이해하고 있어야 한다. 해당 제어 프로그램(유틸리티)과 드라이버를 다운로드 받아 환경(소프트웨어)을 설정하기 위하여 사용하게 되는 라즈베리 파이 3.0 버전은 입출력 단자와 포트 구조는 아래 <그림 3-35>와 같다.

<그림 3-35> 라즈베리 파이(3.0) FCC 보드와 입출력 포트(단자)

Drone 기체와 라즈베리 파이 FCC 제어 보드(Board)를 임무 수행 장비를 연동시키기 위하여 아래 입출력 단자와 포트를 제대로 정확하게 이해하고 있어야 한다. 해당 제어 프로그램(유틸리티)과 드라이버를 다운로드 받아 환경(소프트웨어)을 설정하기 위하여 사용하게 되는 라즈베리 파이 4.0 버전은 입출력 단자와 포트 구조는 아래 <그림 3-36>과 같다.

<그림 3-36> 라즈베리 파이(4.0) FCC 보드와 입출력 포트(단자)

Drone 기체에 라즈베리 파이 FCC 보드와 GPS 장비를 연동(연결)하면 아래 <그림 3-27>과 같이 해당 제어 프로그램(Mission Planner)과 드라이버를 다운로드 받아 환경(소프트웨어)을 설정해야 한다.

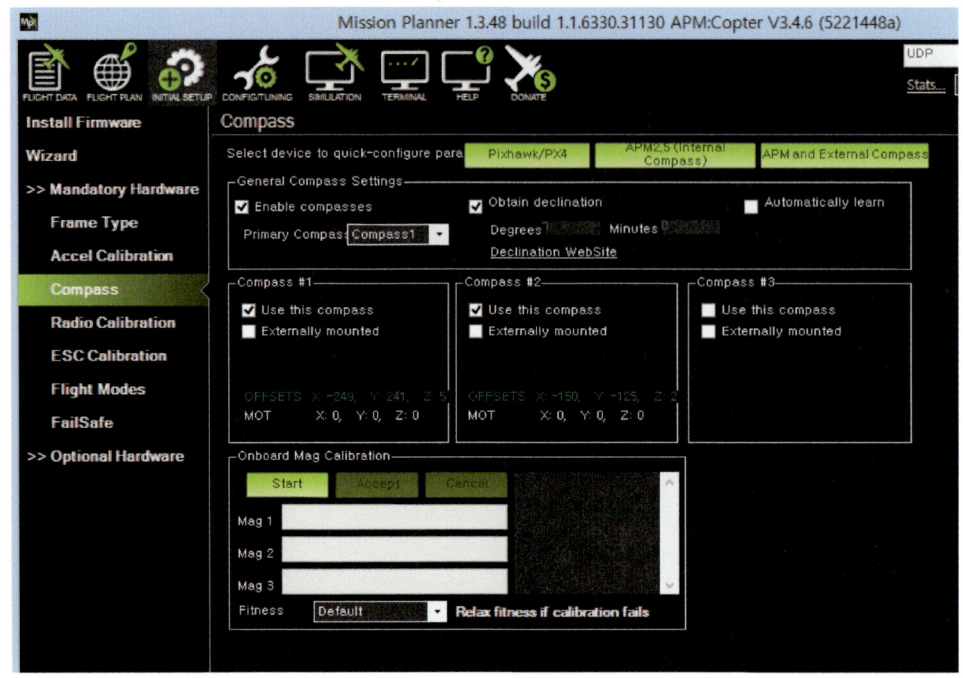

<그림 3-37> 라즈베리 파이 FCC 보드와 GPS 장비 제어 환경 설정(Mission Planner)

4. 자율 비행 및 VTOL[8] Drone 환경 설정하기

가. 자율 비행 및 VTOL Drone 이해

자율비행(Autopilot 또는 Automatic pilot) Drone은 GPS와 밀접한 연관성을 가지고 있다. 현재까지 Drone 관련 기술 동향은 완전한 자율주행을 하는 수행하지 못하지만, 정해진 좌표(위도와 경도)에 따라 정해진 비행을 성공적으로 수행한다. 이러한 기능을 기술적으로 구현하려면 정해진 좌표에 따라 실제로 비행을 제어할 수 있도록 프로그램을 제작해야 하며, 지상에 존재하는 나무와 같은 자연 지형물과 전기 시설물(전기줄과 전봇대)와 같은 인공 지형물을 인식하고 회피할 수 있는 센서와 동작(제어)을 정상적으로 수행해야 한다.

요즘 **자율주행 자동차**(Autonomous Car)에 대한 관심이 집중되고 있으며, 발생되는 문제점을 개선하고 보다 안정적이고 편리한 서비스를 제공하기 위해 노력하고 있다. 사람이 직접 자동차 핸들(운전대)과 패달(브레이크, 엑셀레이터)을 사용하고 있지 않은 상태에서 자동으로 운전을 수행하는 장비라고 할 수 있다. 요즘 대부분의 비행기에서도 이륙과 착륙, 기상악화 등 돌발 상황이 발생하는 경우를 제외하고 **자동비행제어장치**(Automatic Flight Control System)에 의하여 비행이 제어된다. 자율주행 자동차와 자동비행제어장치에서 사용되는 공통적인 장비가 바로 GPS 장비라고 할 수 있으며, 이러한 GPS 장비를 이용하여 Drone에서 적용한 기술적 방식이 자율비행 Drone이라고 할 수 있다.

미국 매사추세츠주 공대(MIT) 연구진이 비행과 지상 주행이 가능한 Drone을 실험하고 있으며, Drone과 차량이 가진 단점을 보완해 날짐승이나 날벌레처럼 자유롭게 하늘을 나는 동시에 지상의 좁은 공간도 오갈 수 있는 교통과 운송 수단을 개발하겠다는 연구 목적이다. Drone은 빠르고 날렵하지만 배터리 수명이라는 제약 때문에 장거리를 비행할 수 없는 것이 단점이다. 한편 지상을 주행하는 차량은 에너지 효율이 높지만 Drone보다 느리고 기동성도 떨어지는 것이 흠이다. 도로와 건물, 주차장과 비행금지구역, 이착륙장과 같은 도시 환경을 미니어처로 구축하고 모두 8대의 Drone이 자율적으로 비행하거나 주행하는 시스템이 등장하였다.

---
8) VTOL : Vertical Take-Off and Landing Drone

결국 Drone과 GPS 장비를 연동시키는 방안으로 지상관제시스템(GCS, Ground Control System) 구현, RTL(Return To Launch) 기능 구현, GPS 모드 비행, 자율 비행 등이 있다. 아래 <그림 4-1>과 같이 GPS 장비는 우주에서 지구로부터 일정한 궤도를 주기적으로 회전하는 위성과 지구 지상으로부터 GPS 장비를 활용하는 시스템과의 실시간 정보(자료) 제공으로 자율 주행 자동차와 같이 기능을 구현할 수 있다. 다만 지상에서 관제(통제) 시스템에서 정해진 좌표에 따라 자동으로 일정하게 이동하는 역할을 수행하는 자율비행을 구현할 수 있다.

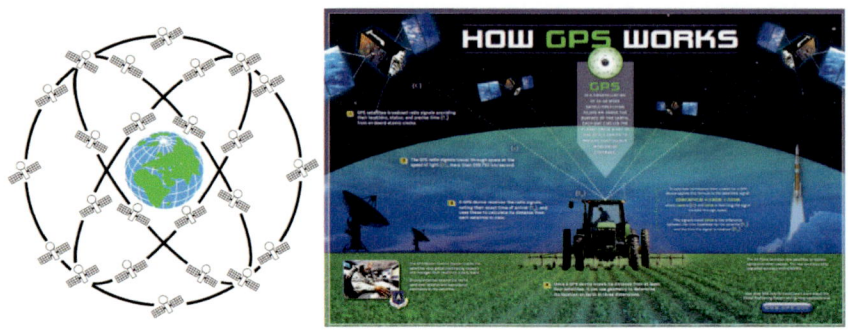

<그림 4-1> GPS 장비 송수신 원리

Drone 기체에 GPS 장비를 연동하여 자율 비행을 실시하다가 중간에 장애물이 등장하면 돌발적인 상황이 발생한다. 이러한 돌발적 상황을 해결할 수 있는 방안으로 아래 <그림 4-2>와 같이 초음파 센서와 연계하여 장애물을 인지하여 정해진 위치(좌표)를 변동시켜 정해진 임무를 수행할 수 있도록 GPS 장비를 활용하면 된다.

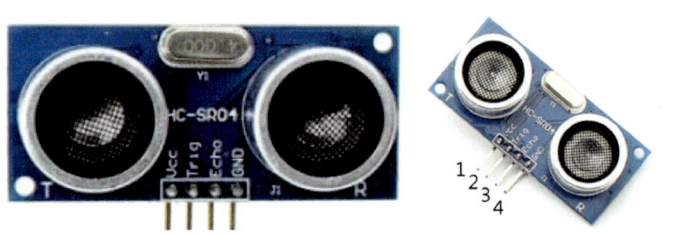

Pin1 - VCC전원
Pin2 - Trigger 신호
Pin3 - Echo 입력신호
Pin4 - GND

<그림 4-2> 초음파센서 구조

수직이착륙(Vertical Take-Off and Landing, 이하 VTOL) Drone은 아래 <그림 4-3>과 같이 요즘 활용(사용)되고 있는 **멀티콥터(Multicopter)**와 기존에 활용(사용)되고 있는 **RC(Radio Control) 비행기체**가 결합한 신기술 Drone 개발 모형을 의미한다. 이륙(Take Off)과 착륙(Landing Down)에 현재 Multicopter 조정(제어) 방식으로 운영되지만, 비행중에는 기존 RC 비행기 조정(제어) 방식으로 운영되는 2가지 방식을 겸용으로 선택할 수 있는 비행체로서 영국에서 개발되어 현장에 배치된 수직이착륙 해리어(Harrier, Jump Jet) 전투기와 유사한 비행 방식으로 동작된다. 현재 Drone 장비와 기존 RC(Radio Control) 비행기 기능을 동시에 연동시키면 된다. 조작 방식과 구현 방법이 다소 복잡하지만, 별도로 Drone과 RC 비행기 2가지 기능을 동시에 적용(활용)할 수 있는 이점이 존재한다.

<그림 4-3> VTOL Drone 모형 이해(RC와 Multicopter 결합)

현재 개발되고 사용되고 있는 VTOL Drone은 아래 <그림 4-4>, <그림 4-5>와 같이 기존 RC 비행체와 요즘 활용되는 Multicopter 제어 방식을 결합된 형태로 운영되고 있다.

<그림 4-4> VTOL Drone 개발 이해(RC 비행체)

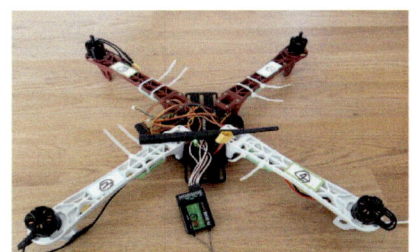

<그림 4-5> VTOL Drone 개발 이해(Multicopter 기체)

비행체는 가볍고 튼튼해야 하는데, VTOL에서 사용하는 기체는 **EPP(Expanded PolyproPylene)**와 **카본(Carbon)**을 많이 사용한다. 기존 RC 비행체와 요즘 활용되는 Multicopter 기체 조립에 사용한 재료는 아래 <그림 4-6>과 같이 스티로폼과 EPP 재료가 사용되고 있다.

<그림 4-6> RC/Multicopter 비행 기체 사용 재료(스티로폼 VS EPP)

기존 RC 비행체와 요즘 활용되는 Multicopter(Drone) 기체 조립에 주로 많이 사용한 재료 중에서 **스티로폼(Styrofoam)**은 아래 <그림 4-7>과 같은 분자구조식을 가지고 있다. 스티로폼은 플라스틱의 일종이며, 가볍고 단열성이 뛰어나다.

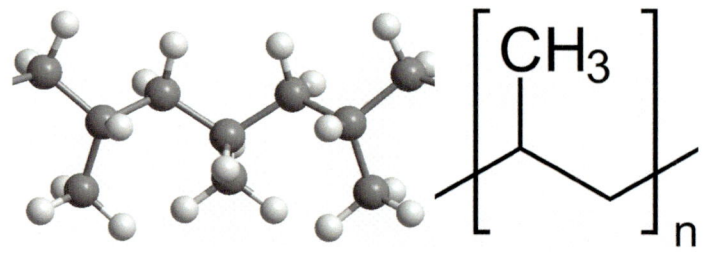

<그림 4-7> RC/Multicopter 비행 기체 재료 분자 구조(스티로폼)

기존 RC 비행체와 요즘 활용되는 Multicopter(Drone)기체 조립에 주로 많이 사용한 재료 중에서 EPP 재료는 아래 <그림 4-8>과 같은 분자구조식을 가지고 있다. **EPP 재질**은 우수한 내열성, 규격의 안정성, 뛰어난 에너지 흡수 효과, 경량화, 표면 보호성, Recycling, 우수한 내약품성, 무독성 및 식품 안정성(열소독 가능), 저온 및 고온 포장, 우수한 단열성, 가공 용이성 등의 우수한 특성을 가지고 있다.

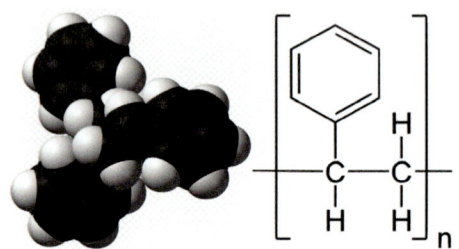

<그림 4-8> RC/Multicopter 비행 기체 재료 분자 구조(EPP)

나. 자율 비행 및 VTOL Drone 환경 설정하기

(1) 자율 비행 환경 설정하기

Drone에 자율 비행 환경을 개발하는 과정은 아래와 같다. **제1단계** 자신이 원하는 자율 비행 개발 프로젝트 환경 모델 사양 및 가격을 분석하고 해당 장비를 구입하기, **제2단계** 해당 업체에서 제공되는 매뉴얼에 따라 순차적으로 조립하기, **제3단계** 필요에 따라 해당 업체에서 안내에 따라 GPS 장비, 초음파 센서 등 환경 설정 제어 해당 프로그램(유틸리티) 다운로드 및 설치하기, 환경 설정, **제4단계** 필요에 따라 해당 업체에서 제공하는 기능을 구현하기 위한 송신기와 해당 장비 트리밍(Trimming) 작업 실시하기, 제5단계 시험 비행을 통하여 자율 비행 작동 상태 확인 및 보정 작업하기 단계로 진행된다. 자신이 사용하고 있는 FC에 따라 제공되는 포트를 통하여 연동되는 경우가 발생하면 **사전에 자신이 선택한 FC 모델에 대한 매뉴얼을 숙지**하여 제시되는 과정에 따라 작업을 진행하면 된다. 다만 제대로 결합을 거쳐야만 정상적으로 동작된다.

현재 개발되고 사용되고 있는 자율 비행 Drone을 개발하기 위하여 먼저 아래 <표 4-1>,<그림 4-9>와 같이 현재 개발(연구)하고 있는 자율 주행 자동차에 대한 선행 연구를 분석하면 도움을 줄 것으로 기대된다.

<표 4-1> VTOL Drone 모형 이해

구분	자율 주행 자동차	자율 비행 Drone	비고
동력원	전기	전기	
제어방식	AI(인공지능)	AI(인공지능)	
항법	GPS(위성항법)/측위센서	GPS(위성항법)/MEMS	
센서	광학/LiDAR/RADAR	전자광학/초분광/적외선/LiDAR	
통신	5G V2X	5G	

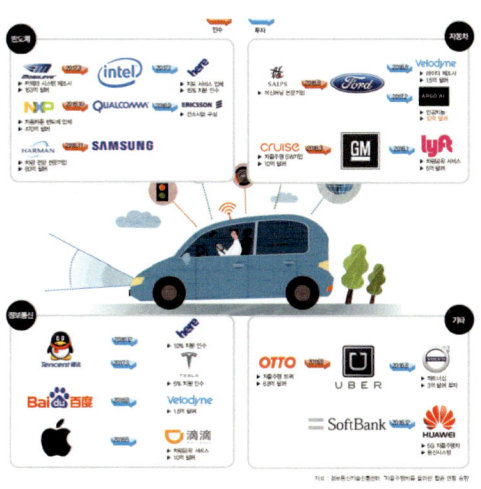

<그림 4-9> 자율 주행 자동차 및 자율 비행 Drone

(가) 아두이노(Arduinio) FC(Flight Controller) 제어 활용 방안

아두이노(Arduino) FC 보드를 활용한 자율비행 Drone으로 YMFC(Yourself Making Flight Controller) 프로젝트(The YMFC-32 autonomous is an STM32 quadcopter flight controller)와 우리나라 게임플러스에듀[9]에서 판매하고 아두이노 자율비행 Drone 키트(교육용)가 있다. 아두이노 자율비행 Drone 구현 방안에 관한 자료와 제작 기술은 YMFC **홈페이지**[10]나 김재영.Dark Horse Lee. 오승균.박찬용 공저 **단계별 맞춤형 DIY Drone 만들기(Making DIY Drone, STEAM&Software Edu., 2019) 교재(p76 - 82)**를 참고하면 된다.

YMFC(Yourself Making Flight Controller) 프로젝트(The YMFC-32 autonomous is an STM32 quadcopter flight controller)에서 제공하는 아두이노(Arduino) FC 보드를 활용한 Drone에 대하여 오픈 소스를 제공하여 사전 DIY Drone 제작 및 설계, 아두이노 FC 보드에 대한 사전 전문적 지식과 기술을 가지고 있다면 아두이노 FC 보드를 활용하여 자신만의 DIY Drone을 구현할 수 있는 개발 환경에 대한 대부분의 자료(개발 소스 포함)를 제공하고 있다. 현재 개발되어 있는 YMFC 자율 비행 Drone은 아래 <그림 4-10>과 같이 Drone 기체(GPS 장비와 텔레메트리 장비 포함)와 송수신기로 구성되어 있다.

<그림 4-10> YMFC 자율 비행 Drone 기체

---

9) http://www.gameplusedu.com/shop/goods/goods_list.php?&category=021
10) http://www.brokking.net/YMFC-32_auto_main.html

게임플러스에듀사에서 제공하고 있는 교육용 아두이노 자율 비행 Drone은 아두이노 하드브리드 Drone 기능을 제공하여 기존 조종기(송신기)와 스마트기기 앱(App)을 통하여 사용자가 조정(제어)할 수 있는 환경을 제공하고 있다. 다만, 아두이노 FC 보드에 대한 사전 전문적 지식과 기술을 습득하고 있어야 하며 소스(아두이노 자율 비행 프로그램)에 대하여 사전에 회사(업체)에 대한 사전 사용 허가 동의를 받아야 한다. 현재 개발(판매)되고 있는 게임플러스에듀 자율 비행 Drone은 아래 <그림 4-11>과 같이 Drone 기체(GPS 장비와 텔레메트리 장비 포함)와 송수신기로 구성되어 있다.

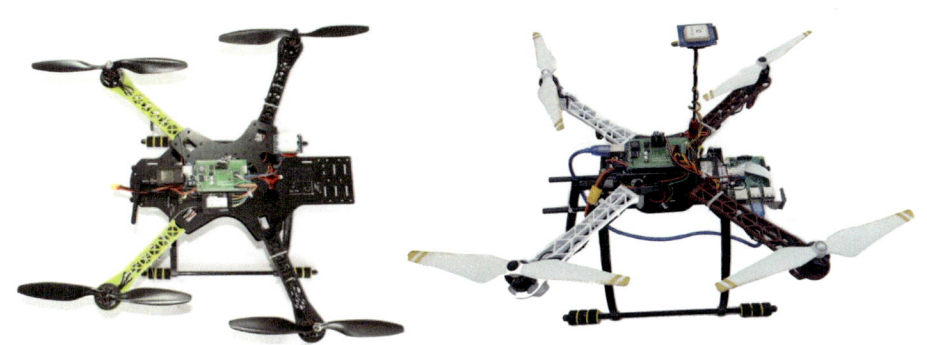

<그림 4-11> 게임플러스에듀사 자율 비행 Drone 기체

대체로 저렴한 아두이노 FC 보드와 자율 비행 좌표를 제공하는 GPS 장비를 연동시켜 경제적 비용 대비 효율적인 자율 비행 Drone을 구현할 수 있다. 다만, 아두이노 FC 보드에 대한 전문적 지식과 Drone 제작에 관련된 전문적 기술을 가지고 있어야 제대로 아두이노 자율 비행 Drone을 구현할 수 있다. 다만 아두이노 FC 보드를 직접적으로 다루어서 Drone 제작 기술에 대한 보다 발전된 방향으로 진행될 수 있지만 Drone에서 제공되는 자료(정보)를 처리할 수 있는 기능을 제공하기 어렵다는 단점을 가지고 있다.

개발환경을 구현하기 위하여 사전에 미리 아두이노 스케치 프로그램을 해당 사이트에서 다운로드 받아 설치해야 한다. 사전에 회사(업체)에서 제공하는 소스 자료(zip 파일 형태)에 대한 사용 허가 동의를 받아야 아두이노 소스가 열려서 수정, 컴파일, 로딩(저장) 작업을 수행할 수 있다.

Drone 기체에 아두이노(라즈베리 파이) FC 보드와 GPS 장비, 초음파 센서를 연동(연결)하여 자율 비행환경을 제공하려면 아래 <그림 4-12>와 같이 해당 제어 프로그램(Arduino Sketch), 드라이버를 다운로드 받아 개발 환경(소프트웨어)을 제공해야 한다.

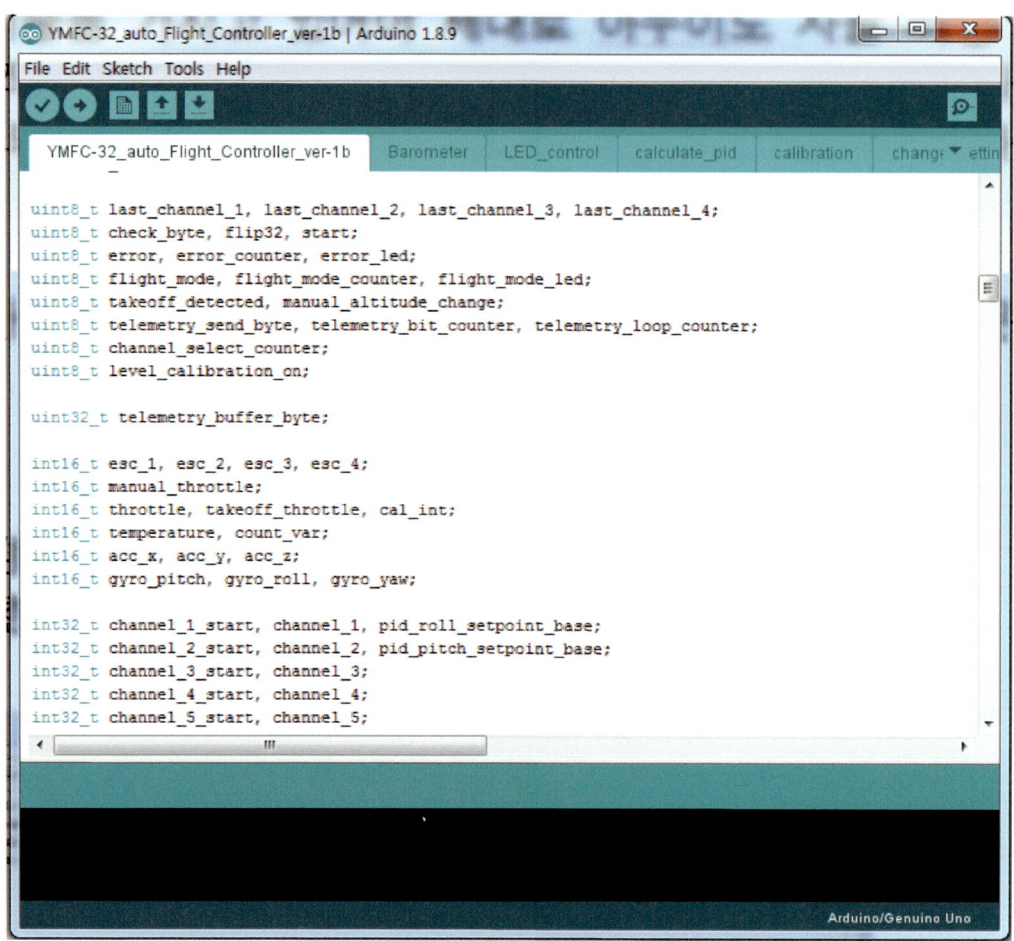

<그림 4-12> 아두이노 계열 자율 비행 환경 설정(Arduino Sketch)

Drone 기체에 아두이노(라즈베리 파이) FC 보드와 GPS 장비, 초음파 센서를 연동(연결)하여 자율 비행 환경을 제공하려면 아래 <그림 4-13>과 같이 해당 제어 프로그램(Arduino Sketch) 개발 환경에서(드라이버 설치 상태) 환경 설정 파일을 자신이 사용하는 GPS 장비, 초음파 센서에 맞춰 정확하게 설정해야 한다.

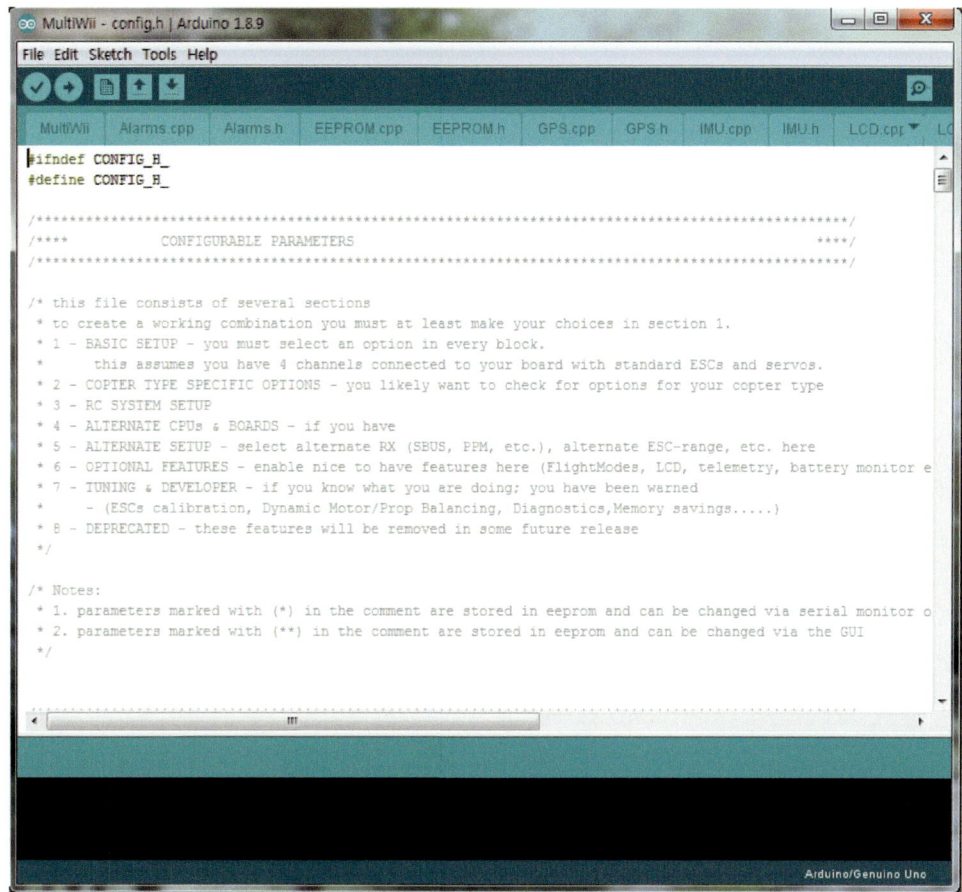

<그림 4-13> 아두이노 계열 자율 비행 환경 설정(소스 파일 수정)

만약 아두이노 스케치 개발환경 프로그램이 최근 프로그램으로 업데이트 되지 않았다면 아래 <그림 4-14>와 같이 업데이트를 실시해야 한다.

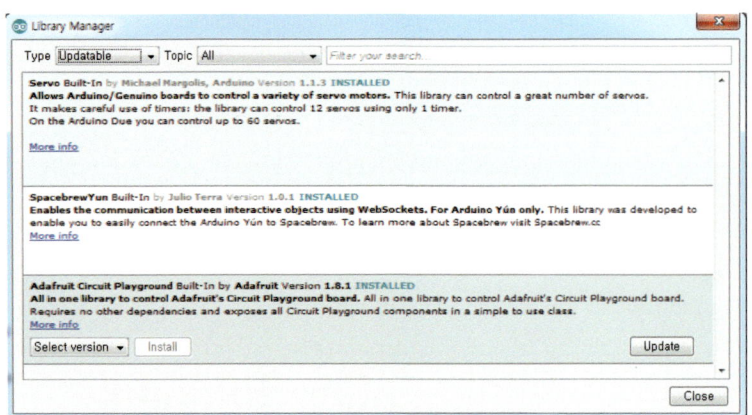

<그림 4-14> 아두이노 계열 자율 비행 환경 설정(아두이노 스케치 Library Update)

아두이노 자율 비행 Drone 해당 사이트(업체)에서 제공하는 Drone 구현 단계에 따라서 순차적으로 진행해야 하며, 제공되는 소스(자료)를 자신이 DIY 제작에 사용하는 부품(아두이노 FC 보드, 변속기(ESC), 모터, GPS, 센서 등)에 따라 적합한 환경을 설정해야 한다. 아래 <그림 4-15>와 같이 MultiWiiConf 프로그램을 사용하여 각종 장치의 작동상태를 확인해야 한다. 만약, 문제가 발생하면 해당 소스 코드를 자신이 사용하는 장치와 적합유무를 대체로 확인하고 동작 상태를 정확하게 설정해야 한다. MultiWiiConf 프로그램 사용 방법은 해당 매뉴얼을 참고해고 자신이 사용하고 있는 Drone 장비와 환경 설정에 대하여 정확하게 이해하고 있어야 한다.

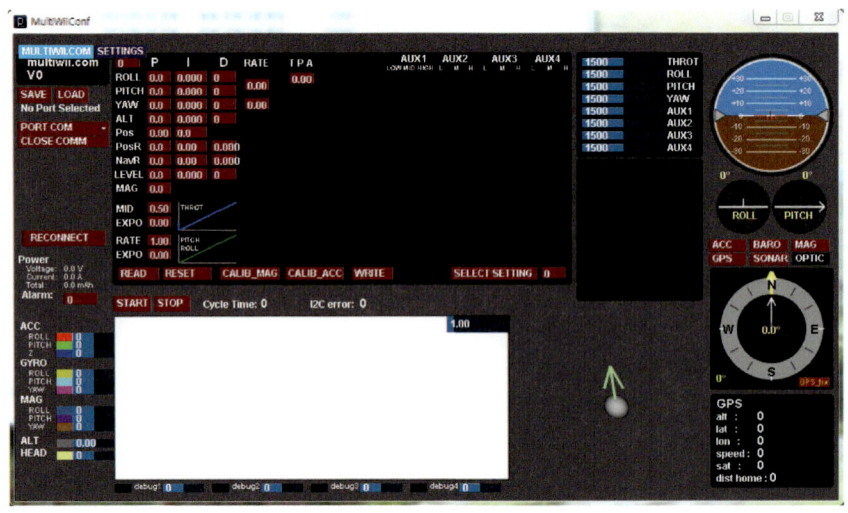

<그림 4-15> 아두이노 계열 자율 비행 환경 설정(MultiWiiConf)

1) YMFC(Yourself Making Flight Controller) 프로젝트 아두이노 자율비행 Drone

YMFC(Yourself Making Flight Controller) 프로젝트(The YMFC-32 autonomous is an STM32 quadcopter flight controller)에서 제공하는 아두이노(Arduino) FC 보드를 활용한 Drone에 대하여 오픈 소스를 제공하여 사전 DIY Drone 제작 및 설계, 아두이노 FC 보드에 대한 사전 전문적 지식과 기술을 가지고 있다면 아두이노 FC 보드를 활용하여 자신만의 DIY Drone을 구현할 수 있는 개발 환경에 대한 대부분의 자료(개발 소스 포함)를 제공하고 있다. 현재 개발되어 있는 YMFC 자율 비행 Drone은 아래 <그림 4-16>과 같이 Drone 기체(GPS 장비와 텔레메트리 장비 포함)와 송수신기로 구성되어 있다.

<그림 4-16> YMFC 자율 비행 드론

2) 게임플러스에듀사 제공 교육용 아두이노 자율 비행 Drone

　　게임플러스에듀사에서 제공하고 있는 교육용 아두이노 자율 비행 Drone은 아두이노 하드브리드 Drone 기능을 제공하여 기존 조종기(송신기)와 스마트기기 앱(App)을 통하여 사용자가 조정(제어)할 수 있는 환경을 제공하고 있다. 다만, 아두이노 FC 보드에 대한 사전 전문적 지식과 기술을 습득하고 있어야 하며 소스(아두이노 자율 비행 프로그램)에 대하여 사전에 회사(업체)에 대한 사전 사용 허가 동의를 받아야 한다. 현재 개발(판매)되고 있는 게임플러스에듀 자율 비행 Drone은 아래 <그림 4-17>과 같이 Drone 기체(GPS 장비와 텔레메트리 장비 포함)와 송수신기로 구성되어 있다.

<그림 4-17> YMFC 자율 비행 드론

(나) 라즈베리 파이(Raspberry Pi) FCC(Flight Control Computer) 활용 방안

라즈베리 파이(Raspberry Pi) FCC 보드를 활용한 자율비행 Drone으로 우리 나라 모두의 연구소에 진행하고 있는 ROS(Robot Operating System) Drone 프로젝트가 있다. ROS 자율비행 Drone 구현 방안에 관한 자료와 제작 기술은 **모두의 연구소 홈페이지**[11]나 김재영.Dark Horse Lee.오승균. 박찬용 공저 **단계별 맞춤형 DIY Drone 만들기(Making DIY Drone, STEAM&Software Edu., 2019) 교재(p112 - 118)**를 참고하면 된다.

아두이노(Arduino) FC 보드를 활용하여 자율비행 Drone을 구현할 수 있지만, 보다 정확한 제어와 기능을 개선하기 위하여 라즈베리 파이(Raspberry Pi) FCC 보드를 활용하여 보다 성능을 향상시킬 수 있다. 아두이노(Arduino) FC 보드가 주변 장비를 직접 제어할 수 있는 뛰어난 기능을 제공하지만 자체적으로 자료(정보)를 처리할 수 있는 운영체제(Operating System, OS)을 제공하지 않아서 리눅스 시스템(Linux)이 장착된 라즈베리 파이가 활용이 점차적으로 Drone과 연계하는 프로젝트가 활성화되고 있다. Drone에서는 주로 라즈비안(Raspbian) 또는 우분투(Ubuntu)를 라즈베리 파이에 설치하여 GPS와 연동시켜 자율비행 Drone을 구현하고 있다. 다만 라즈베리 파이가 제공하는 기능이 아두이노 보드보다 제어할 수 있는 기능이 부족하여 아직까지도 아두이노 보드 또는 픽스호크(Pixhawk) FC 보드와 연계하여 실질적인 자율비행 Drone을 구현하고 있다.

ROS 자율비행 Drone은 직접 비행과 관련된 하드웨어 조정(제어) 방식(Hardware In The Loop, HITL)과 컴퓨터에서 실제 비행 상황과 같은 모의 시험 비행을 제공하는 소프트웨어 조정(제어) 방식 Software In The Loop, SITL)을 동시에 제공하여 직접 비행 테스트는 HITL 조정(제어) 방식으로, 가상 모의 테스트 비행은 SITL 조정(제어) 방식을 제공하여 여러 상황에서 발생할 수 있는 시행착오를 줄여주는 방식을 제공하고 있다.

Drone 기체 자체를 제어하는 역할을 Pixhawk FC 보드가 수행하고, 비행 상황을 제어하는 역할을 라즈베리 파이(우분투) FCC 보드가 수행하고 있기 때문에 라즈베리 파이와 픽스호크 보드를 하드웨어로 연결시키고 자율비행을 소프트웨어로 연동시키기 위하여 다소 전문적인 지식과 기술이 요구된다. 특히 SITL 조종(제어) 방식으로 일반 PC에 픽스호크를 통하여 가제보(Gazebo) 제공 시뮬레이션을 제공하는 ROS(ROS Indigo 설치) 개발환경 기능을 사용하기 위하여 라즈베리 파이 운영체제인 우분투(Ubuntu)를 설치해야 한다. HITL 조정(제어) 방식으로 라즈베리 파이에 우분투(ROS Kinetic 설치)를 설치해야 한다. 여기에 공통적으로 픽스호크와 연계시키기 위하여 MAVROS와 PX4 설치 해당 프로그램은 인터넷으로 다운로드 받아 설치해야 하는데 리눅스 운영체제에서 의존성(Dependancy) 문제가 발행하면 반드시 해결해야만 다음 단계가 진행될 수 있다. 또한 지상에서 제어는 Q Groung Control) 시스템을 통하여 제어하기 위하여 MAVROS와 안정적으로 연동시킬 수 있는 환경을 설정해야 한다. 마지막으로 자율비행이라고 하지만 시동과 정지, 비상 상황에서 Drone을 제어하기 위하여 자신이 사용하는 송수신기를 통하여 원하는 조정(제어)를 제대로 적합하게 환경설정을 해야 한다.

---

[11] http://www.modulabs.co.kr/board_GDCH80/3319 : Pixhawk와 ROS를 이용한 자율주행

(2) RC(Radio Control)와 멀티콥터(Multicopter)의 결합, VTOL Drone 구현 방안

(가) 최종 구현 Drone 구상하기

수직이착륙(Vertical Take-Off and Landing, 이하 VTOL) Drone은 요즘 활용(사용)되고 있는 멀티콥터(Multicopter)와 기존에 활용(사용)되고 있는 RC(Radio Control) 비행 기체가 결합한 신기술 Drone 개발 모형을 의미한다. 이륙(Take Off)과 착륙(Landing Down)에 현재 Multicopter 조정(제어) 방식으로 운영되지만, 비행중에는 기존 RC 비행기 조정(제어) 방식으로 운영되는 2가지 방식을 겸용으로 선택할 수 있는 비행체로서 영국에서 개발되어 현장에 배치된 수직 이착륙 해리어(Harrier, Jump Jet) 전투기와 유사한 비행 방식으로 동작된다. 현재 Drone 장비와 기존 RC(Radio Control) 비행기 기능을 동시에 연동시키면 된다. 조작 방식과 구현 방법이 다소 복잡하지만, 별도로 Drone과 RC 비행기 2가지 기능을 동시에 적용(활용)할 수 있는 이점이 존재한다. 픽스호크(Pixhawk)와 해당 장비를 연결해야 할 입출력 포트와 지원하는 기능은 아래 <표 4-1>과 <그림 4-18>과 같다.

<표 4-1> VTOL Drone 제어 FC(Pixhawk) 입출력 포트 구조

포트(Port)	기능 및 역할	VTOL Drone	비고
Main1	CCW(Counter Clock Wise)	Motor(전방/우)	
Main2	CCW(Counter Clock Wise)	Motor(후방/좌)	
Main3	CW(Clock Wise)	Motor(전방/좌)	
Main4	CW(Clock Wise)	Motor(후방/우)	
Aux1		Aileron(좌)	
Aux2		Aileron(우)	
Aux3		Elevator	
Aux4		Rudder	
Aux5		Throttle	

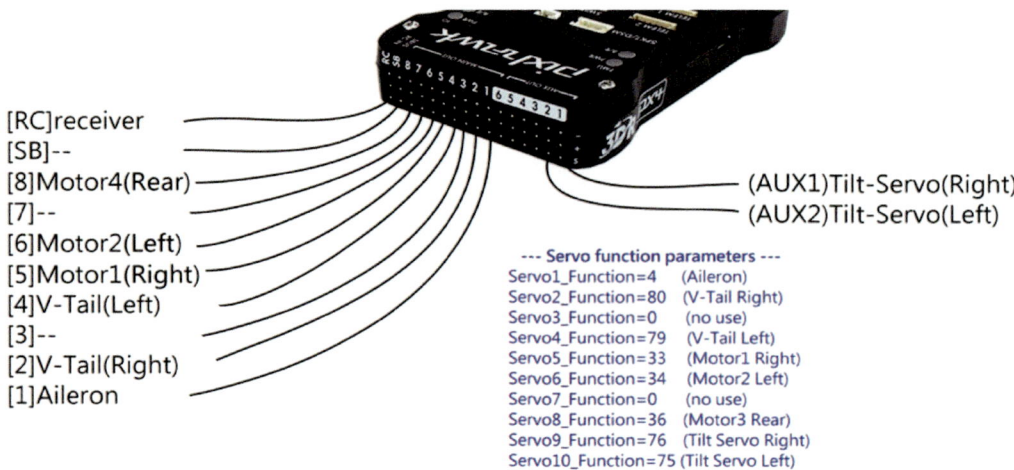

<그림 4-18> VTOL Drone 제어 FC(Pixhawk) 입출력 포트 연동

VTOL Drone 기체를 제어하기 위한 FC 제어 보드(Board)는 아래 <그림 4-19>와 같이 Pixhawk 제어 보드가 많이 사용된다.

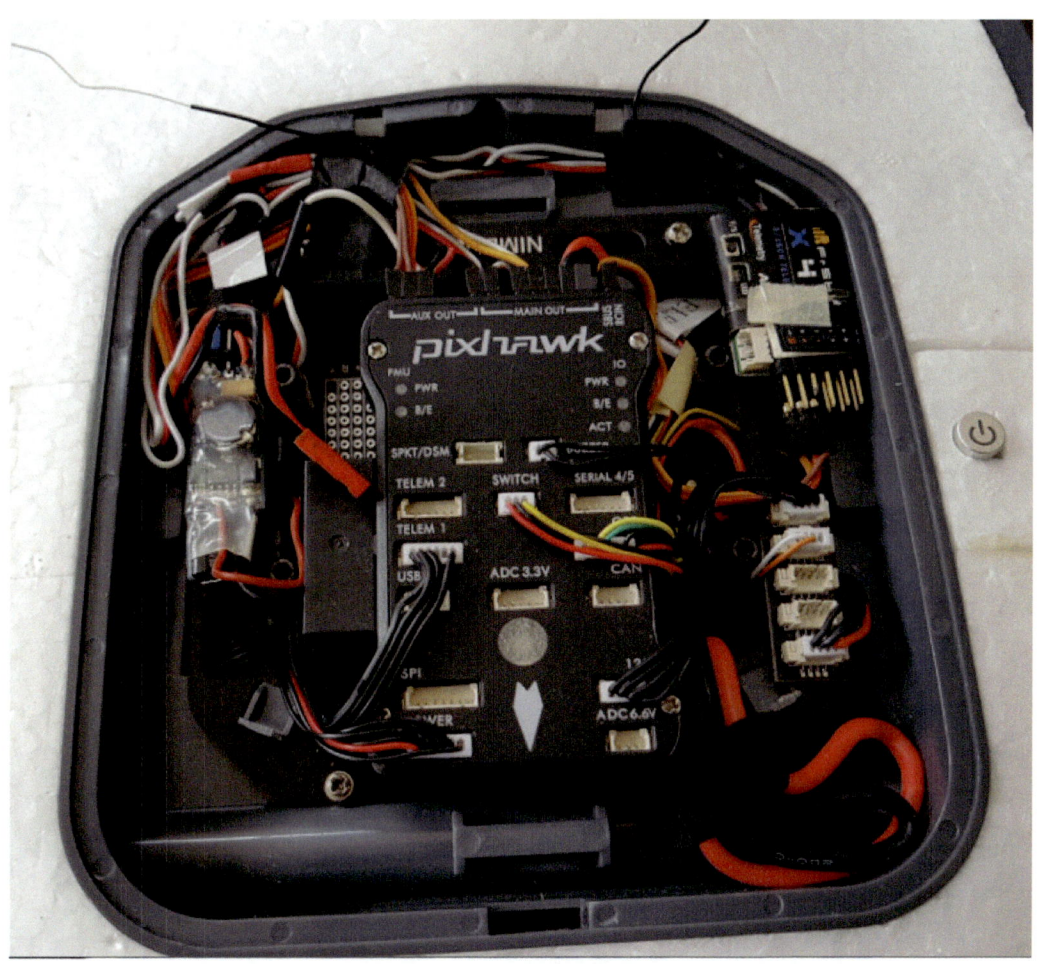

<그림 4-19> VTOL Drone 기체 제어 FC(Pixhawk)

VTOL Drone을 MAVLink를 통하여 지상에서 제어하기 위하여 사전에 아래 <그림 4-20>과 같이 Q Ground Control[12] 프로그램(유틸리티)를 해당 인터넷 사이트에서 다운로드하고 설치해야 한다.

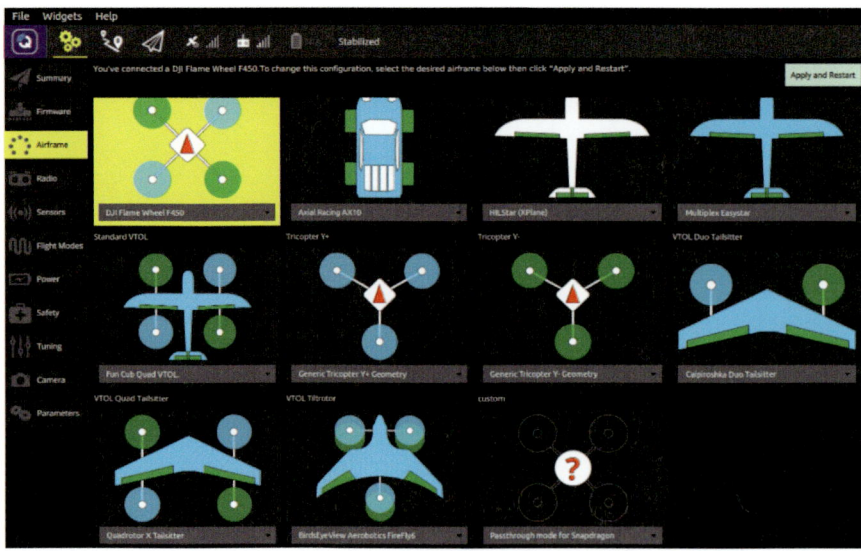

<그림 4-20> VTOL Drone 기체 제어 프로그램(Q Ground Control)

Q Ground Control 프로그램(유틸리티)을 실행하여 VTOL Drone을 MAVLink를 통하여 지상에서 제어하기 위하여 아래 <그림 4-21>과 같이 Standard VTOL 기체를 선택하고 환경을 설정해야 한다.

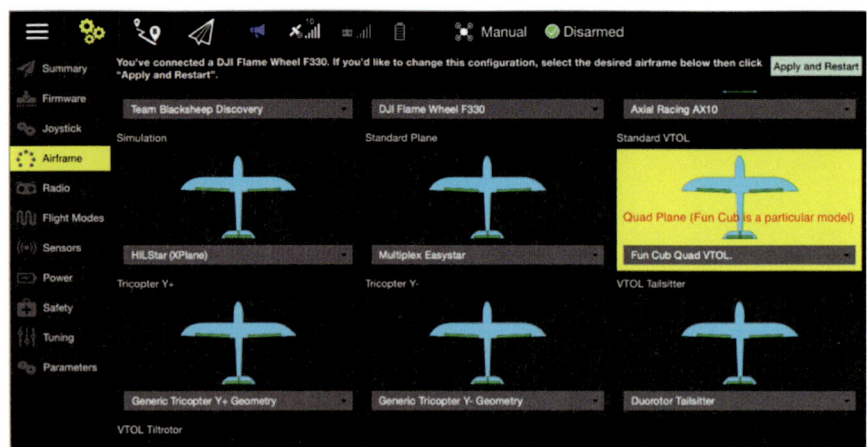

<그림 4-21> VTOL Drone 기체 제어 프로그램(Q Ground Control)

---

12) http://qgroundcontrol.com/

(나) 부품 구입 및 기체 조립하기

VTOL Drone을 개발하기 위하여 가정 먼저 Drone 기체를 조립해야 한다. Drone 기체를 제어하기 위하여 필요한 FC, GPS 장비, 랜딩 기어 장비 등을 아래 <그림 4-22>와 같이 사전에 해당하는 부위에 적합하게 자리를 잡고 있어야 한다.

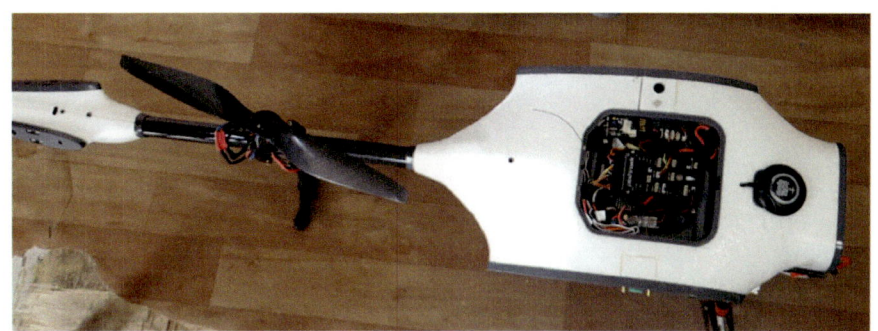

<그림 4-22> VTOL Drone 기체와 조립 부품 결합

Drone 기체를 제어하기 위하여 필요한 FC, GPS 장비, 랜딩 기어 장비 등을 아래 <그림 4-23>과 같이 가급적 본체 몸통 부위 주변으로 노출되지 않도록 적절한 위치에 고정되어야 한다.

<그림 4-23> VTOL Drone 모형 이해

VTOL Drone을 구현하기 위하여 반드시 필요한 부품(장비)으로 아래 <그림 4-24>와 같이 수직으로 이륙하거나 Multicopter 기능을 수행하기 위하여 모터가 헬리콥터와 같이 지상에서 수평으로 회전해야 하며, 이륙하거나 착륙하기 이전에 기존 RC 비행기에서 수행하는 역할을 수행하기 위하여 정면 또는 후면으로 지상과 수직으로 모터가 회전하는 것을 선택할 수 있도록 팬 틸트(Pan Tilt) 기능을 제공해야 한다.

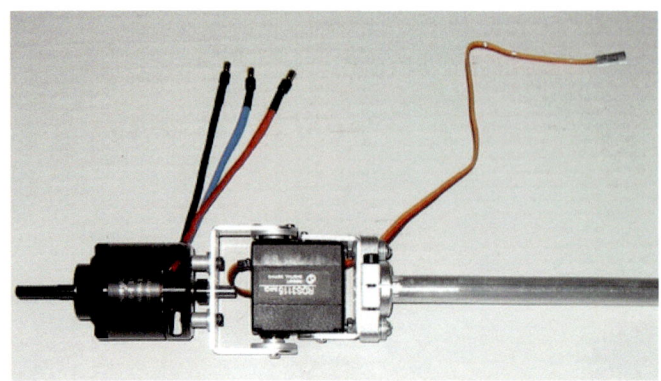

<그림 4-24> VTOL Drone 기체 조립(팬 틸트 모터)

팬 틸트 기능을 제공하는 모터를 아래 <그림 4-25>와 같이 해당 부분에 연결해야 한다.

<그림 4-25> VTOL Drone 기체 조립(팬 틸트 모터)

팬 틸트 기능을 제공하는 모터를 앞 날개 부분 좌우에 아래 <그림 4-26>과 같이 해당 부분에 연결해야 한다.

<그림 4-26> VTOL Drone 기체 조립(팬 틸트 모터)

팬 틸트 기능을 제공하는 모터가 조립되면 아래 <그림 4-27>과 같이 날개 기체 내부에 배선하고 해당 부분에 연결해야 한다.

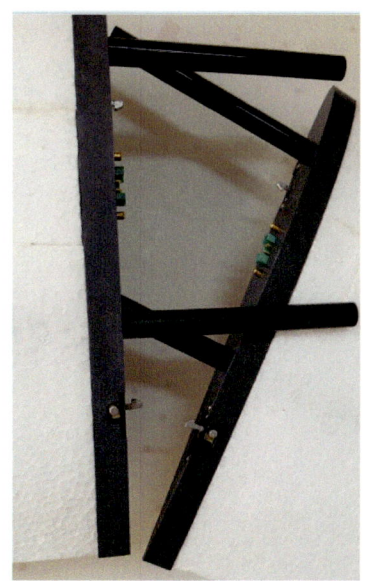

<그림 4-27> VTOL Drone 기체 조립(앞 날개)

VTOL Drone 기체가 Tricopter 또는 Quadcopter 구조 선택에 따라서 아래 <그림 4-28>과 같이 모터 위치가 결정된다. 공통적으로 앞날개 좌우 대칭으로 팬 틸트 모터가 장착되지만, Tricopter 구조를 선택하면 기체 중앙에 팬 틸트 모터(변속기 포함)를 1개만 장착하면 되지만, Quadcopter 구조를 선택하면 Drone 기체 몸통 기체 중앙을 좌우로 팬 틸트 모터(변속기 포함)가 2개를 장착해야 한다.

<그림 4-28> VTOL Drone 기체 조립

　VTOL Drone 기체 조립하는 과정에서 기체 뒷면 수직 또는 수평 꼬리 날개에서 사용되는 부품을 아래 <그림 4-29>와 같이 기체 내부에 내장시키고 조립할 때 꼬리 날개를 쉽게 결합할 수 있는 구조로 변경한다.

<그림 4-29> VTOL Drone 기체 조립(꼬리 날개)

VTOL Drone 기체를 조립하는 과정에서 아래 <그림 4-30>과 같이 기체 앞면 수평 날개를 좌우 양면에서 쉽게 결합(조립)하기 위한 구조로 변경한다.

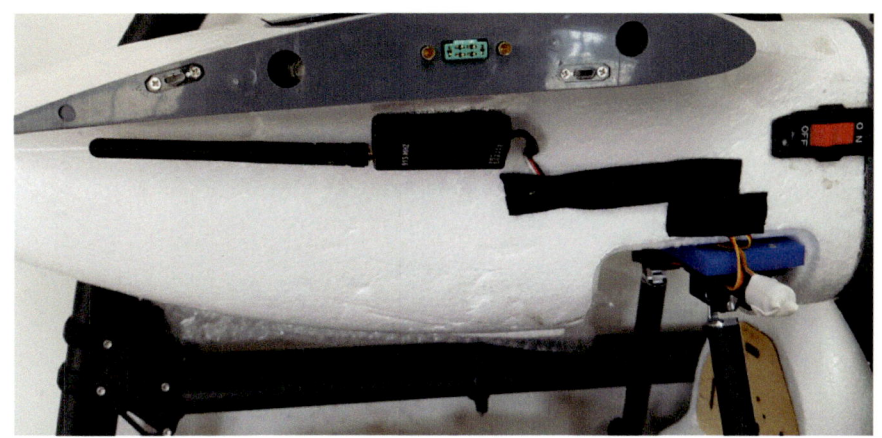

<그림 4-30> VTOL Drone 기체 조립

VTOL Drone 기체를 조립하는 과정에서 아래 <그림 4-31>과 같이 기체 앞면 수평 날개에 대한 배선 상태를 점검한다.

<그림 4-31> VTOL Drone 기체 조립

VTOL Drone 기체가 이륙하거나 착륙하는 경우를 제외하고 아래 <그림 4-32>와 같이 랜딩 기어를 접이식으로 사용자가 선택할 수 있는 구조로 변경한다.

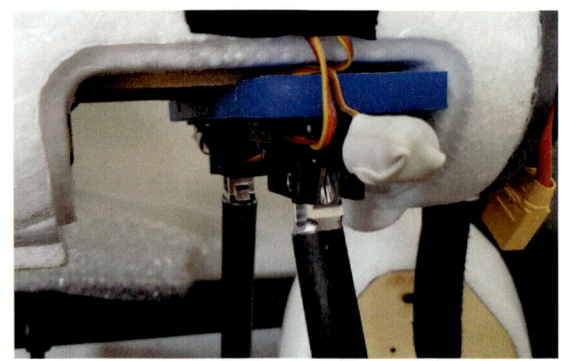

<그림 4-32> VTOL Drone 기체 조립(랜딩 기어)

VTOL Drone 기체에 대한 조립이 완료되면 아래 <그림 4-33>와 같이 기체 내부에 내장되어 있는 배선을 선택할 수 있는 구조로 변경한다.

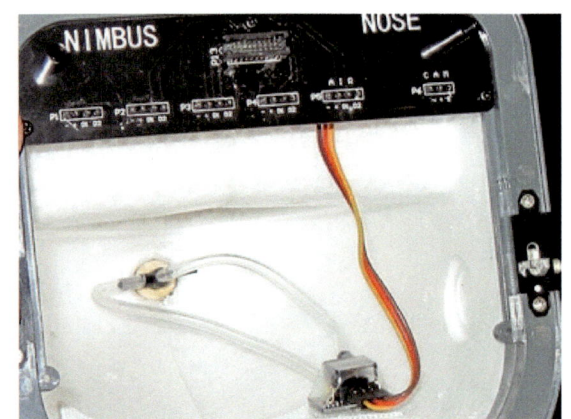

<그림 4-33> VTOL Drone 기체 조립(제어 패널)

(다) 조종(제어) FC 결합(송수신 장비 포함) 및 환경 설정하기

VTOL Drone 기체를 제어하기 위하여 필요한 FC, GPS 장비, 랜딩 기어 장비 등이 장착되면 아래 <그림 4-34>와 같이 Drone 기체 제어와 주변 장치를 연동시키고 송수신기 설정을 정상적으로 수행해야 한다.

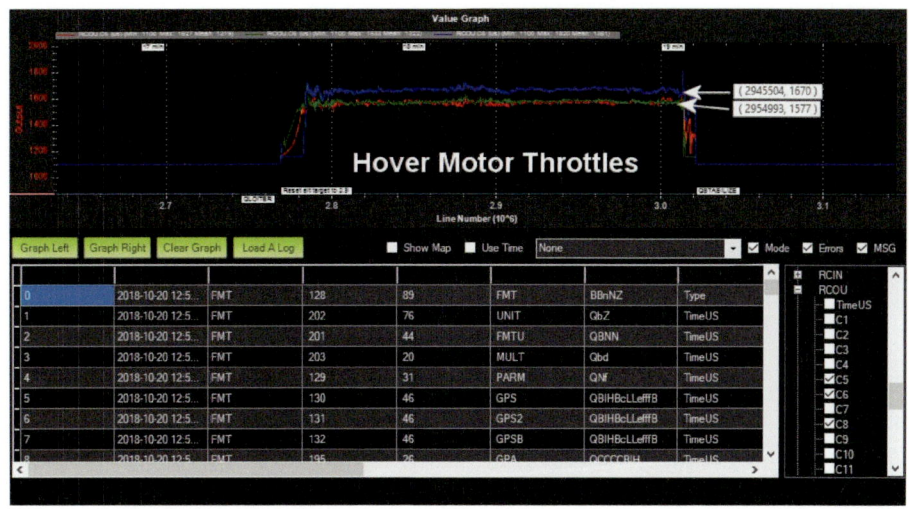

<그림 4-34> VTOL Drone 기체 조립(Mission Planner)

(라) 시험 비행 및 문제점 수정(보완)

VTOL Drone 기체를 제어하기 위하여 필요한 FC, GPS 장비, 랜딩 기어 장비 등이 장착되면 정상적으로 동작 상태를 점검(확인)하기 위하여 아래 <그림 4-35>와 같이 Drone 기체 제어와 주변 장치를 연동상태를 점검하고 송수신기 설정을 정확하게 설정해야 한다.

<그림 4-35> VTOL Drone 기체 시험 비행

5. 음성 인식 Drone 환경 설정하기

가. 음성 인식 Drone 이해

음성 인식(Voice Conrol) Drone은 인공 지능(Artificial Intelligence, AI) 기술을 Drone 제어와 결합한 방식이다. 현재까지 보통 대부분의 Drone을 제어하는 방식은 송수신기(Transmitter&Receiver)를 통한 제어방식, 블루투스(Bluetooth), WiiFi(Wireless Fidelity) 등 무선 근거리 통신 방식을 통하여 앱(App) 또는 어플(Apple)으로 제어하는 어플리케이션(Application방식, 일반 PC(Personal Computer)에서 무선 송수신 텔레메트리(Telemetry)를 이용하여 해당 유틸 리티(Utility) 제어방식이 일반적이다. 최근 두뇌 뇌파를 이용하여 Drone을 제어하는 방식이 등장[13]하고 있지만, 음성 인식 기술과 인공 지능 기술을 결합한 음성 인식 Drone이 등장하고 있다.

최근 뇌파를 이용하여 Drone을 제어하는 방식에는 중국 심천에 위치한 웨어러블 기업 EEG 스마트(EEGSmart)가 개발한 유Drone(UDrone)과 미국 애리조나주립대학 산하 로봇 연구소에서 개발한 HORC 랩(Human-Oriented Robotics and Control Lab) 뇌파 이용 군집Drone 개발 사례가 있다. 유Drone(UDrone)은 뇌파를 읽는 역할을 하는 헤드기어 유마인드 라이트(UMind Lite)를 장착하고 집중하는 방식으로 제어되며, 집중력 레벨이 150에 도달하면 상승하고, 머리를 좌우로 기울여 이동하거나 어금니를 물면 착륙하는 방식으로 제어한다. HORC랩(Human-Oriented Robotics and Control Lab) 뇌파 이용 군집Drone은 인간의 뇌파를 이용하여 3대의 쿼드콥터 Drone들을 일정한 형태와 간격을 유지하면서 비행 상태를 유지하거나 좁은 통로를 통과하는 장면을 구현하였다.

음성 인식을 이용한 Drone을 제어하는 방식에는 KT에서 Drone 핵심기술을 보유한 우리항공[14], 싱크 스페이스[15]와 협력을 통해 기체 비행 속도 최대 100km/h의 음성인식 제어가 가능한 차세대 Drone 개발을 시도하고 있다. Amazon Echo Drone[16]은 아마존 에코 스피커를 통하여 픽스호크(Pixhawk) FC와 무선 Telemetry를 결합한 3DR IRIS+ Drone을 라즈 베리파이(Raspberry Pi)와 아마존 AWS(Amazon Web Service) 클라우드(Cloud)를 경유하여 음성으로 제어하는 Drone을 개발하였다. 바이로봇(BYROBOT)사에서 시판하고 있는 페트로[17](Petrone)는 한국어를 인식하며 네이버 클로바(NAVER Clova) 프렌즈를 사용하여 AI 음성으로 제어하는 Drone이다.

---

13) 중국 심천에 위치한 웨어러블 기업인 EEG스마트(EEGSmart)가 개발
14) 운행시간과 최고속도를 향상시키는 VTOL 기체 개발 기술을 활용한 Drone(KT 체인징Drone)을 개발
15) GCS(음성인식 비행제어시스템) 개발사
16) https://www.hackster.io/veggiebenz/voice-controlled-drone-with-raspi-amazon-echo-and-3dr-iris-c9fd2a
17) https://www.youtube.com/watch?v=Ub0-537d_IY&feature=youtu.be

나. 음성 인식 Drone 환경 설정하기

Drone을 음성으로 제어되는 인공지능 시스템을 구현하는 과정은 아래와 같다. **제1단계** 자신이 원하는 음성 인식 제어 시스템 구현에 필요한 장비(부품) 사양 및 가격을 분석하고 해당 장비를 구입하기, **제2단계** 해당 업체에서 제공되는 매뉴얼에 따라 순차적으로 조립하기, **제3단계** 필요에 따라 해당 업체에서 제공하는 안내에 따라 해당 프로그램(유틸리티) 다운로드 및 설치하기, 환경 설정, **제4단계** 필요에 따라 해당 업체에서 제공하는 기능을 구현하기 위한 송신기와 해당 장비 트리밍(Trimming) 작업 실시하기, 제5단계 시험 비행을 통하여 음성 인식 제어 Drone 작동 상태 확인 및 보정 작업하기 단계로 진행된다. 자신이 사용하고 있는 FC, FCC에 따라 제공되는 포트를 통하여 연동되는 경우가 발생하면 **사전에 자신이 선택한 FC 모델에 대한 매뉴얼을 숙지**하여 제시되는 과정에 따라 작업을 진행하면 된다. 다만 제대로 결합을 거쳐야만 정상적으로 동작된다.

음성 인식 Drone을 구현하기 위하여 음성 인식이 되는 인공지능 스피커가 있어야 하며, 인공지능 스피커를 통하여 제어되는 Drone 기체가 준비되어야 한다. 이러한 과정에서 인공지능 스피커와 인공지능 제어 Drone을 실질적으로 제어할 수 있는 컴퓨터가 필요한데, 요즘 마이크로(Micro Compute) 또는 피지컬 컴퓨터(Physical)로 리눅스(Linux)가 탑재된 라즈베리 파이(Raspberry Pi)가 이러한 역할을 충실하게 수행하고 있다.

현재까지 음성으로 제어하는 Drone은 다음과 같은 개발 사례가 개발되거나 진행중이다. 첫째, 아마존 스탠드 얼론(Stand alone) 방식 음성 비서 시스템 에코(Echo)를 이용해 음성으로 명령을 내리면 원격지에 있는 3D 로보틱스사 Drone(IRIS+)를 조정할 수 있는 기술을 개발했다. 둘째, Parrot의 Ar. Drone을 활용하여 Voice Controlled Drone Built Using Node and AR Drone을 개발중이다. 셋째, 바이로봇(BYROBOT)사에서 개발한 한국어 인식이 가능한 네이버 클로바 프렌즈(Clova Friends)로 음성 제어(AI)되는 페트론(Petrone)이 개발되었다. 넷째, 시스트란(Systran)이란 음성인식 Drone(Voice Control Drone)으로서 음성인식 기능을 활용해 목소리로 조종하는 기술(Control drone with voice with SYSTRAN's Speech Recognition Technology)을 개발했다.

대부분 Drone이 레이싱이나 영상 촬용, 농약 살포, 산림 산불 감시 등 목적으로 사용된다면 FC(Flight Controller) 제어로 충분히 기능을 구현할 수 있다. 다만, 보다 가치 있는 기능을 구현하기 위하여 FCC(Flight Control Computer) 제어 방식이 추가되어야 한다.

아직(2019.11.11.일 현재)까지 영어 또는 한국어로 정해진 명령어에 해당하는 임무를 수행하는 Drone이 대부분이고 음성 인식에 대한 보안이 취약하여 사용자를 구분하여 소유자를 구분하여 Drone을 제어하는 방식은 개발 중이라고 추측된다.

(1) 아마존 에코 Drone(Voice Controlled Drone with RasPi, Amazon Echo and 3DR IRIS+)

아마존(Amazon)은 아래 <그림 5-1>과 같이 스탠드 얼론(Stand alone) 방식으로 운영되는 음성 비서 시스템 에코(Echo)를 이용해 음성으로 명령을 내리면 원격지에 있는 3D 로보틱스사 조정할 수 있는 Drone(Voice Controlled Drone with RasPi, Amazon Echo and 3DR IRIS+[18])을 개발했다(2016. 2. 7). 아마존 에코 스피커와 3D Robotics IRIS+ 기체송신기를 사용하여 Drone을 제어할 수 있으며, 아마존의 AWS(Amazon Web Service)를 경유하여 실제 시스템 제어를 구현하고 있다. 현재 인터넷(웹)에서 Voice Controlled Drone with RasPi, Amazon Echo and 3DR IRIS+라는 단어 또는 문장을 입력하면 관련 자료를 수집할 수 있으며, 이러한 음성 인식 Drone이 동작 및 제어 구현 원리는 해당 인터넷 사이트를 참고하면 된다. 다만 제공되는 자료가 2016년에 제공되는 자료라서 현재(2020년) 시스템 구현을 실현하기 위하여 관련 소프트웨어(프로그램 또는 유틸리티 자료)가 제공되는 화면과 다소 다르기 때문에 기본적인 개념과 구조 이해가 선행되어야 한다.

<그림 5-1> 아마존 에코 스피커

---

[18] https://www.hackster.io/veggiebenz/voice-controlled-drone-with-raspi-amazon-echo-and-3dr-iris-c9fd2a

3DR사의 아이리스 플러스(IRIS+) Drone을 인공 지능(AI) 기능이 지원되는 아마존 에코 스피커(Amazon Echo Speaker)를 통하여 음성 인식(제어)할 수 있도록 구현(연동) 방안은 아래 <그림 5-2>와 같이 아마존 에코 스피커를 통하여 음성으로 제어되는 Drone을 구현(실현)하는 과정이다.

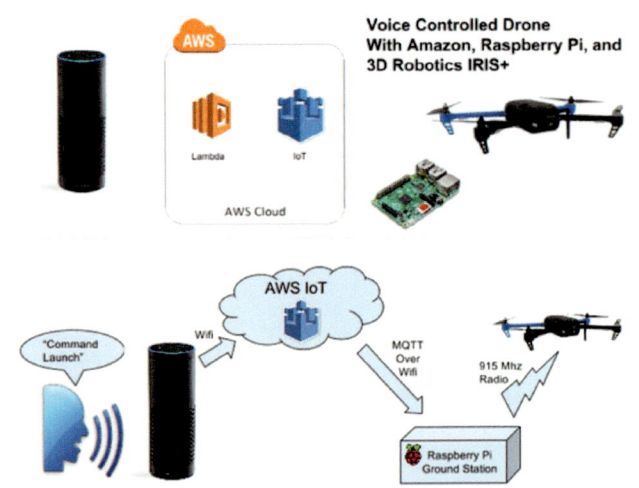

<그림 5-2> 아마존 에코 음성 제어 Drone 구현 원리

아마존 에코 스피커와 아마존 AWS를 연계할 수 있도록 제작한 Drone 기체 모형을 아래 <그림 5-3>와 같이 제작(조립)하면 된다.

<그림 5-3> 아마존 에코 음성 인식 Drone 개발 과정

3DR사의 아이리스 플러스(IRIS+) Drone을 인공 지능(AI) 기능이 지원되는 아마존 에코 스피커(Amazon Echo Speaker)를 통하여 음성 인식(제어) Drone으로 구현하기 위해 준비(구입)해야 할 하드웨어(부품 또는 재료)는 아래 <표 5-1>과 같다.

<표 5-1> 아마존 에코 음성 인식 Drone 준비(구입) 하드웨어(부품 또는 재료)

부품(재료) 명칭	수행 역할	비고
3DR 915 Mhz Radio		
3DR IRIS+		
Adafruit Raspberry Pi WiFi Adaper		
Amazon Alexa Amazon Echo		
Raspberry Pi 2 Model B 이상		Raspbian

3DR사의 아이리스 플러스(IRIS+) Drone을 인공 지능(AI) 기능이 지원되는 아마존 에코 스피커(Amazon Echo Speaker)를 통하여 음성 인식(제어) Drone으로 구현하기 위해 준비(설치)해야 할 소프트웨어(유틸리티 또는 서비스)는 아래 <표 5-2>와 같다.

<표 5-2> 아마존 에코 음성 인식 Drone 준비(설치) 소프트웨어(유틸리티 또는 서비스)

유틸리티(서비스) 명칭	다운로드(사이트)	비고
Amazon Web Services AWS IoT		
Amazon Alexa Alexa Skills Kit		
Amazon Web Services AWS Lambda		NodeJS code, MQTT

3DR사의 아이리스 플러스(IRIS+) Drone을 인공 지능(AI) 기능이 지원되는 아마존 에코 스피커(Amazon Echo Speaker)를 통하여 음성 인식(제어) Drone으로 구현하기 위해 준비(환경 설정)가 되면, 아래와 <표 5-3>과 같은 단계를 거쳐 프로젝트가 진행된다.

<표 5-3> 아마존 에코 음성 인식 Drone 준비(하드웨어와 소프트웨어 환경 설정)

구분	작업 내용	비고
Step 1	Setup AWS IoT	
Step 2	Set up Raspberry Pi Custom Ground Station	
Step 3	Setting up Alexa Voice Skill	
Step 4	Customizing the code for your Python Ground Station on Raspberry Pi	

가. 1단계(Step 1) : Setup AWS IoT

아마존 에코 음성인식 Drone은 아마존사의 AWS(Amazon Web Services) IoT 서비스를 활용하여 제어되는 방식으로, 가장 먼저 환경설정을 위하여 사용자 계정을 만들고 로그인 상태에서 해당 작업을 실시해야 한다. 접속 사이트(https://aws.amazon.com/)에 접속하여 로그인하면 아래와 <그림5-4>와 같이 AWS 서비스 화면이 제공된다.

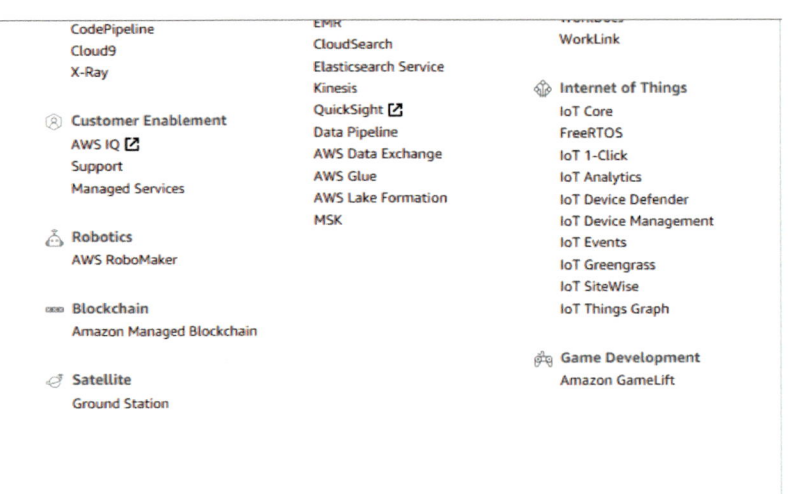

<그림 5-4> 아마존 AWS(Amazon Web Services) IoT 서비스

아마존 AWS IoT 서비스는 반드시 계정을 가지고 있어야 하기에, 계정이 없으면 아래 <그림 5-5>와 같이 계정을 만들어야 한다. 나중에 아마존 에코 스피커에 대한 환경설정 작업(Alexa Skills Kit 서비스)을 진행하기 위하여 Amazon Alexa 사용자 계정도 가지고 있어야 한다.

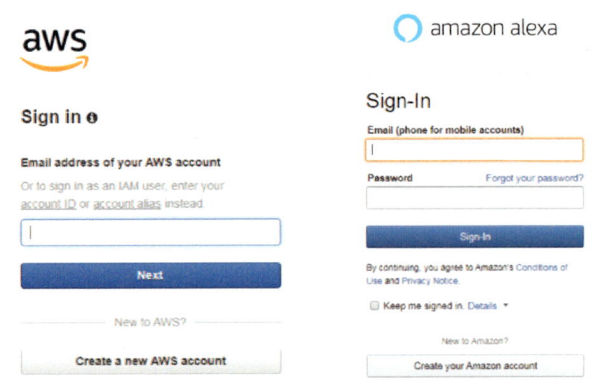

<그림 5-5> 아마존 AWS 서비스 사용자 계정 생성

화면에서 AWS IoT 아이콘을 마우스로 선택하여 실행(더블 클릭)하여 프로젝트(아마존 에코 Drone을 아마존 AWS IoT와 연계하는 작업)에서 요구하는 리소스를 생성하여야 한다. 여러 나라 언어를 지원하고 있지만 작업 편의를 위해 영어로 진행하고자 한다. **사물(이하 "Thing")**을 생성하는 작업을 시작하려면 AWS Management Console 화면 검색 또는 직접 Internet of Things에서 IoT Core를 선택하면 된다. 그러면 아래 <그림 5-6>과 같이 화면에서 사물(Things)를 생성하고 관리할 수 있는 AWS IoT 서비스(Monitor, Onboard, Manage, Greengrass, Secure, Defend, Act, Test, Software, Settings, Lean)를 제공한다.

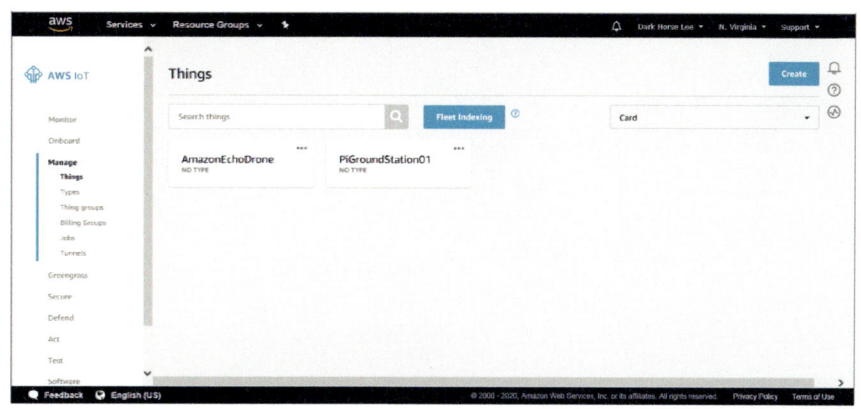

<그림 5-6> 아마존사 AWS IoT 서비스 설정(사물 생성)

새로운 프로젝트(작업)을 진행하기 위해 아마존 AWS IoT 서비스와 연동시키기 위하여 새로운 사물(Things)을 지정하기 위하여 AWS IoT(Manage) 메뉴를 선택하고 우측 가장자리(모서리) 부분에 있는 **Create 메뉴**를 마우스로 선택하고 클릭하면, 아래 <그림 5-7>과 같이 부가적으로 2가지 서비스(Create Many Things/Create Many Things)를 선택할 수 있는 메뉴를 제공하고 있는데 이 프로젝트는 단일 항목에 대한 사물(Things)을 관리하기 때문에 Create a Single Things를 선택한다.

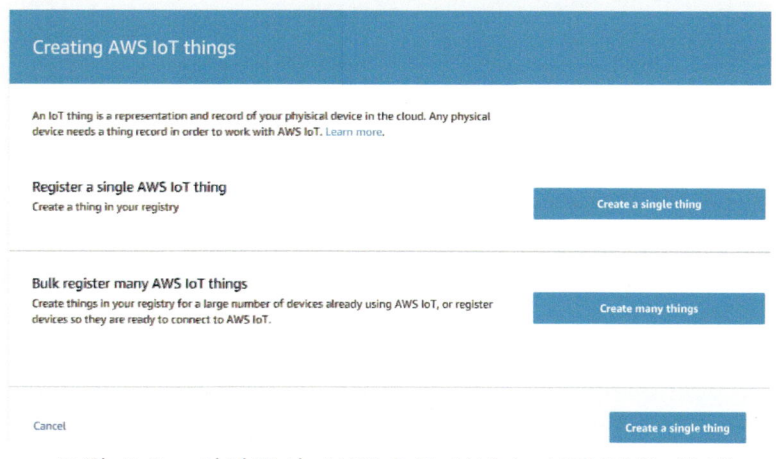

<그림 5-7> 아마존사 AWS IoT 서비스 설정(사물 생성)

Creating AWS Iot Things 메뉴에서 제공되는 2가지 항목 중에서 위에 있는 Create a Thing을 선택하고 마우스로 선택하고 클릭하면 Thing에 해당하는 자신이 프로젝트와 일치하는 이름을 아래 <그림 5-8>과 같이 이름(Name) 박스에 "PiGroundStation01"이라고 입력한다. 아래에 있는 생성(Create) 버튼을 마우스로 클릭하면 새로운 **"사물(Thing)"**이 생성되고 작업이 완료된다.

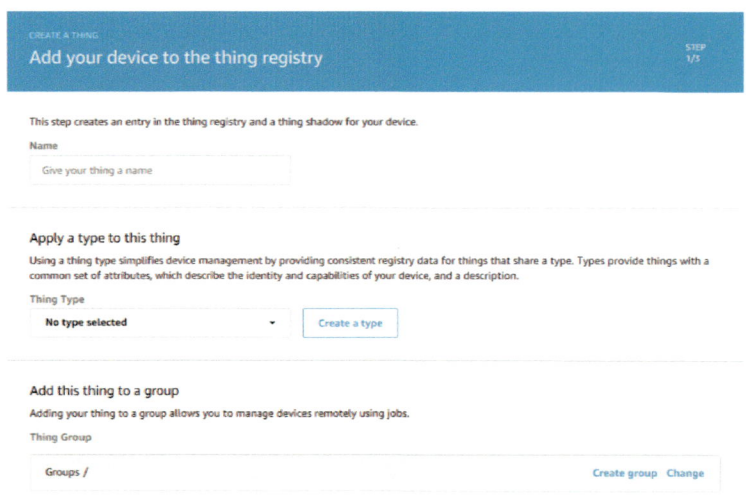

<그림 5-8> 아마존사 AWS IoT 서비스 설정(사물 생성)

　만약 자신이 사용하기를 원하는 장비를 아마존 AWS IoT 서비스와 연동시키기 위하여 다음과 같은 방법으로 작업이 진행될 수 있다. 아래 <그림 5-9>와 같이 새로운 사물(Things)을 지정하기 위하여 AWS IoT(Onboard) 메뉴를 선택하면 Connect to AWS IoT 화면이 표시되고 2가지 부가 서비스(Configuring a device/AWS IoT Starter Kit) 중에서 선택할 수 있는 메뉴를 제공하고 있는데 이 프로젝트는 단일 항목에 대한 사물(Things)을 관리하기 때문에 Configuring a device를 선택한다.

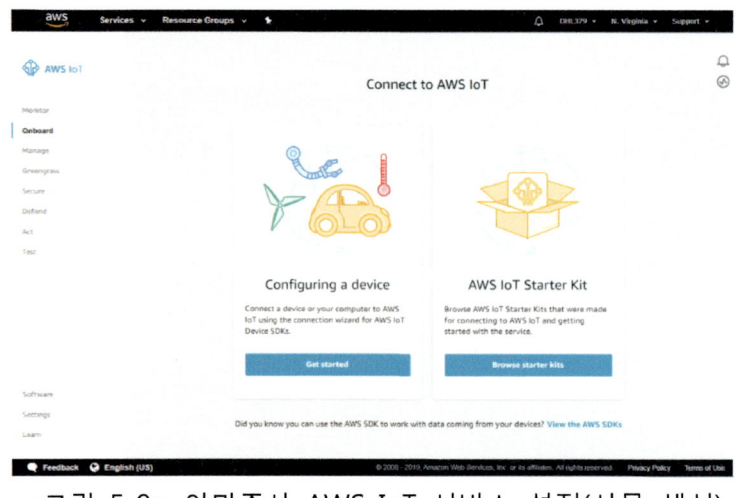

<그림 5-9> 아마존사 AWS IoT 서비스 설정(사물 생성)

다음 화면에서 아래 <그림 5-10>과 같이 3가지 부가 서비스(Register a device/Download a connection kit/Configure and test your device)가 제공되는데 위에 있는 Register a device 메뉴를 마우스로 선택하고 클릭하면 해당하는 작업이 완료(선택)되고 다음 단계로 작업이 진행된다.

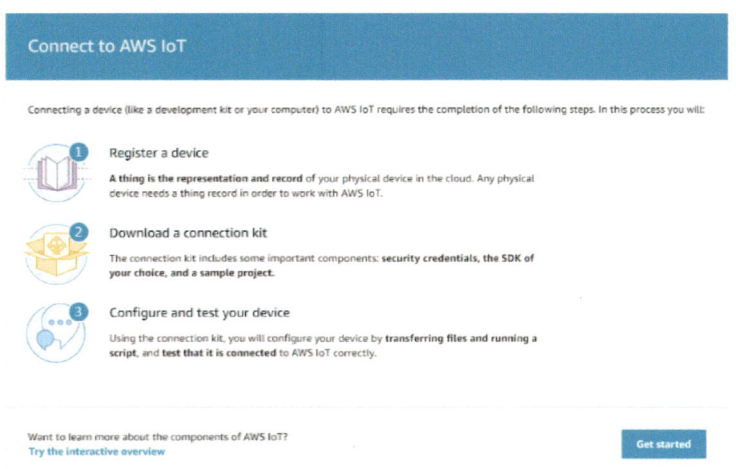

<그림 5-10> 아마존사 AWS IoT 서비스 설정(사물 생성)

다음 화면에서 아래 <그림 5-11>과 같이 자신이 사용하고 있는 장비 운영체제(Linux/OSX와 Windows)를 선택하는 화면과 사용하는 장비에 사용될 언어(Javascript/Python/Java)를 선택하는 화면이 제공된다. 라즈베리 파이를 사용하고 있기에 운영체제는 Linux/OSX, 장비에 사용될 언어는 자바스크립트(Node.js) 메뉴를 마우스로 선택하고 클릭하면 해당하는 작업이 완료(선택)되고 다음 단계로 작업이 진행된다.

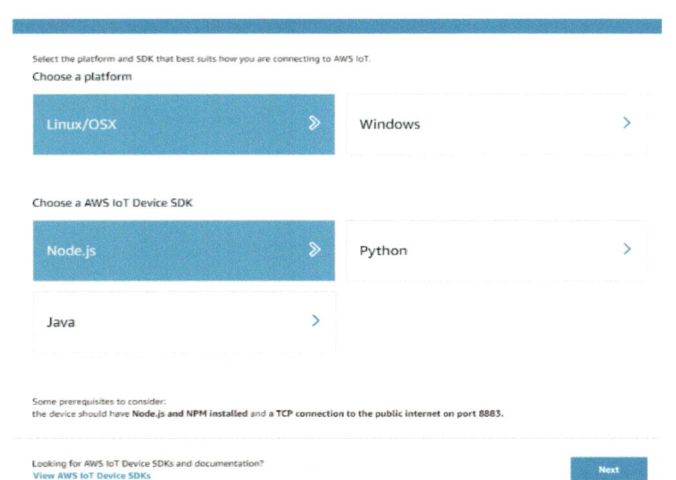

<그림 5-11> 아마존사 AWS IoT 서비스 설정(사물 생성)

다음 화면에서 아래 <그림 5-12>와 같이 아마존 AWS IoT 서비스와 연동시키기 위하여 새로운 사물(Things) 이름을 키보드로 입력하고 다음(Next step) 메뉴를 마우스로 클릭하면 해당 작업이 완료(선택)되고 다음 단계로 작업이 진행된다.

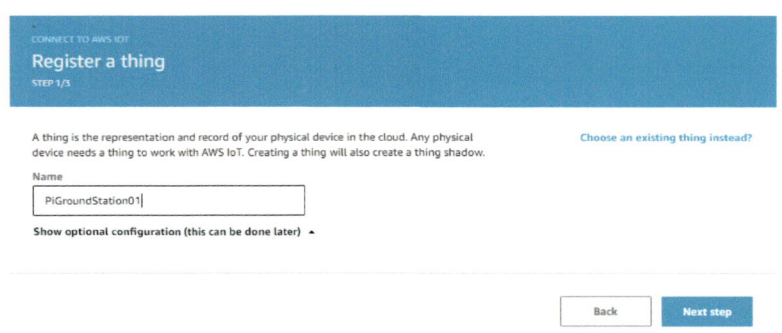

<그림 5-12> 아마존사 AWS IoT 서비스 설정(사물 생성)

만약 Connect to AWS IoT 3가지 부가 서비스(Register a device/Download a connection kit/Configure and test your device) 중에서 아래 <그림 5-13>과 같이 Download a connection kit 메뉴를 선택하면 아마존 AWS IoT 서비스와 연동하기 위한 환경이 설정이 자동으로 진행되며 처리 결과(정보)를 확인하고 다음(Next step) 메뉴를 마우스로 클릭하면 해당하는 작업이 완료(선택)되고 다음 단계로 작업이 진행된다.

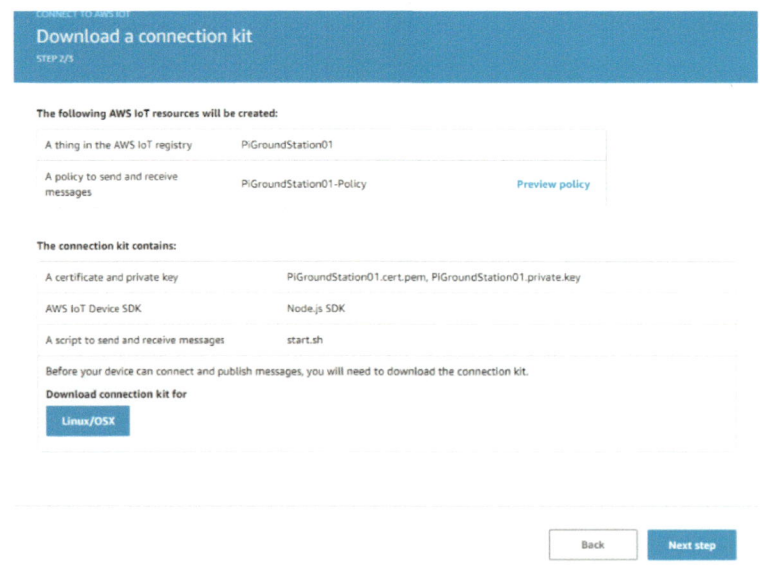

<그림 5-13> 아마존사 AWS IoT 서비스 설정(사물 생성)

만약 Connect to AWS IoT 3가지 부가 서비스(Register a device/Download a connection kit/Configure and test your device) 중에서 아래 <그림 5-14>와 같이 Configure and test your device 메뉴를 선택하면 아마존 AWS IoT 서비스와 연동 및 시험하기 위한 적합한 환경설정 작업이 진행되며 처리된 결과(정보)를 확인하고 완료(Done) 메뉴를 마우스로 클릭하면 해당하는 작업이 최종 완료된다.

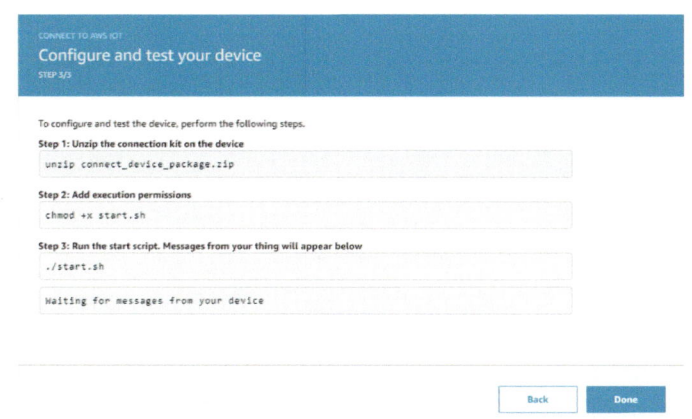

<그림 5-14> 아마존사 AWS IoT 서비스 설정(사물 생성)

이 과정의 마지막 단계로서 아래 <그림 5-15>와 아마존 AWS IoT 서비스와 연동시키는 과정이 완료되어 종료(Done) 메뉴를 마우스로 클릭하면 해당하는 작업이 최종 완료된다.

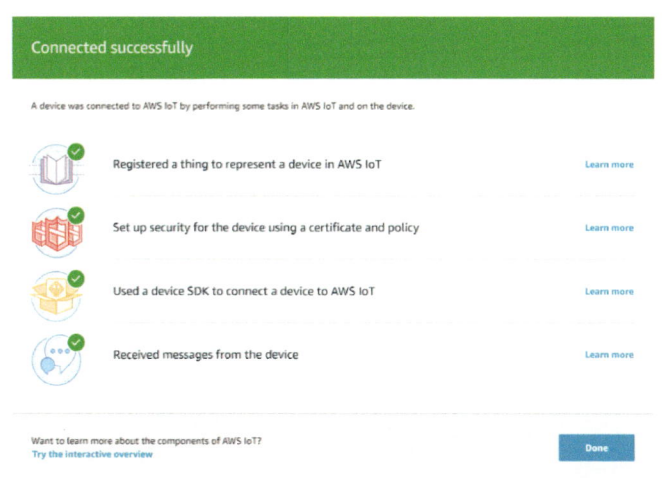

<그림 5-15> 아마존사 AWS IoT 서비스 설정(사물 생성)

최종적으로 아마존 에코Drone이 AWS IoT 서비스와 Drone 기체(3DR IRIS+)가 WiFi 무선통신을 통하여 제어를 수행하려면 MQTT와 연동시켜야 한다. 또한 Drone을 지상 제어(이하 Ground Station) 형태로 실질적으로 제어하려면 파이썬 코드(the python code)로 제어해야 하는데, 나중에 REST API Endpoint에 대한 정보가 필요하기 때문에 아래 <그림 5-16>과 같이 보여주는 ARN(Amazon Resource Name) 코드를 반드시 기록해 두어야 한다.

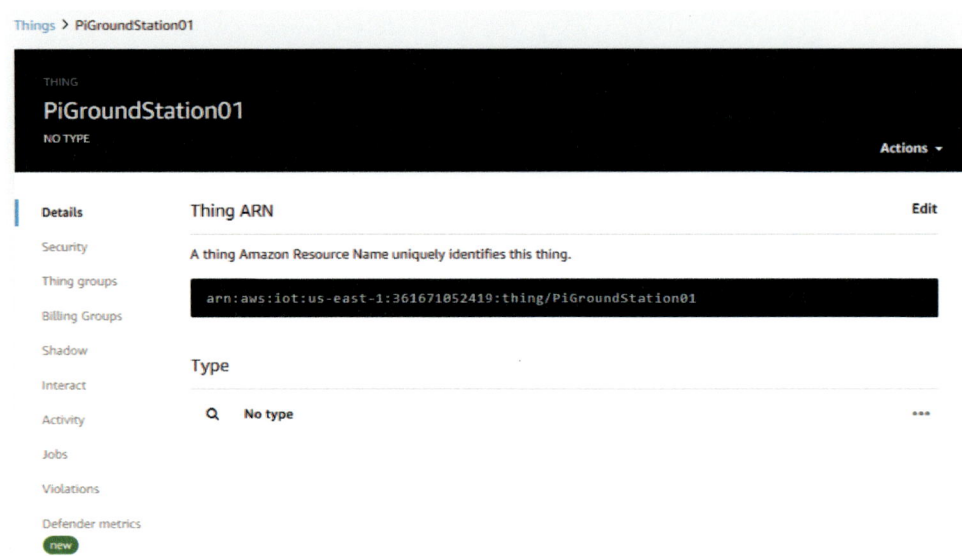

<그림 5-16> 아마존사 AWS IoT 서비스 설정(인증서 생성)

다음은 아마존 AWS IoT 서비스에 접속하고 사용자(소유자) 여부를 인증할 수 있는 정보를 제공할 수 있는 환경을 아래 <그림 5-17>과 같이 제공한다. 여기에서 Drone을 장비로 사용하기 때문에 나중에 라즈베리 파이와 연동할 수 있는 환경을 구축해야 한다.

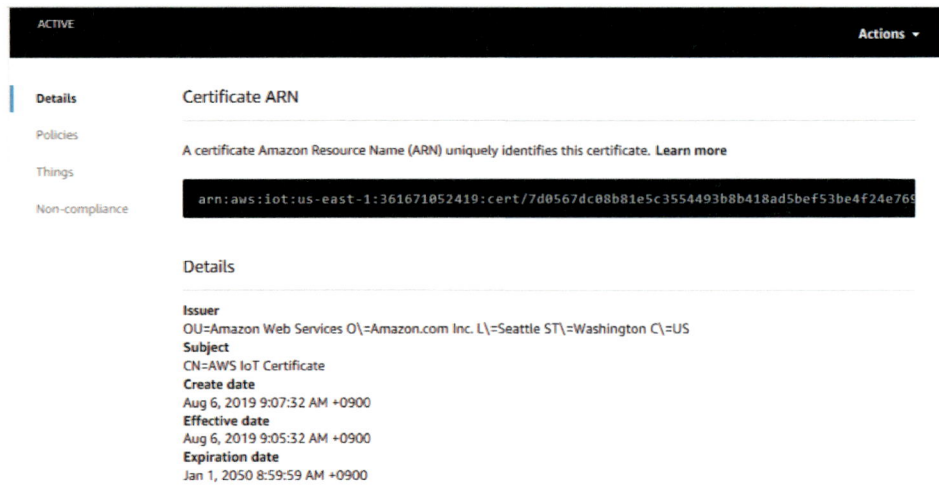

<그림 5-17> 아마존사 AWS IoT 서비스 설정(인증서 생성)

아마존 AWS IoT 서비스(Manage-Things-Security)에서 **Create 메뉴**를 선택하고 클릭하면 아래 <그림 5-18>과 같은 부가적 기능을 선택할 수 있는 화면이 제공된다.

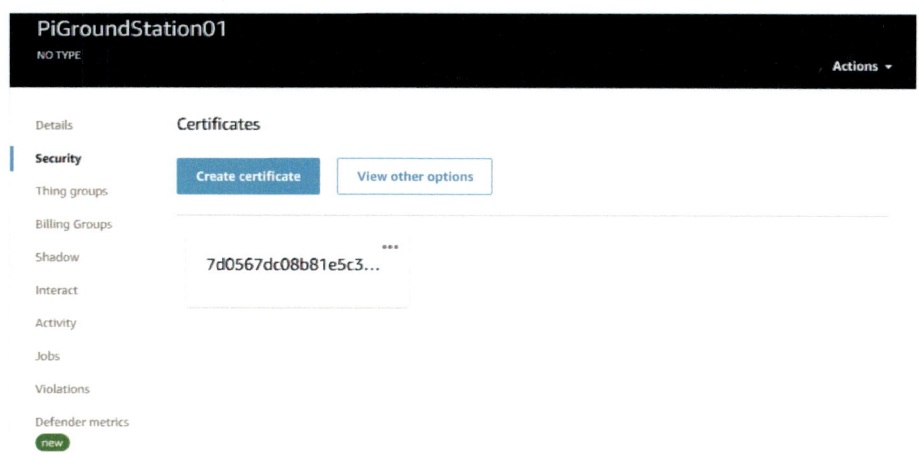

<그림 5-18> 아마존사 AWS IoT 서비스 설정(인증서 생성)

AWS IoT 서비스(Manage-Things-Security) Certificates 항목 중에서 아래 <그림 5-19>와 같이 **Create a Certificate 메뉴를 선택**하고 마우스로 클릭하면 사용자(소유자) 여부를 인증서를 생성하는 3가지 부가 서비스(Create certificate/Create with CSR/Get started) 선택 화면이 등장한다. Create certificate 메뉴를 마우스로 선택하고 클릭하면 3개의 인증키(public key, private key, and certificate)가 생성된다.

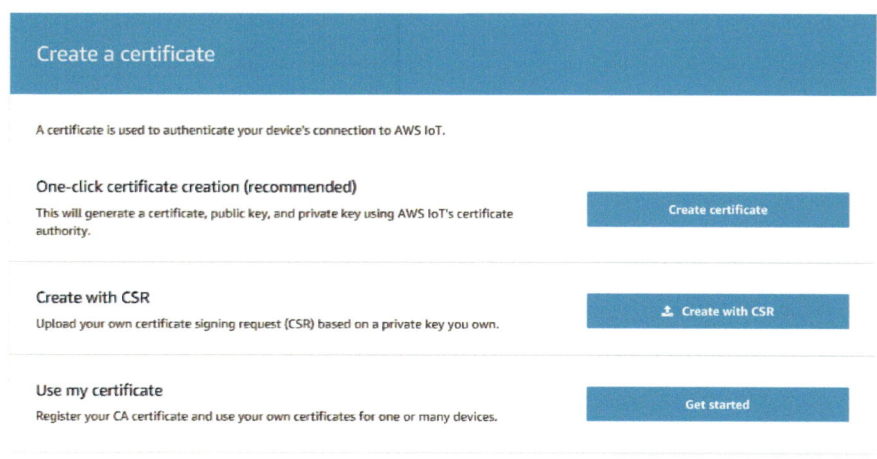

<그림 5-19> 아마존사 AWS IoT 서비스 설정(인증서 생성)

나중에 라즈베리 파이에서 사용하기 위하여 아래 <그림 5-20>과 같이 생성된 3개의 인증키는 자신의 컴퓨터에 다운로드 받아 두어야 한다. 인증키(3개)는 동일한 형태로 발급되지 않고 계속해서 서로 다른 암호와 복호화 키 형태로 발급되기 때문에 반드시 잘 보관하고 있어야 한다.

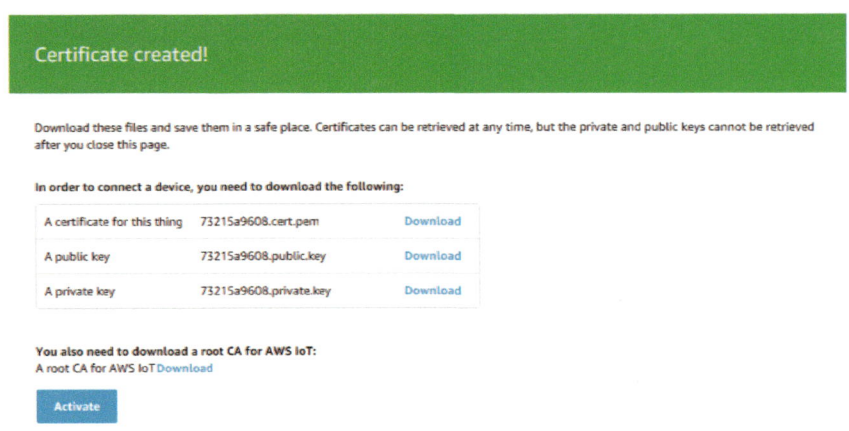

<그림 5-20> 아마존사 AWS IoT 서비스 설정(인증서 생성)

인증키(3개)를 안정하게 다운로드 받아서 잘 보관(관리)해야 한다. 아래 <그림 5-21>과 같이 아래 부분에 있는 생성(Activate)을 누르면 실제적으로 AWS 인증키가 생성되는 것이다. 이러한 인증키가 한번이라도 생성되면 Activate 메뉴가 Deactivate 메뉴로 자동적으로 변환한다.

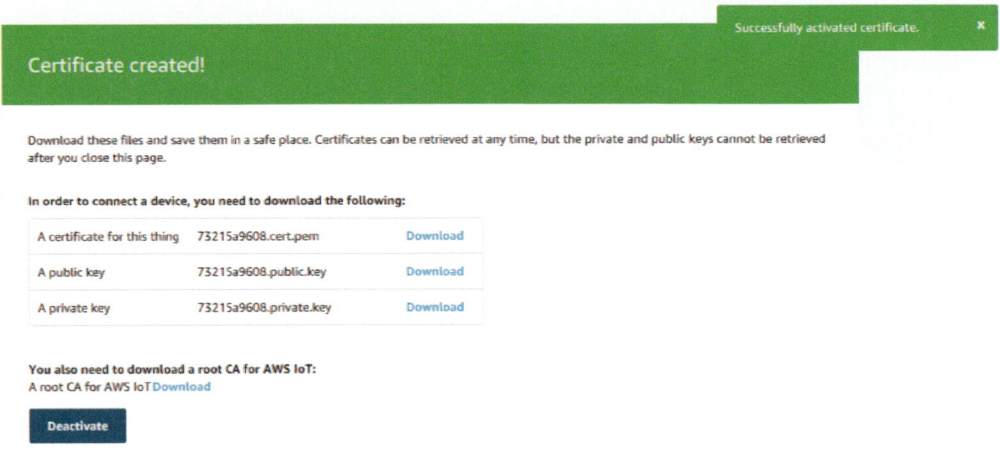

<그림 5-21> 아마존사 AWS IoT 서비스 설정(인증서 생성)

아마존 AWS IoT 서비스(Secure-Certificates)에서 인증키 생성 상태를 확인하면 아래 <그림 5-22>와 같이 정상적으로 생성된 것을 확인할 수 있다.

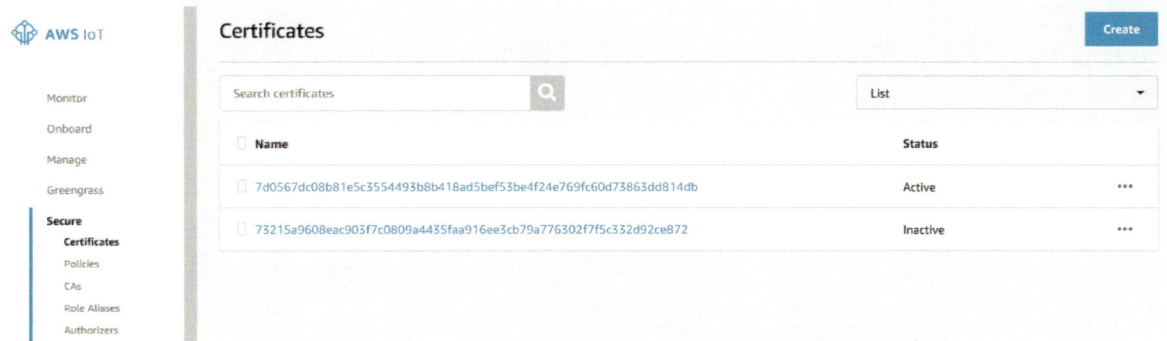

<그림 5-22> 아마존사 AWS IoT 서비스 설정(인증서 생성)

아마존 AWS IoT 서비스에 접속하고 사용자(소유자) 여부를 인증할 수 있는 정보를 제공할 수 있는 환경에 대한 진행 상황 또는 결과를 확인하면 아래 <그림 5-23>과 화면과 같다.

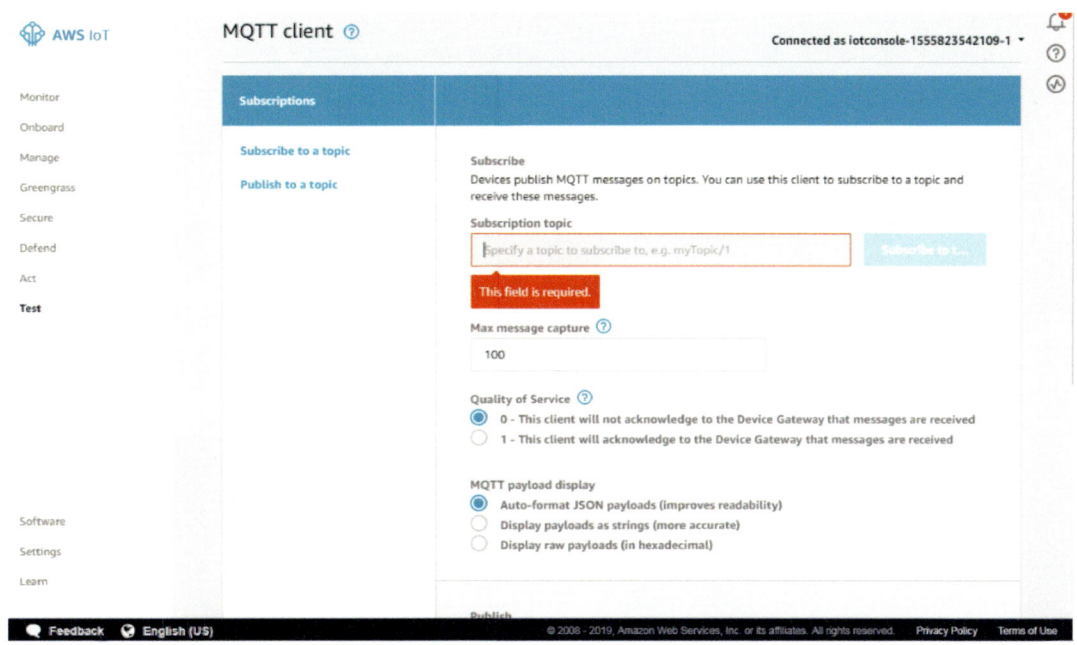

<그림 5-23> 아마존사 AWS IoT 서비스 설정(인증서 생성)

아마존 AWS IoT 서비스에 접속하고 사용자(소유자) 여부를 인증할 수 있는 정보를 제공할 수 있는 환경을 제공하기 위하여 두개의 인증키가 요구된다. 하나는 람다 기능(the Lambda function)을 위하여 필요한 것이고, 나머지는 파이썬 언어를 통하여 지상제어 시스템(the python ground control)을 위한 것이다. 이 두 개의 인증키는 사물(Thing)에 대한 인증을 위하여 필요한 것이고 나중에 보안 실행과정을 확실하게 하고 연결하는 과정에서 문제점을 사전에 예방하기 위한 절차라고 할 수 있다.

인증키를 사용하여 사물(Thing)에 접근하기 위한 다양한 방법과 절차가 요구되는데 이러한 것을 정책(Policy, 보험에서 약관 정도로 이해)을 설정해야 한다. 아마존 AWS IoT 서비스(Secure-Policies) 메뉴를 마우스로 선택하고 클릭하면 아래 <그림 5-24>와 같이 정책(Policy) 설정 화면이 제공된다. 기존에 생성된 정책이 담겨진 사물(IoT) 이름이 화면에 표시되며 이름 중에서 한 가지를 선택하면 이미 지정된 내용(정보)을 확인할 수 있다. 사물(IoT)에 새로운 정책을 추가하고 싶으면 우측 상단 모서리에 있는 생성(Create) 메뉴를 마우스로 선택하고 클릭하면 된다.

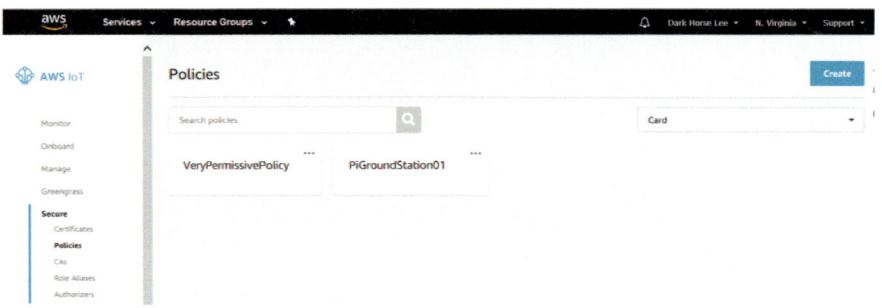

<그림 5-24> 아마존사 AWS IoT 서비스 설정(인증키 검증)

아마존 AWS IoT 서비스에 접속하고 사용자(소유자) 여부를 인증할 수 있는 정보를 확인하면 아래 <그림 5-25>와 같은 화면과 같다.

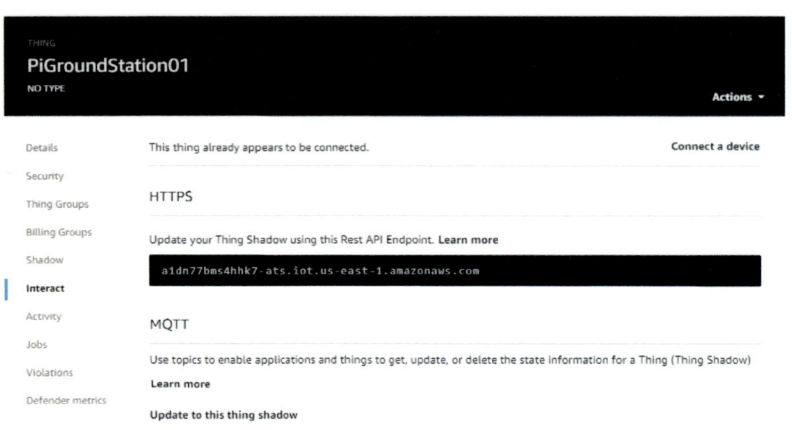

<그림 5-25> 아마존사 AWS IoT 서비스 설정(인증키 검증)

추가하기(Add Steatement) 버튼을 누르면 아래 화면에서 보이는 것처럼 이전에 입력했던 이름(Name), 액션(Action), 리소스(Resource) 항목이 초기화된 것을 볼 수 있지만, 무시하고 생성(Create) 항목을 마우스로 선택하여 클릭하면 아래 <그림 5-26>과 같은 화면과 같이 실행(적용)된 것을 확인할 수 있다.

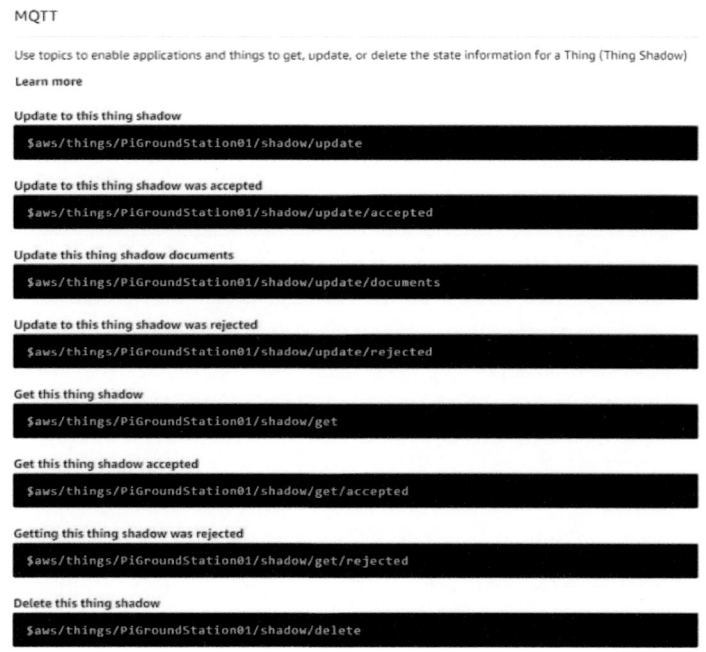

<그림 5-26> 아마존사 AWS IoT 서비스 설정(인증키 검증)

아마존 AWS IoT 서비스에 접속하는 과정에서 사용자(Client)와 요구되는 과정 및 방법에 대한 정책 관련 정보를 확인하면 아래 <그림 5-27>과 같이 정보가 표시된다.

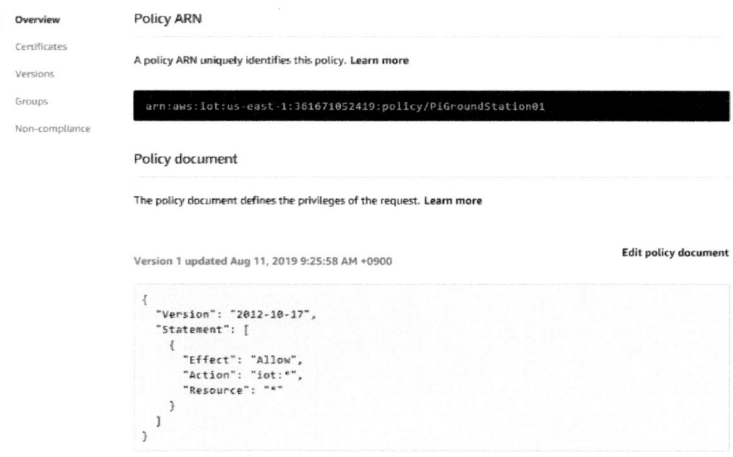

<그림 5-27> 아마존사 AWS IoT 서비스 설정(인증키 검증)

나. 2단계(Step 2) : Set up Raspberry Pi Custom Ground Station

아마존 에코 Drone은 AWS IoT 서비스와 Drone 기체(3DR IRIS+)가 라즈베리 파이를 통하여 지상제어(Ground Station)를 위하여 WiFi 무선통신을 통하여 제어를 수행하려면 MQTT와 연동시켜야 한다. 이 단계에서는 사용자가 요구하는 지상제어를 아마존 에코를 실질적으로 음성으로 제어하는 시스템을 구현하기 위한 라즈베리 파이 환경설정에 대하여 다루고자 한다. 라즈베리 파이는 리눅스 운영 체제를 사용하고 있으며 임베디드 시스템으로 많이 사용되었다. 여기에서는 무선 통신 방식으로 아마존 AWS IoT 서비스와는 WiFi 무선통신 방식으로 MQTT와 연동되고, Drone 기체(3DR IRIS+)와는 텔레메트리(Telemetry) 무선통신 방식으로 연동되게 시스템을 구현하게 될 것이다. 다만, 라즈베리 파이는 사전에 라즈비안이 설치되고 유무선으로 연결이 가능한 환경이 설정되어 있어야 한다.

라즈베리 파이에 전원을 연결하고 유무선 통신으로 접속할 수 있는 환경이 제공된다면, 필요에 따라 적절하게 유무선 통신으로 접속하여 아마존 에코 Drone에서 요구하는 시스템 환경을 구현할 수 있을 것이다. 라즈베리 파이 B+ 이후 자체적으로 무선 통신으로 접속할 수 있는 방식을 제공하고 있으면 USB 동들이(the USB wifi dongle)가 필요하지 않지만, 지원되지 않는 버전이라면 별도로 호환이 되는 WiFi USB 동글이를 구입하여 장착시켜야 하며, 3DR IRIS+ Drone과 무선으로 연동시키기 위하여 동일한 방식의(915Mhz) 송수신기를 라즈베리 파이 유용한 포트(a free USB port)에 송신기(the USB radio antenna)를, 3DR IRIS+ Drone 기체에 수신기(the USB radio antenna)를 별도로 구입하여 장착시켜야 한다. 라즈베리 파이와 유무선 통신 방식으로 접속할 수 있는 가장 중요한 환경은 SSH 서비스가 지원될 수 있도록 접속 환경을 제공해야 한다.

과거 유닉스(Uinx) 계열 운영체제에서는 이러한 기능을 Telnet 유틸리티가 수행하였고, 리눅스(Linux) 운영체제를 사용하는 라즈베리 파이에서는 아래 <그림 5-28>과 같이 PuTTY 유틸리티를 사용하여 MS(MicroSoft)사의 Windows가 설치되어 있는 개인용 PC 환경에서 원격 접속으로 라즈베리 파이 접속 환경을 구현하였다.

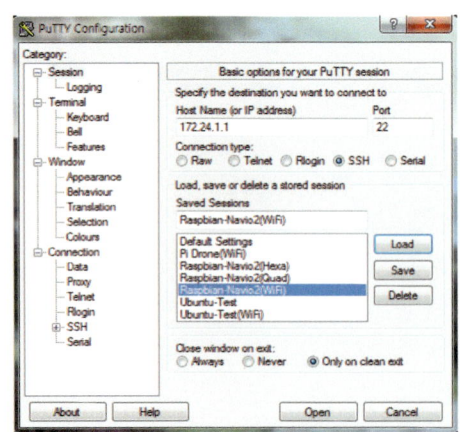

<그림 5-28> 라즈베리 파이와 MQTT 제어 환경 설정

라즈베리 파이 접속이 이루어지면 아래와 같이 단계별로 명령어를 입력하면 된다.

```
cd ~
sudo apt-get install avahi-daemon
sudo chown pi /usr/local/ -R
sudo apt-getinstall nodejs npm -y
sudo apt-getinstall zip
sudo apt-getinstall screen
pip install awscli
pip install droneapi
pip install paho-mqtt
git clone https://veggiebenz@bitbucket.org/veggiebenz/echodronecontrol.git dronecontrol
cd dronecontrol
mkdir certs
```

만약 정상적으로 설치(처리)되면 실행되는 화면이 지나가면서 다음 단계 명령을 요구하는 프롬프트(prompt) 제공되지만, 비정상적으로 설치(처리)되면 화면에 에러 메시지를 표시할 것이다. 설치 과정에서 대부분의 에러는 명령어 스펠링이나 빈칸으로 명령어가 잘못되어 발생한다면 다시 제대로 정확하게 입력하면 되지만, 리눅스 운영 체제 특성상 **의존성(Dependency) 에러가 발생하면** 최악의 경우 다시 라즈비안을 재설치하는 과정을 되풀이해야 한다.

아마존 에코 Drone 프로젝트 공식 사이트에서 에러가 발생하면 아래와 같은 명령어를 입력하면 해결된다고 제시하였지만 본 연구자가 실시한 결과 해결되지 않았지만 일단 그대로 인용하면 다음과 같다.

```
#run these only if there were issues with the previous set of commands
sudo apt-getremove python-pip
easy-install pip
hash -r
```

아마존 에코 Drone이 AWS IoT 서비스와 라즈베리 파이와 MQTT로 제어하기 위하여 사용자 인증 키를 통하여 암호와 복호화 과정이 이루어진다. 하나는 람다 기능(the Lambda function)을 위하여 필요한 것이고, 나머지는 파이썬 언어를 통하여 지상제어 시스템(the Python ground control)을 위한 것이다. 아래 <그림 5-29>와 같이 파이썬 언어를 통하여 지상제어 시스템과 연계하기 위하여 파이썬 개발 환경이 정상적으로 작동되어야 하는데, 이러한 환경을 테스트하는 3개의 명령어 ("import droneapi ", "import paho.mqtt ", "exit()")를 아래와 같이 입력하였을 경우 오류가 없으면 된다. 만약 에러가 발생한다면 앞으로 제공되는 파이썬 소스가 컴파일(Compile)이 정상적으로 이루어지지 않기 때문에 앞 단계 부터 환경설정을 다시 정확하게 실시해야 한다.

```
pi@raspberrypi:~/dronecontrol $ python
Python 2.7.9 (default, Sep 26 2018, 05:58:52)
[GCC 4.9.2] on linux2
Type "help", "copyright", "credits" or "license" for more information.
>>> import droneapi
Traceback (most recent call last):
  File "<stdin>", line 1, in <module>
ImportError: No module named droneapi
>>> import paho.mqtt
Traceback (most recent call last):
  File "<stdin>", line 1, in <module>
ImportError: No module named paho.mqtt
>>> exit()
pi@raspberrypi:~/dronecontrol $
```

<그림 5-29> 라즈베리 파이와 MQTT 제어 환경 설정

아마존 에코 Drone이 AWS IoT 서비스와 라즈베리 파이와 MQTT로 제어하기 위하여 사용자 인증 키를 통하여 암호와 복호화 과정을 구현하려면 해당 제어 프로그램을 작성하여 컴파일 과정을 거치면 된다. 이 프로젝트에서는 공식적으로 해당 소스 파일을 오픈 소스 형태로 공개적으로 제공되기 때문에 해당 파일 소스를 라즈베리 파이에 업로드하여 적절하게 수정하면 작업이 간단하다. 과거 유닉스(Uinx) 계열 운영체제에서는 이러한 기능을 FTP(File Transfer Protocol)이 수행하였고 해당 유틸리티가 제공되었는데, 리눅스(Linux) 계열에서도 현재 SFTP(SSH FTP) 유틸리티가 이러한 파일 업로드(Uploads)와 다운로드(Downloads) 기능을 제공하고 있다.

자신이 사용하고 있는 일반 PC 또는 태블릿 PC(안드로이드 또는 iOS)에 SFTP(SSH FTP) 유틸리티 제공 사이트에 접속하여 해당 버전을 다운로드 받아서 설치하면 아래 <그림 5-30>과 같은 화면이 제공된다. 이 상태에서 서버(Server)는 해당 라즈베리 파이 접속 IP(공인 또는 사설) 주소, 포트(Port)는 기본 22번, 사용자 이름(Username)에는 사용자 ID, 비밀번호(Password)에 해당 비밀번호를 입력하고 접속(Connect) 버튼을 마우스로 클릭하면 접속이 정상적으로 이루어진다. 만약 접속이 정상적으로 이루어지지 않으면 자신의 라즈베리 파이 네트워크(Network)와 방화벽(Firewall) 등 접속이 정상적으로 이루어질 수 있도록 사전에 환경을 설정해야 한다. 대부분 라즈베리 파이에서 기본적으로 제공되는 폴더로 접속이 이루어진다.

SFTP(SSH FTP) 원격 접속이 정상적으로 이루어지면, 아래 <그림 5-30>과 같이 먼저 라즈베리 파이 기본 접근 폴더에서 /home/pi/dronecontrol/certs/ 이동시켜서 자신의 PC에 보관되어 있는 AWS IoT 3개의 인증키(the 3 certificate files)를 업로드 한다. 다음에는 SFTP(SSH FTP) 라즈베리 파이 접속 상태에서 3개의 인증키 파일을 dronecontrol/groundstation/awsCerts/ 폴더로 이동시킨다.

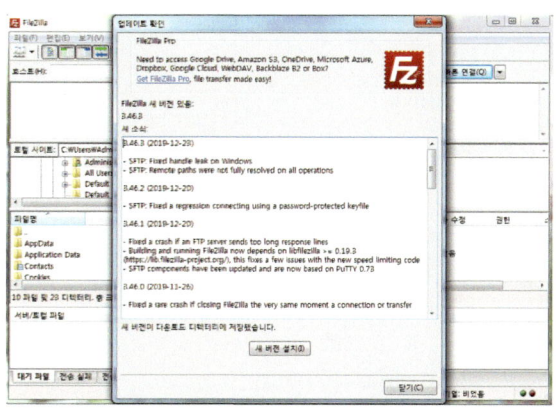

<그림 5-30> 라즈베리 파이와 MQTT 제어 환경 설정

다음으로 라즈베리 파이에서 해당 파일에 대한 환경설정 작업을 실시해야 한다. 사전에 업로드 파일을 편집할 수 있는 유틸리티를 사용하여 작업을 진행하야 하는데, 기본적으로 라즈비안에서는 "nano"편집기를 제공하고 있으며, 자체적으로 전문적인 작업을 수행하려면 별도를 편집기를 설치해야 하는데 PyDev, Atom 등이 추천되고 있다.

아마존사의 AWS(Amazon Web Services) IoT 서비스를 활용하여 아마존 에코 음성인식 Drone을 구현하려면 **람다 기능(Lambda function) 환경**을 설정해야 한다. 우선 아마존사의 AWS(Amazon Web Services) IoT 서비스(https://console.aws.amazon.com)에 접속하여 아래 <그림 5-31>과 같이 "Lambda" 메뉴를 마우스로 선택하여 클릭하면 실행이 된다

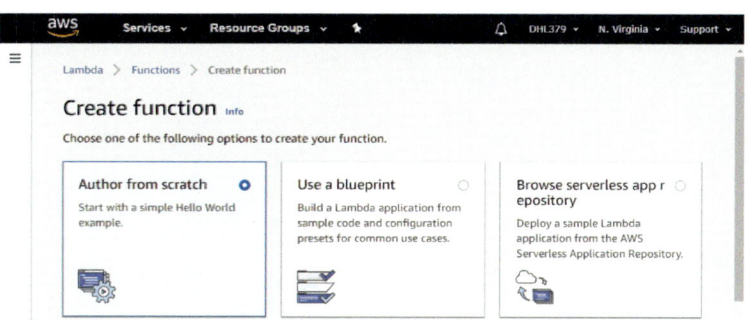

<그림 5-31> 아마존사 AWS IoT 서비스 설정(Lambda)

"Lambda" 메뉴가 실행되면 아래 <그림 5-32>, <그림 5-33>과 같이 화면에서 보이는 것처럼 "Create a Lambda function"메뉴를 마우스로 클릭하고, 블루프린트(a blueprint)를 선택하고 "dynamodb-process-stream…"을 선택한 후에 스킵(Skip)을 마우스로 클릭한다.

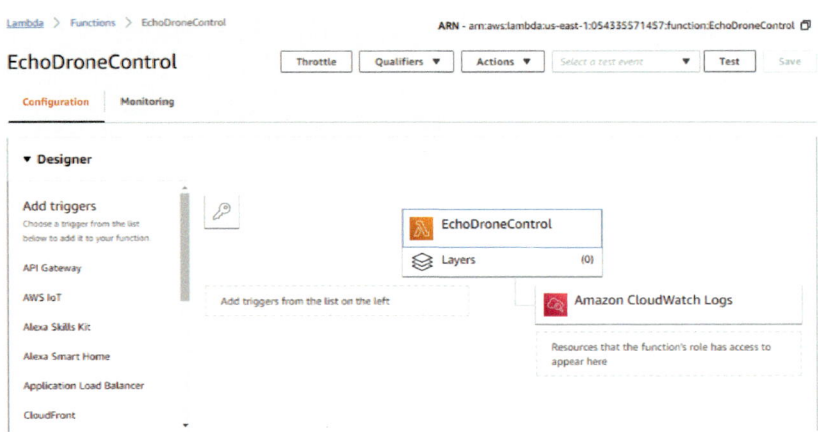

<그림 5-32> 아마존사 AWS IoT 서비스 설정(Lambda)

다음으로 "Lambda" 메뉴에서 아래 <그림 5-33>과 같이 세부 환경을 설정하며, 좌측 메뉴 2단계에서 Configure function 메뉴를 마우스로 클릭하면 이러한 환경설정 화면이 제공된다. 이름(Name) 항목에는 "EchoDroneControl", 실행 시간(Runtime) 항목에는 Node.js, 코드 엔트리 형태(Code entry type) 항목에는 "Edit Code Inline"라고 정확하게 해당 자료를 입력하면 된다.

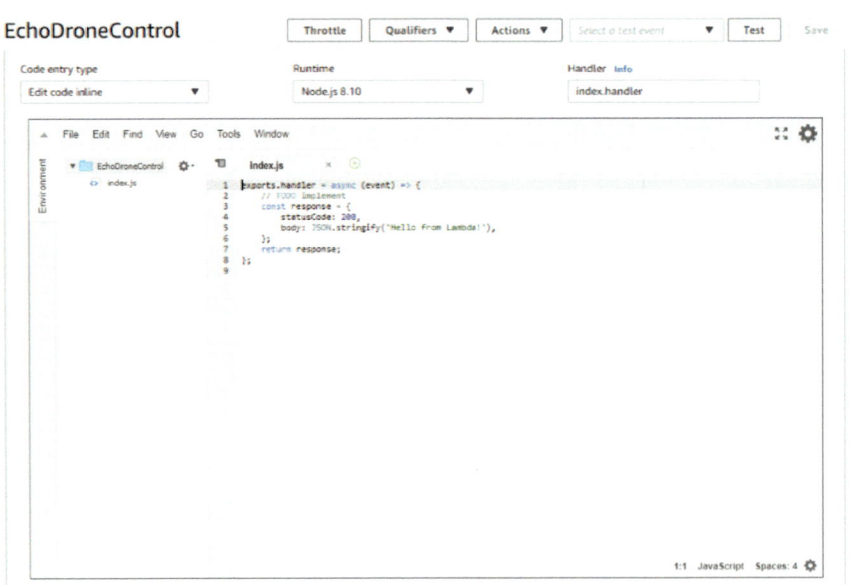

<그림 5-33> 아마존사 AWS IoT 서비스 설정(Lambda)

다음으로 기본 실행 역할(Basic Execution Role)을 사용하면, 아래 <그림 5-34>와 같은 화면에서 보이는 것처럼 새로운 윈도우 환경을 제공하면서 "Lambda"에 접근하기 위해서 필요한 자료를 입력할 수 있는 환경이 제공된다. IAM((Identity &Access Management) role 항목에서 lambda_basic_execution을 선택하고, Policy Name 항목에서 Create a new Role Policy를 선택한다. 선택한 항목에 대한 내용이 적용하기 위하여 허락(Allow)를 마우스로 클릭하면 적용된다.

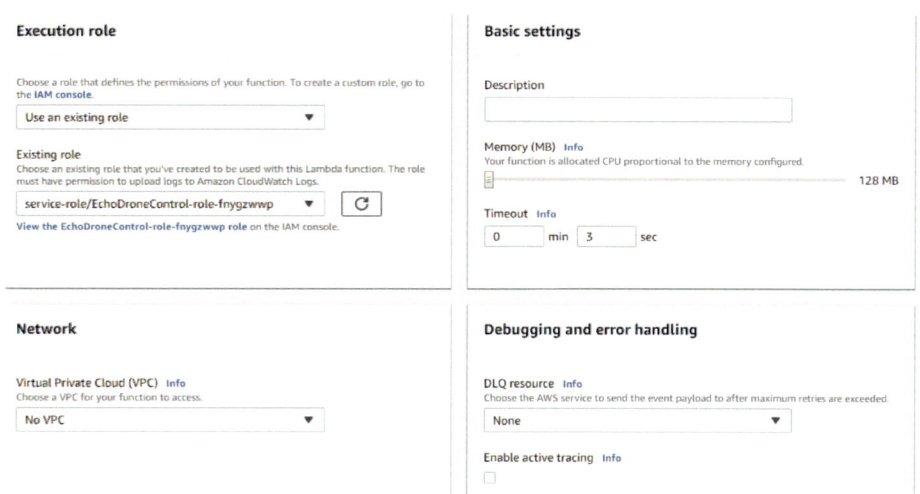

<그림 5-34> 아마존사 AWS IoT 서비스 설정(Lambda)

다음으로 Lambda function handler and role 항목에서 아래 <그림 5-35>와 같이 선택하고 다음(Next) 메뉴를 마우스로 클릭하면 된다.

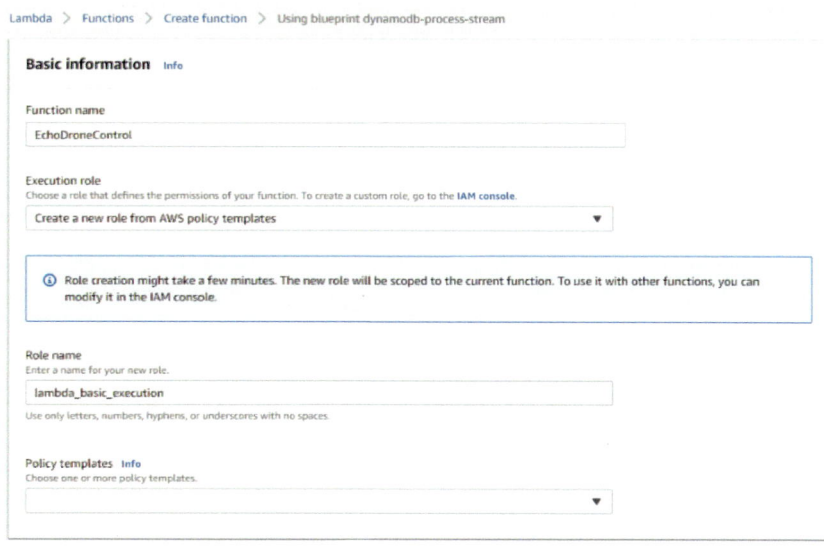

<그림 5-35> 아마존사 AWS IoT 서비스 설정(Lambda)

다음으로 지금까지 입력(선택)한 항목을 확인한 후에 아래 <그림 5-36>과 같이 "Create Function" 메뉴를 마우스로 클릭하면 된다.

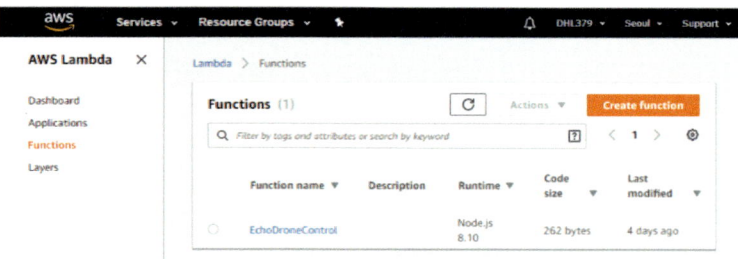

<그림 5-36> 아마존사 AWS IoT 서비스 설정(Lambda)

나중에 Alexa Skill configuration에서 ARN(Amazon Resource Name)을 요구하기 때문에, 아래 <그림 5-37>과 같이 반드시 Lambda function's ARN(arn:aws:lambda:us-east- etc etc etc...)을 기록해 두어야 한다.

<그림 5-37> 아마존사 AWS IoT 서비스 설정(ARN)

다음으로 아래 <그림 5-38>과 같이 사물(Thing)에 해당되는 메뉴에서 "Event Sources"을 마우스로 클릭하고, "Add event source"항목을 마우스로 클릭하면 된다. ASK(Amazon Skills Kit) 항목을 마우스로 선택하고 저장하면 된다.

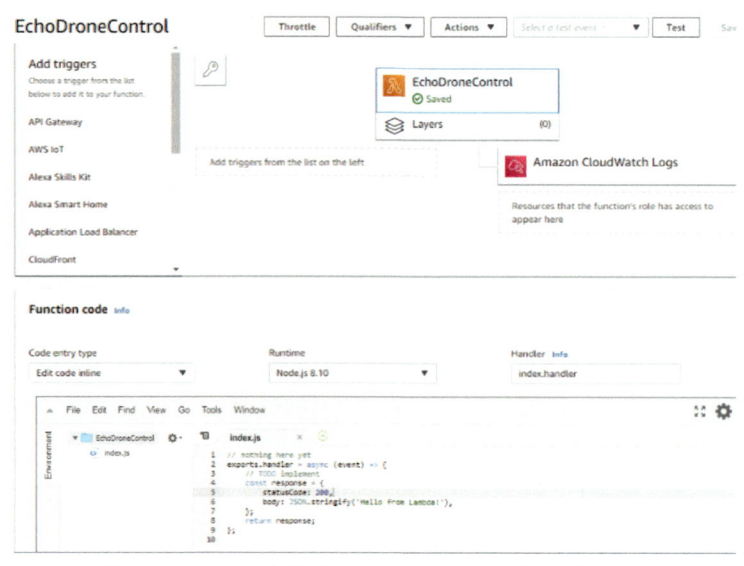

<그림 5-38> 아마존사 AWS IoT 서비스 설정(ARN)

다음으로 아래 <그림 5-39>와 같이 IAM(Identity &Access Management) 페이지 좌측메뉴에서 Roles[19] 항목에서 마우스로 클릭하여 선택하면 된다.

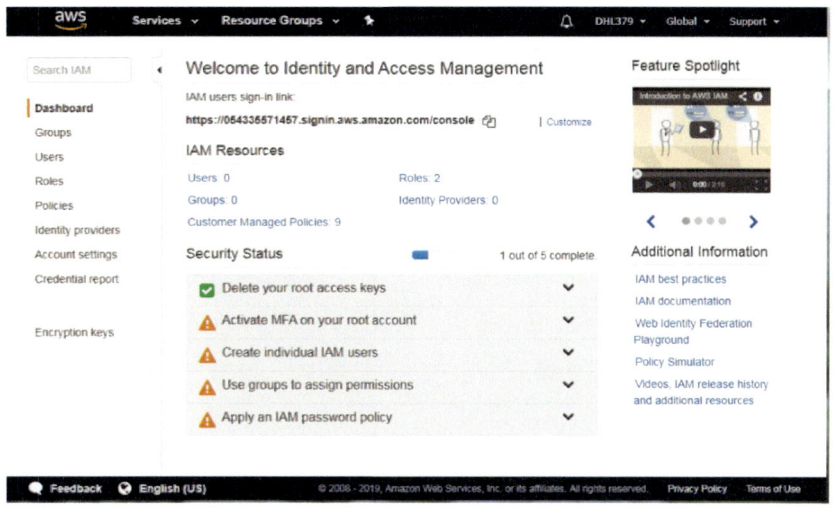

<그림 5-39> 아마존사 AWS IoT 서비스 설정(IAM)

나중에 아래 <그림 5-40>과 같이 the Role ARN value을 요구하기 때문에, 반드시 기록해 두어야 한다.

<그림 5-40> 아마존사 AWS IoT 서비스 설정(IAM)

라즈베리 파이에서 ~/dronecontrol/EchoDroneControl/ 폴더에는 Lambda와 Alexa Skills Kit(ASK)을 위해서 반드시 필요한 파일("upload.sh", config.js, the certificate files)이 존재한다. "upload.sh"에서는 the Role ARN value 값을 정확하게 수정해야 하고, config.js 에서는 Host, Topic, Alexa Skill App ID 값을 정확하게 수정해야 한다. 또한 the certificate files 에서는 Lambda와 연동시키기 위한 인증 관련 내용이 정확하게 매칭이 이루어져야 한다.

---

[19] https://console.aws.amazon.com/iam/home?region=us-east-1#roles

다. 3단계(Step 3) : Setting up Alexa Voice Skill

아마존 에코 Drone이 AWS IoT 서비스와 Drone 기체(3DR IRIS+)가 라즈베리 파이를 통하여 지상 제어(Ground Station)를 WiFi 무선통신을 통하여 MQTT와 연동시켜야 아마존 에코 스피커를 통하여 음성으로 제어되는 시스템을 구현해야 한다. 이 단계에서는 사용자가 음성으로 요구하는 명령을 3DR IRIS+가 음성으로 제공되는 명령어를 처리하기 위한 환경설정에 대하여 다루고자 한다.

우선 아마존 에코 스피커를 ASK[20](Alexa-Skills-Kit)과 연동시켜 음성으로 제어를 처리하기 위한 시스템을 구현해야 한다. 아마존 에코 Drone에서 처리되는 명령어는 "Alexa talk to Drone", "Command Launch", "Go forward 10 feet"음성 언어를 처리해야 한다. ASK 해당 사이트에 접속하여 아래 <그림 5-41>, <그림 5-42>와 같이 보여주는 화면에서 "Apps &Services"를 마우스로 선택하여 클릭 한다. 다음으로 "Alexa"를 마우스로 선택하여 클릭한다. Alexa Skills Kit 아래에서 "Get Started >"를 마우스로 선택하여 클릭한다.

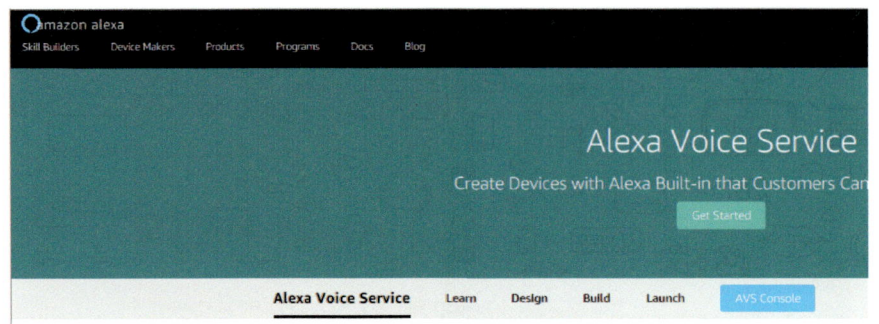

<그림 5-41> 아마존사 AWS IoT 서비스 설정(ASK)

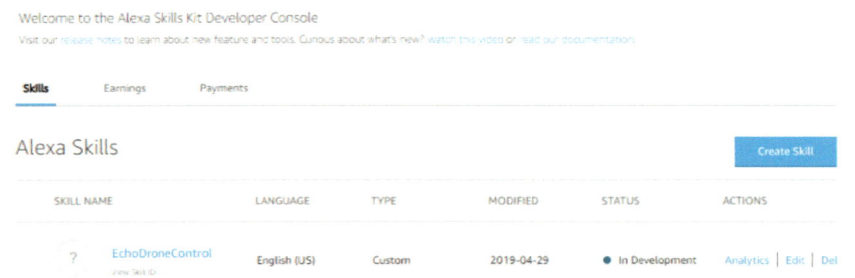

<그림 5-42> 아마존사 AWS IoT 서비스 설정(ASK)

---

20) Alexa-Skills-Kit

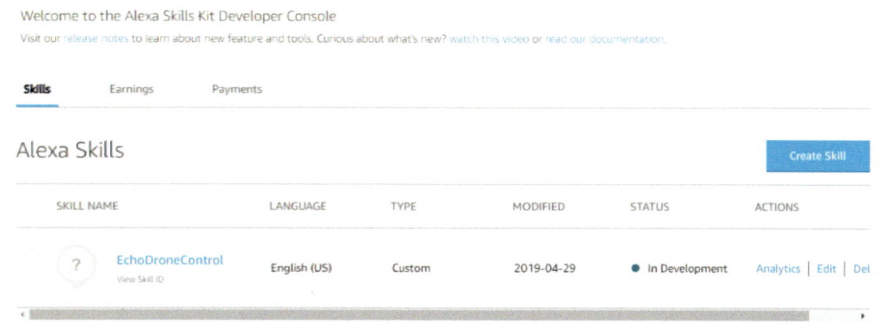

<그림 5-43> 아마존사 AWS IoT 서비스 설정(ASK)

다음으로 지금까지 입력(선택)한 항목을 확인한 후에 아래 <그림 5-44>와 같이 해당 정보(값)을 입력하면 된다. 사용자 이름(Use name)에는 "Drone Control", 호출 이름(invocation name)에는 "Drone", 엔드포인트 (Endpoint)에서 Lambda ARN을 마우스로 선택(체크)하고 Lambda Function ARN value을 지정할 수 있다(ROLE ARN이 아님).

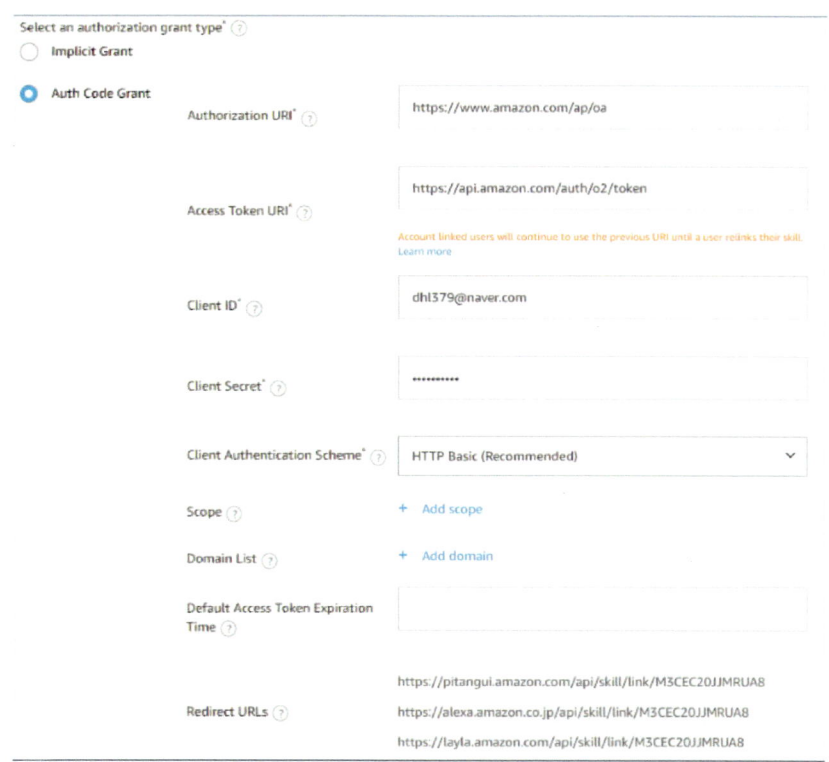

<그림 5-44> 아마존사 AWS IoT 서비스 설정(ASK)

Drone Control Test에서 요구되는 해당 항목에 대한 정보(값)을 입력하고 저장하면, Intent Schema and Sample Utterances에 대한 입력상자가 표시된다. 여기에서 요구되는 정보(값)은 GIT project에서 얻을 수 있다.

다음으로 라즈베리 파이에 PuTTY 또는 SFTP 원격접속 상태에서 2개의 파일(IntentSchema.json 파일과 SampleUtterances.txt 파일)을 ~/dronecontrol/EchoDroneControl/speechAssets/폴더(디렉토리)에서 검색한다. IntentSchema.json 파일을 열어서 아마존 웹 사이트에서 the Intent Schema box라는 항목에서 해당하는 요구값을 붙여넣기 하고, SampleUtterances.txt 파일을 열어서 아마존 웹 사이트에서 해당하는 요구값을 입력하고 다음("Next") 버튼을 마우스로 클릭한다. Lambda Request와 Lambda Response가 좌우로 나누어진 화면이 표시되는 곳(아래)에서 다음("Next") 버튼을 마우스로 클릭한다.

아마존 AWS IoT 서비스을 활용하여 인공 지능 음성인식으로 제어되는 Drone 운영 시스템은 아래 <그림 5-45>와 같이 구현할 수 있다.

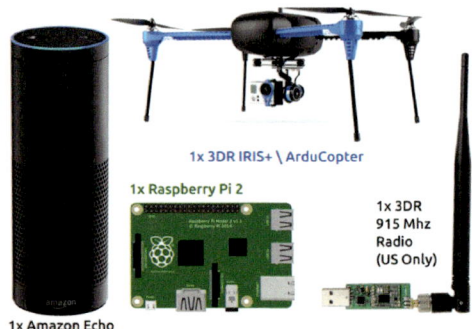

<그림 5-45> 아마존사 AWS IoT 서비스 설정(ASK)

다음으로 명령을 수행할 아마존 에코 스피커는 아래 <그림 5-46>과 같이 해당 장비와 연동되어 운영될 것이다.

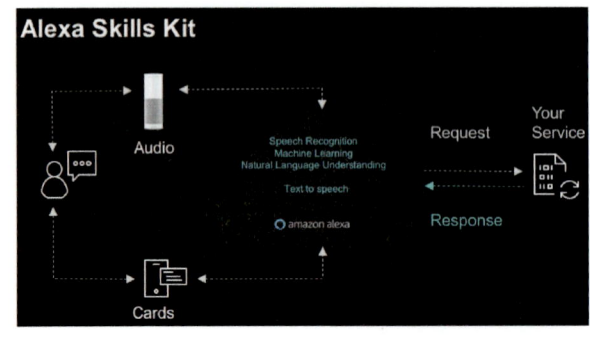

<그림 5-46> 아마존사 AWS IoT 서비스 설정(ASK)

다음 페이지(화면)로 넘어가면 Alexa skill에 스킬 정보(the Skills Information)를 보면 Application ID를 확인할 수 있다. JS 코드(The JS code)는 Alexa skill로부터 정보를 받지 못하면 중단되기 때문에 app_id(Application ID) 정보(값)을 정확하게 Lambda "config.js"파일에 입력되어야 한다.

3단계 과정에서 마지막으로 라즈베리 파이에서 Lambda 환경설정 작업을 마무리해야 한다. 그리고 Alexa Skills Kit 사이트에서 람다 통합(Lambda integration)에 Alexa를 호출하여 제대로 작동되는 테스트 과정을 거치게 된다. 람다 기능(Lambda function)을 업로드하고 테스트하는 과정은, 먼저 AWS Command Line tools을 설치하고, "aws configure"을 실행시키고 해당하는 접근 매개 변수(some access parameters) 값을 설정하면 된다. 2개의 해당 파일(config.js 파일과 upload.sh 파일)에 대하여 config.js 파일은 정확한 값으로 수정하고 upload.sh 파일을 AWS에서 실행하면 된다.

라즈베리 파이에서 cd ~/dronecontrol/EchoDroneControl 명령어를 사용하여 폴더(디렉토리)를 이동 시킨 후 ./upload.sh 파일을 실행시킨다. 다음에 Alexa Skill에서 "Test"를 마우스로 클릭하면 된다.

다음 아래 <그림 5-47>과 같이 Service Simulator 페이지(화면)에서 "Enter Utterance"항목에서 "Tell drone Command launch"문자로 입력하며 Lambda responsed 결과 화면에서 "Executing command launch"가 표시 된다면 Alexa skill에서 Lambda가 정상적으로 작동된다는 것을 의미한다. 그러면 다음부터 AWS IoT로 로그인하면 MQTT 연결(MQTT Connection)과 동작 결과 보고(Publish)에 대하여 성공적으로 이루어지는 과정을 확인할 수 있다.

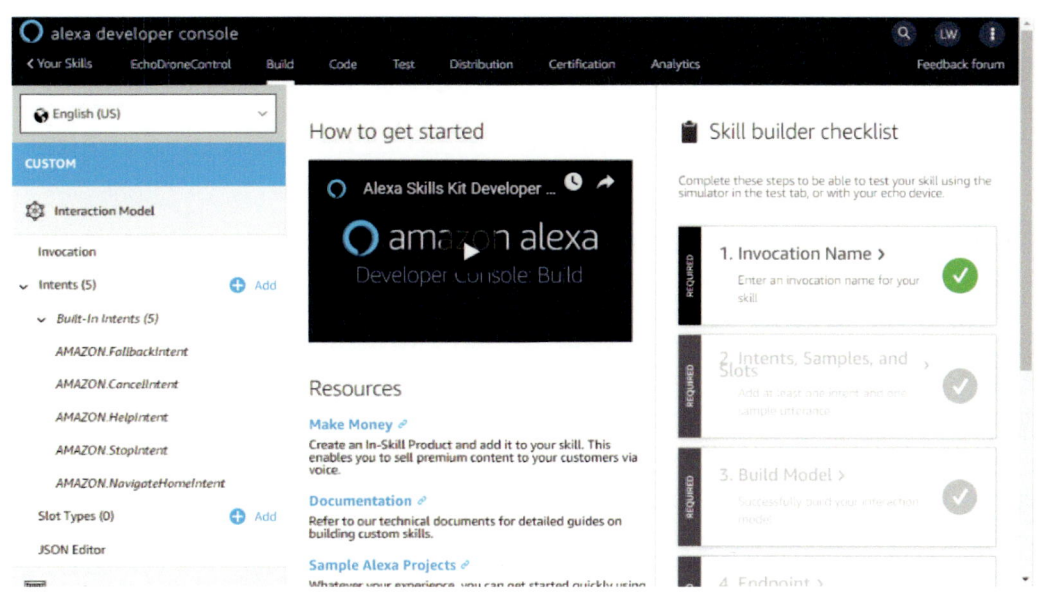

<그림 5-47> 아마존사 AWS IoT 서비스 설정(ASK)

다. 4단계(Step 4) : Customizing the code for your Python Ground Station on Raspberry Pi

아마존 에코 Drone을 구현하기 위하여 AWS IoT 서비스와 Drone 기체(3DR IRIS+)가 라즈베리 파이를 통하여 지상제어(Ground Station)가 이루어져야 한다. 특히 Drone 기체(3DR IRIS+)가 라즈베리 파이가 WiFi 무선통신을 MQTT와 연동하여 제어를 수행해야 하고, Drone 기체(3DR IRIS+)가 지상제어(Ground Station) 시스템이 텔레메트리를 통하여 아마존 에코 스피커를 통하여 전달되는 음성을 인식하여 해당 명령을 제대로 수행해야 한다. 이 단계에서는 사용자가 요구하는 지상제어를 3DR IRIS+ Drone 기체를 제어할 수 있는 시스템을 구현하기 위한 라즈베리 파이 환경설정에 대하여 다루고자 한다. 대부분 Drone은 송수신기를 통하여 조정 또는 제어가 이루어지는데, 일반 PC 환경이나 안드로이드 또는 iOS 계열 앱 또는 어플을 통하여 조종 또는 제어가 수행되기 위하여 Mission Planner 또는 Ground Station 유틸리티를 통하여 제어하기 위하여 결국 MavLink 체제를 구현해야 한다. MS(MicroSoft)사의 Windows가 설치되어 있는 개인용 PC 환경에서 PuTTY 유틸리티와 SFTP(SSH FTP) 유틸리티를 사용하여 원격 접속으로 라즈베리 파이에서 필요한 환경설정 작업을 실시한다. 이 작업에 필요한 공개용 소스 자료는 Chris Synan이 운용하고 있는 EchoDroneControl 사이트[21]에 접속하여 좌측 메뉴에서 Downloads를 클릭하면 zip 파일 형태의 공개용 소스를 다운로드하여 사용할 수 있다.

아마존 에코 Drone을 지상제어(Ground Station) 시스템으로 구현하기 위한 환경설정은 라즈베리 파이에서 주로 이루어진다.

먼저 라즈베리 파이에 접속하여 ~/DroneControl/groundstation/ 폴더(디렉토리)에 위치하고 있는 echodronectl.py 파일을 수정해야 한다. 여기에서 요구되는 자료(정보)는 the MQTT endpoint name, and the topic name을 수정해야 하는데, ~/dronecontrol/certs/ 폴더(디렉토리)에 있는 인증키 이름과 동일해야 한다. cert_path, host, topic, and the certificate file names에 대한 자료(정보) 값이 정확해야 한다.

라즈베리 파이에 접속한 상태에서 MavProxy을 먼저 실행한 후 아래와 같이 2개의 명령어를 입력해 보면 제대로 작동하고 있는지 여부를 확인할 수 있다.

echo"module load droneapi.module.api" >> ~/.mavinit.scr
echo"api start ~/dronecontrol/groundstation/echodronectl.py" >> ~/.mavinit.scr

실행 과정이나 결과 화면에서 에러가 발생한다면 ./mavinit.scr 파일에서 절대경로 또는 상대경로 정보를 확인한 후 다시 실행해 보도록 한다. 다만 자신이 사용하고 있는 인터넷 네트워크 환경을 사전에 분명하게 이해하고 있어야 한다.

---

21) https://bitbucket.org/veggiebenz/echodronecontrol/src/master/

Drone 기체(3DR IRIS+)가 아마존 에코 스피커에서 내려지는 음성 명령을 라즈베리 파이를 통하여 WiFi 무선통신으로 MQTT와 연동하여 지상제어(Ground Station) 시스템이 텔레메트리를 통하여 Drone을 제어하기 위하여 아마존사 AWS(Amazon Web Services) IoT 서비스를 연동시키는 방식이 아마존 에코 음성 인식 제어 Drone이다. 인공 지능 기능이 내장되어 있는 아마존 에코 스피커를 통하여 음성 인식으로 Drone을 제어하지만, 사용자는 기본적으로 안전사고 예방을 위하여 수동으로 Drone을 제어하는 능력(송수신기를 통하여 Drone을 제어하는 역량)을 갖추고 있어야 한다.

대부분 Drone은 다음과 같은 단계(순서)에 따라 동작해야 한다. 먼저 Drone 기체 상태를 점검하고 주변 비행장 주변 기상상태를 점검해야 한다. 다음에 Drone 송신기(일명 조종기) 전원을 Power On 시키고 Drone 기체에 배터리를 연결한 후 Drone 기체 전원을 Power On 시킨다. Drone 조작 방법에 따라 Drone을 이륙시키고 호버링 상태를 확인 후 방향 이동(전진 또는 후진, 좌회전 또는 우회전, 좌방향 이동 또는 우방향 이동)을 실시한 후 각종 비행(원주, 삼각 등) 또는 임무를 수행한 후 장착하고 있는 배터리 상태(최대 비행 시간)가 최저 수준으로 내려가지 이전에 착륙을 실시한다. 착륙하면 먼저 Drone 기체 배터리를 Power Off 시키고 마지막으로 송신기 전원을 Power Off 시킨다. 종료 되면 Drone 기체에 대한 점검을 실시하고 배터리와 기체를 안전하게 보관하거나 정비한다.

아마존 에코 음성 인식 제어 Drone은 모든 언어를 인식하고 있지 않으며, 현재 제한된 약속된 명령어만으로 인식하고 해당 제어를 구현하고 있다. 현재까지 영어로만 인식하고 있으며, 명령어로 인식할 수 있는 문장은 아래와 같다.

"Alexa, talk to DRONE". "Welcome to Drone Control"(아마존 에코 응답 문장). "COMMAND LAUNCH"(음성 인식 초기화 명령)."GO FORWARD (10/15) FEET (or METERS)". "TURN RIGHT". "TURN LEFT 45 DEGREES". "COMMAND LAND". "COMMAND R T L" or "COMMAND RETURN TO LAUNCH".

앞에서 살펴본 것처럼 아마존 에코 음성 인식 제어 Drone은 "mavproxy" 지상제어(Pi Groundstation) 시스템을 사용하고 있으며, 라즈베리 파이 부팅과 동시에 자동 실행하는 환경을 제공하고 싶다면 ~/mavproxy.sh 파일을 아래와 같이 수정해야 하며, 이 수정한 파일을 /etc/rc.local/ 폴더(디렉토리)에 위치시켜야 한다.

```
"#!/bin/bash
#start a screen session for mavproxy but detach from it
screen -dm -S mavproxy.py
#read -p "mavproxy launched in background. Use screen -r mavproxy.py to attach" -n1 -s -t3"
```

(2) 아마존 에코 AR Drone(Voice Controlled Drone Built Using Node and AR Drone)

Parrot사의 Ar. Drone을 활용하여 아래 <그림 5-48>과 같이 Voice Controlled Drone Built Using Node and AR Drone[22]을 개발 중이다(2019. 3. 27.). 아마존 에코 스피커와 3D Robotics IRIS+ 기체 송신기를 사용하여 Drone을 제어할 수 있으며, 아마존의 AWS(Amazon Web Service)를 경유하여 실제 시스템 제어를 구현 하고 있다. 현재 인터넷(웹)에서 Voice Controlled Drone with RasPi, Amazon Echo and 3DR IRIS+라는 단어 또는 문장을 입력하면 관련 자료를 수집할 수 있다.

<그림 5-48> 아마존 에코 음성 인식 AR. Drone

아마존 에코 음성 인식 제어 Drone은 아마존 에코 스피커와 3D Robotics IRIS+ 기체 송신기를 사용하여 아마존의 AWS IoT 서비스(Lambda, MQTT, IAM)를 활용하는 Drone이라면, **Parrot Ar. Drone 음성 인식 제어 Drone**은 아마존 에코 스피커와 더불어 일반 성능 좋은 스피커(물론 아마존 에코 스피커로 개조해야 한다.), AWS IoT 서비스(Node.js and Web speech API)를 Parrot AR. Drone 2.0 Drone 기체를 활용하는 음성 인식 제어 Drone이라고 할 수 있다. Parrot Ar. Drone 음성 인식 제어 Drone은 아래 <그림 5-49>와 같이 라즈베리 파이에 부가적으로 장착되는 카메라를 활용하여 사진과 동영상(pictures/videos)을 촬영하는 기능과 라즈베리 파이가 제공하는 다른 부가 기능을 활용할 수 있다. 다만 아마존 에코 스피커(Amazon Echo Speaker)는 그대로 활용할 수 있지만 아마존의 SWS 서비스와 연동하기 위하여 일반 스피커를 사용할 경우 사전에 아래 <그림 5-40>과 같이 아마존 에코 스피커로 개조해야 한다.

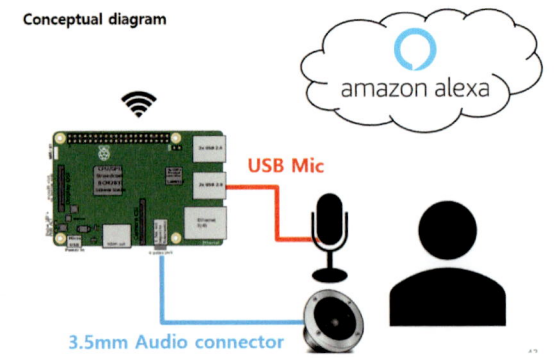

<그림 5-49> 아마존 에코 음성 인식 AR. Drone

---

22) https://codeforgeek.com/programming-voice-controlled-drone-node-ardrone/

Parrot사의 Ar. Drone을 인공 지능(AI) 기능이 지원되는 아마존 에코 스피커(Amazon Echo Speaker)를 통하여 음성 인식(제어) Drone으로 구현하기 위해 준비(구입)해야 할 하드웨어(부품 또는 재료)는 아래 <표 5-4>와 같다.

<표 5-4> 아마존 에코 음성 인식 AR. Drone 준비(구입) 하드웨어(부품 또는 재료)

부품(재료) 명칭	수행 역할	비고
Parrot ARDrone 2.0.		
Ethernet cable		
Good microphone		
Adafruit Raspberry Pi WiFi Adaper		
Amazon Alexa Amazon Echo		Ubuntu 18.04.
Raspberry Pi 2 Model B 이상		

Parrot사의 Ar. Drone을 인공 지능(AI) 기능이 지원되는 아마존 에코 스피커(Amazon Echo Speaker)를 통하여 음성 인식(제어) Drone으로 구현하기 위해 준비(설치)해야 할 소프트웨어(유틸리티 또는 서비스)는 아래 <표 5-5>와 같다.

<표 5-5> 아마존 에코 음성 인식 AR. Drone 준비(설치) 소프트웨어(유틸리티 또는 서비스)

유틸리티(서비스) 명칭	다운로드(사이트)	비고
Amazon Web Services AWS IoT		Node.js
Amazon Alexa Alexa Skills Kit		Amazon Lambda
Amazon Web Services AWS Lambda		NodeJS code, MQTT

Parrot사의 Ar. Drone을 인공 지능(AI) 기능이 지원되는 아마존 에코 스피커(Amazon Echo Speaker)를 통하여 음성 인식(제어) Drone으로 구현하기 위해 준비(환경 설정)가 되면, 아래 <표 5-6>과 같은 단계를 거쳐 프로젝트가 진행된다.

<표 5-6> 아마존 에코 음성 인식 AR. Drone 준비(하드웨어와 소프트웨어 환경 설정)

구분	작업 내용	비고
Step 1	Understanding The App Architecture	
Step 2	Coding the app	
Step 3	Running the app	
Step 4	Streaming live video from the drone	

대부분 Drone은 안정적으로 비행 또는 임무를 수행하기 위한 원리와 법칙이 존재한다. 아래 <그림 5-50>, <그림 5-51>과 같이 제시된 것처럼 쿼드콥터(Quadcopter)의 경우 다음과 같은 원리와 법칙에 따라 날개와 모터가 제어 되며 이러한 자료는 프로그래밍 작업을 위해 반드시 필요하다.

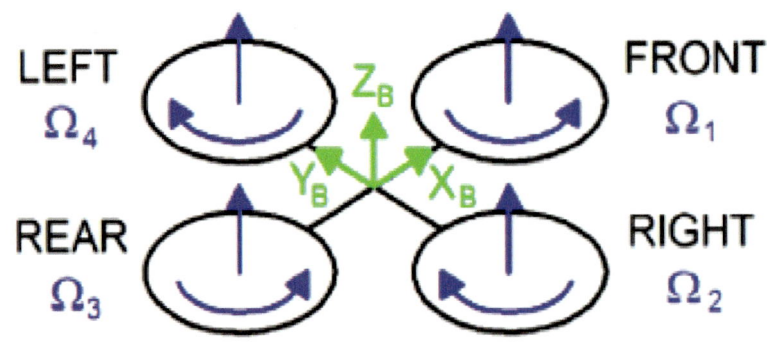

<그림 5-50> 아마존 에코 음성 인식 AR. Drone 구현 원리

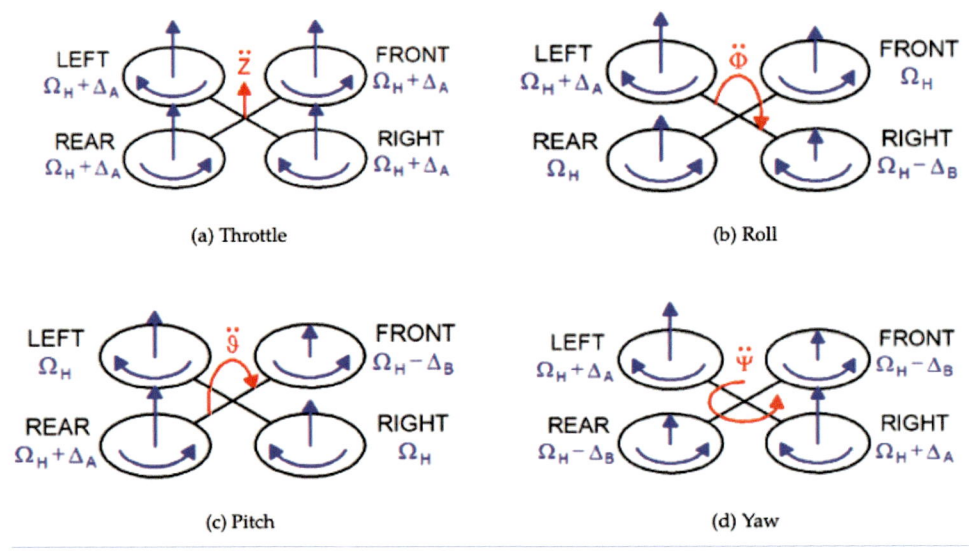

<그림 5-51> 아마존 에코 음성 인식 AR. Drone 구현 원리

가. 1단계(Step 1) : Understanding The App Architecture

패럿(Parrot)사의 AR Drone은 기존 송수신기 방식의 제어방식이 아닌 스마트 기기에 어플이나 앱(Application 또는 App)을 다운로드 받아 설치하여 AR Drone 기체와 독립적(자체적) WiFi 접속방식(WiFi access point)으로 제어되도록 설계되었다. 물론 개조하여 일반 송수신기를 통하여 제어하는 방식으로 사용되기도 하지만 출시부터 스마트 기기와 연동하도록 제작되었기 때문에 음성 인식 제어 Drone으로 설계하기 위하여 가장 먼저 스마트 기기에서 작동하는 앱 또는 어플에 대한 이해(The App Architecture)가 선행되어야 한다.

먼저 실제적으로 Parrot AR Drone이 동작하는 방식을 구체적으로 살펴보면, 자신이 사용하고 있는 Drone 기체에 대한 앱 또는 어플을 다운로드 받아 설치해야 한다. 안드로이드 계열 스마트 기기 사용자는 구글에서, iOS 계열 스마트 기기를 사용자는 애플에서 해당 버전을 선택하여 설치한다. 자신의 스마트 기기에 적합한 앱 또는 어플을 실행하고 자신이 사용하는 Drone 기체에 배터리를 연결하면 최초로 페어링 작업이 진행된다. 아래 <그림 5-52>와 같이 스마트 기기 화면에서 보이는 것처럼 자신의 기체와 적합한 Drone을 선택하고 나서 비밀번호를 입력하면 페어링 작업이 마무리된다. 다만 여기에서 사용하는 WiFi는 일반적인 것처럼 인터넷 서비스 기능을 제공하지 않으며 오직 스마트 기기와 Drone 기체를 무선 통신으로 연동시키는 작업만 제공한다.

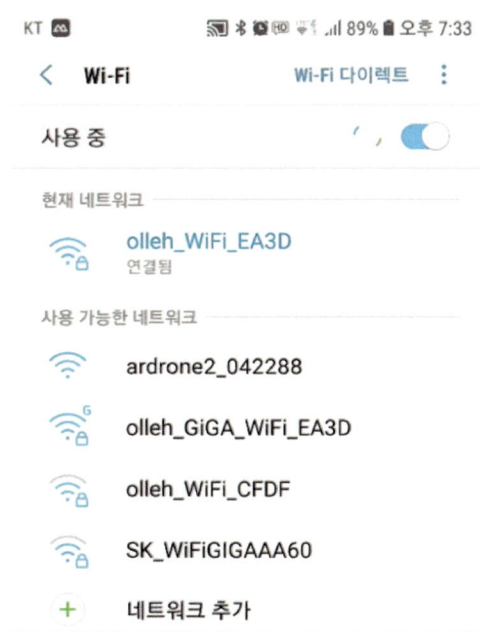

<그림 5-52> 아마존 에코 음성 인식 AR. Drone 구현 원리

Parrot AR. Drone으로 음성 제어 Drone을 설계하기 위한 적합한 환경을 설정하기 위해 Drone 기체에 아래 <그림 5-53>과 같이 원격으로 접속해야 한다. Parrot AR Drone은 리눅스(Linux) 운영체제로 동작(**Linux Busybox**)하기 때문에 자신이 사용하고 있는 일반 PC에서 커맨드 라인 방식으로 전환하여 telnet 원격 접속 유틸리티를 사용하든지 PuTTY 원격 접속 유틸리티를 설치하여 접속 IP로 **192.168.1.1**을 입력하면 원격 접속이 성공적으로 수행된다. 사전에 Drone 기체에 배터리 전원을 연결한 상태를 유지해야 하며, 배터리 지속시간에 따라 사용하고 있는 배터리가 여유가 있어야 한다. 아래 화면에서 보이는 것처럼 접속이 성공적으로 이루어지면 사용자 ID와 비밀번호를 인증(확인)하는 절차가 생략되어 접속이 이루어진다. 결국 보안적인 측면에서 취약할 수 있지만, 인터넷에 접속할 수 없기 때문에 마치 사설 IP를 사용하는 사설망과 같은 구조에서 동작한다. **Linux Busybox 운영체제**가 설치되어 있어 해당 명령어를 입력해야 제대로 결과를 얻을 수 있으며, 대부분의 Unix 또는 Linux 명령어가 제대로 작동되지 않으며, 인터넷에 접속할 수 없는 환경이라 업데이트(Update) 또는 업그레이드(Upgrade)를 실행할 수 없다.

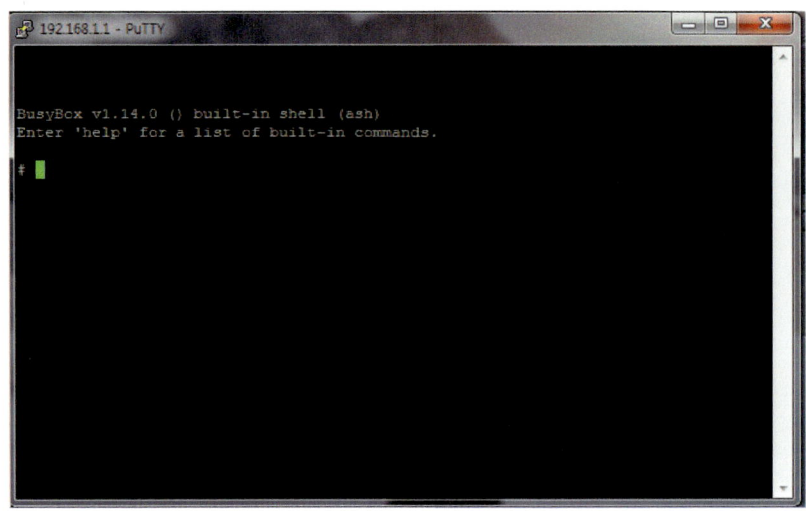

<그림 5-53> Parrot AR. Drone Linux Busybox 원격 접속

나. 2단계(Step 2) : Coding the app

패럿(Parrot)사의 AR Drone을 음성 인식 제어 방식으로 스피커를 통하여 제어하려면 해당 명령어에 대한 정보가 요구된다. 여기에서 스피커를 통하여 AR Drone 기체에 대한 임무와 명령어는 아래와 같은 경우가 존재한다.

Takeoff
Land
Up – go up about half meter distance then stops.
Down – go down about half meter distance then stops.
Go left – go left about half meter distance then stops.
Go right – go right about half meter distance then stops.
Turn – turn clockwise 90 degrees.
Go forward – go forward about a meter distance then stops.
Go backward – go backward about a meter distance then stops.
stop

아마존 에코 음성 인식 제어 Drone에서는 아마존사의 AWS IoT 서비스 클라우드를 사용하였지만, 지금 설계하려는 Parrot AR Drone 음성 인식 제어 Drone에서는 인터넷에 연결된 상태에서 **Web speech API 서비스(node voice.js)를 사용**하게 될 것이다. 이러한 기능을 구현하기 위하여 앱(the app)을 코딩(프로그래밍 또는 소스 수정) 작업을 실시해야 한다.

먼저 Parrot AR Drone Drone 기체에 배터리 전원이 연결된 상태에서 telnet 원격 접속 유틸리티 또는 자신의 일반 PC에 미리 설치된 PuTTY 원격접속 유틸리티를 사용하여 **Linux Busybox에** 원격으로 접속하고 나서 아래와 같은 명령어를 단계(순서)적으로 입력한다.

```
mkdir drone &&cd drone #Create a new Node project using the following command.
npm init --y #Let's install the required dependency.
npm install --save express body-parser ar-drone
```

다음에는 AR Drone Drone 기체를 서버(Server)로서 역할을 수행할 수 있도록 환경설정을 해야 한다. 아래와 같이 코딩 작업을 실시하면 Drone이 명령어(the command)를 수신하여 여과(filter)하고 제어(control)하기 위하여 필요한 내용이다. Drone 기체에 배터리 전원이 연결된 상태에서 telnet 원격 접속 유틸리티 또는 자신의 일반 PC에 미리 설치된 PuTTY 원격접속 유틸리티를 사용하여 **Linux Busybox에** 원격으로 접속하고 나서 아래와 같은 명령어를 단계(순서)적으로 입력한다.

```
const express = require('express');
const bodyparser = require('body-parser');
const arDrone = require('ar-drone');
const router = express.Router();
const app = express();
const commands =['takeoff','land','up','down','goleft','goright','turn','goforward','gobackward','stop'];
var drone = arDrone.createClient();
// disable emergency
drone.disableEmergency();
// express
app.use(bodyparser.json());
app.use(express.static(__dirname +'/public'));
router.get('/',(req,res)=>{
    res.sendFile('index.html');
});
router.post('/command',(req,res)=>{
    console.log('command recieved ', req.body);
    console.log('existing commands', commands);
    let command = req.body.command.replace(//g,'');
    if(commands.indexOf(command)!==-1){
        switch(command.toUpperCase())
         {
          case"TAKEOFF":
              console.log('taking off the drone');
              drone.takeoff();
           break;

          case"LAND":
              console.log('landing the drone');
              drone.land();
           break;
```

```
case"UP":
    console.log('taking the drone up half meter');
    drone.up(0.2);
    setTimeout(()=>{
        drone.stop();
        clearTimeout();
    },2000);
break;

case"DOWN":
    console.log('taking the drone down half meter');
    drone.down(0.2);
    setTimeout(()=>{
        drone.stop();
        clearTimeout();
    },2000);
break;

case"GOLEFT":
    console.log('taking the drone left 1 meter');
    drone.left(0.1);
    setTimeout(()=>{
        drone.stop();
        clearTimeout();
    },1000);
break;

case"GORIGHT":
    console.log('taking the drone right 1 meter');
    drone.right(0.1);
    setTimeout(()=>{
        drone.stop();
        clearTimeout();
    },1000);
break;

case"TURN":
    console.log('turning the drone');
    drone.clockwise(0.4);
    setTimeout(()=>{
        drone.stop()
        clearTimeout();
    },2000);
break;
```

```
            case"GOFORWARD":
                console.log('moving the drone forward by 1 meter');
                drone.front(0.1);
                setTimeout(()=>{
                    drone.stop();
                    clearTimeout();
                },2000);
            break;

            case"GOBACKWARD":
                console.log('moving the drone backward 1 meter');
                drone.back(0.1);
                setTimeout(()=>{
                    drone.stop();
                    clearTimeout();
                },2000);
            break;

            case"STOP":
                drone.stop();
            break;
            default:
            break;
        }
    }
    res.send('OK');
});
app.use('/',router);
app.listen(process.env.port||3000);
```

AR. rone Drone 기체를 음성 인식 제어 Drone으로 구현하기 위하여 노드 서버(Node server)로서 역할을 수행할 수 있도록 환경설정을 해야 한다. 아래와 같이 the HTML 언어를 사용하여 노드 서버 code코딩 작업을 실시하면 Drone이 음성(speech)을 검사하여 해당 명령어(the command)를 송신하는 역할을 수행하게 된다. Drone 기체에 배터리 전원이 연결된 상태에서 telnet 원격 접속 유틸리티 또는 자신의 일반 PC에 미리 설치된 PuTTY 원격 접속 유틸리티를 사용하여 **Linux Busybox에** 원격으로 접속하고 나서 아래와 같은 명령어를 단계(순서)적으로 입력한다.

```html
<!DOCTYPE html><head>
    <metacharset="utf-8">
    <metahttp-equiv="X-UA-Compatible"content="IE=edge">
    <title>Voice Controlled Notes App</title>
    <metaname="description"content="">
    <metaname="viewport"content="width=device-width,itial-scale=1">
    <linkrel="stylesheet"href="https://cdnjs.cloudflare.com/ajax/libs/shoelace-css/1.0.0-beta16/shoelace.css">
    <linkrel="stylesheet"href="styles.css">
    </head>
    <body>
        <divclass="container">
        <h1>Voice Controlled Drone</h1>
        <pclass="page-description">A tiny app that allows you to control AR drone using voice</p>
         <h3class="no-browser-support">Sorry, Your Browser Doesn't Support the Web Speech API.
                Try Opening This Demo In Google Chrome.</h3>
        <divclass="app">
        <h3>Give the command</h3>
        <divclass="input-single">
        <textareaid="note-textarea" placeholder="Create a new note by typing
                or using voice recognition."rows="6"></textarea></div>
        <buttonid="start-record-btn"title="Start Recording">Start Recognition</button>
        <buttonid="pause-record-btn"title="Pause Recording">Pause Recognition</button>
        <pid="recording-instructions">Press the <strong>Start Recognition</strong>
                button and allow access.</p></div>
         </div>
        <scriptsrc="https://cdnjs.cloudflare.com/ajax/libs/jquery/3.2.1/jquery.min.js"></script>
        <scriptsrc="script.js"></script>
    </body>
</html>
```

아래와 같이 JavaScript 언어를 사용하여 노드 서버 code코딩 작업을 실시하면 Drone이 음성(speech)을 검사하여 해당 명령어(the command)를 송신하는 역할을 수행하게 된다. Drone 기체에 배터리 전원이 연결된 상태에서 telnet 원격 접속 유틸리티 또는 자신의 일반 PC에 미리 설치된 PuTTY 원격접속 유틸리티를 사용하여 **Linux Busybox에** 원격으로 접속하고 나서 아래와 같은 명령어를 단계(순서)적으로 입력한다.

```javascript
try
   {
     var SpeechRecognition = window.SpeechRecognition|| window.webkitSpeechRecognition;
     var recognition =new SpeechRecognition();
   }
catch(e)
         {
           console.error(e);
            $('.no-browser-support').show();
            $('.app').hide();
         }
// other code, please refer GitHub source
recognition.onresult=function(event)
       {
 // event is a SpeechRecognitionEvent object.
 // It holds all the lines we have captured so far.
 // We only need the current one.
     var current = event.resultIndex;
 // Get a transcript of what was said.
     var transcript = event.results[current][0].transcript;
 // send it to the backend
     $.ajax
         ({
           type:'POST',
           url:'/command/',
           data: JSON.stringify({command: transcript}),
           success:function(data){ console.log(data)},
           contentType:"application/json",
           dataType:'json'
         });
    };
```

다. 3단계(Step 3) : Running the app

패럿(Parrot)사의 AR. Drone을 음성 인식 제어 방식으로 스피커를 통하여 제어하기 위한 환경설정이 마무리되면 정상적으로 작동되는지를 시험(점검)하고 에러가 발견되면 수정 또는 보완하는 작업을 실시해야 한다. 자신이 사용하고 있는 일반 PC에서 브라우저(익스플러러 또는 크롬 등)을 실행시키고 URL 부분에 **localhost:3000을 입력**하면 정상적으로 작동되는 경우 아래와 같은 화면을 제공한다. 다만 이러한 작업을 실행하려면 사전에 자신이 사용하고 있는 일반 PC는 유선으로 인터넷에 연결되어 있어야 하며, Drone 기체에 배터리 전원이 연결되어 WiFi 기능이 제공되어야 한다.

실제적으로는 **node voice.js라는 파일**이 실행된 결과를 보여주는 것이다. 아래 <그림 5-55>와 같은 화면이 표시되면 2개의 메뉴(Start Recognition 또는 Pause Recognition)중에서 Start Recognition 메뉴를 선택하면 다음 단계가 진행된다.

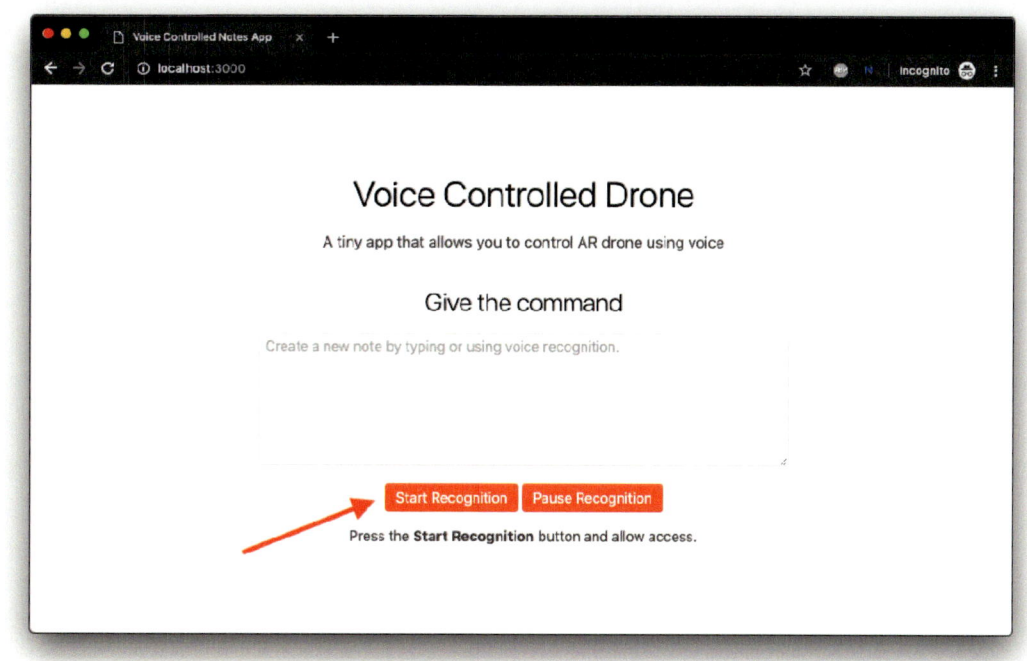

<그림 5-55> 아마존 에코 음성 인식 AR. Drone 구현 원리

다음에는 **Start Recognition 버튼**을 마우스로 선택하여 실행시키면 **node voice.js라는 파일**이 실행되면서 AR. Drone Drone 기체를 음성 인식 제어하기 위한 명령어를 인식할 단계로 진입하게 된다. 여기에는 AR. Drone Drone 기체에 장착된 카메라를 통하여 Drone에서 촬영한 동영상을 실시간으로 전송하는 기능(Streaming live video)도 제공하게 된다.

아래에 있는 코드를 복사하여 붙여넣기 기능을 사용하여 포함시키면 부가적인 기능 서비스를 제공하게 된다.

```javascript
const http = require("http");
const drone = require("dronestream");
const server = http.createServer(function(req, res){
  require("fs").createReadStream(__dirname +"/public/video.html").pipe(res);
});
drone.listen(server);
server.listen(4000);
```

다음에는 아래에 있는 HTML 코드를 삽입시키고 파일이 위치는 **public** folder에 두면 된다.

```html
<!doctype html>
<html>
<head>
    <metahttp-equiv="content-type"content="text/html; charset=utf-8">
    <title>Stream as module</title>
    <scriptsrc="/dronestream/nodecopter-client.js"type="text/javascript"charset="utf-8"></script>
</head>
<body>
    <h1id="heading">Drone video stream</h1>
    <divid="droneStream"style="width: 640px; height: 360px">   </div>
    <scripttype="text/javascript"charset="utf-8">
        new NodecopterStream(document.getElementById("droneStream"));
    </script>
</body>
</html>
```

라. 4단계(Step 4) : Streaming live video from the drone

스피커를 통하여 Parrot AR Drone 기체를 음성 인식 제어 방식으로 구현하면서 동시에 장착된 카메라를 통하여 실시간으로 동영상을 제공받기를 원하면 일반 PC에서 브라우저(익스플러러 또는 크롬 등)을 실행시키고 URL 부분에 **localhost:3000을 입력**하면 정상적으로 작동되는 경우 아래 <그림 5-56>과 같은 화면을 제공한다. 다만 이러한 작업을 실행하려면 사전에 자신이 사용하고 있는 일반 PC는 유선으로 인터넷에 연결되어 있어야 하며, Drone 기체에 배터리 전원이 연결되어 WiFi 기능이 제공 되어야 한다. 실제적으로는 **node voice.js라는 파일**이 실행된 결과를 보여주는 것이다.

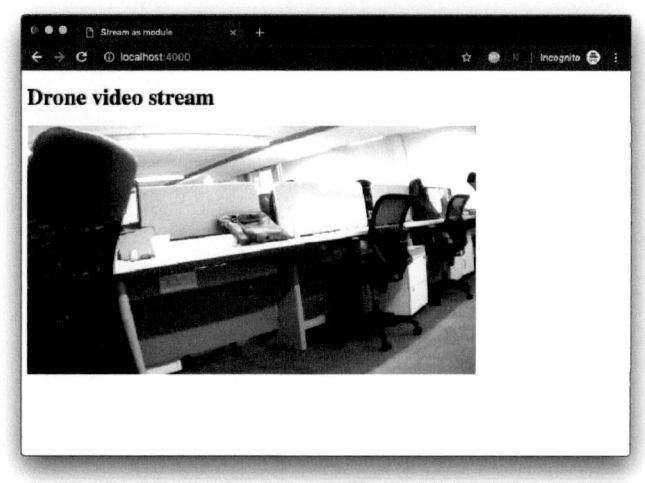

<그림 5-56> 아마존 에코 음성 인식 AR. Drone 구현 원리

(3) 바이로봇 클로바 프렌즈 Drone : 페트론(Petrone)

바이로봇(ByRobot)사에서 개발(2018. 1. 22)한 페트론(Petrone[23])은 아래 <그림 5-57>과 같이 한국어 인식이 가능한 네이버(Naver)의 클로바 프렌즈(Clova Friends)로 음성 제어(AI)가 가능하다. 페트론(Petrone)은 네이버(Naver) 클로바 프렌즈(Clova Friends)로 인공지능(AI) 시스템을 활용하여 음성으로 Drone 제어(AI)가 가능하도록 바이로봇(ByRobot)사에서 개발하였으며, 한국어 인식이 가능하고 현재 오토 호버링(Auto Hovering), 동작 인식 조종(Motion Control), 터틀 턴(Turtle Turn), 전투 비행 기능(Battle Features), 팔로우 미(Follow Me), 실시간 영상 보기 기능(FPV), 음성 인식 조종(Voice Control), 패턴 비행(Pattern Flying) 등 다양한 기능과 서비스을 제공하고 있다.

<그림 5-57> 바이로봇(ByRobot)사 음성 제어 Drone 페트론(Petrone)

---

23) https://blog.naver.com/bythej_drone/221190883481

바이로봇(ByRobot)사 페트론(Petrone) Drone을 인공 지능(AI) 기능이 지원되는 네이버(Naver)의 클로바 프렌즈(Clova Friends) 스피커를 통하여 음성 인식(제어) Drone으로 구현하기 위해 준비(구입)해야 할 하드웨어(부품 또는 재료)는 아래 <표 5-7>과 같다.

<표 5-7> 바이로봇사 음성 제어 Drone 페트론 준비(구입) 하드웨어(부품 또는 재료)

부품(재료) 명칭	수행 역할	비고
Petrone 기체	음성 인식	Bluetooth 4.0 제어 방식
네이버 클로바 프렌즈(Clova Friends)	음성 인식	Bluetooth 4.0 Speaker

바이로봇(ByRobot)사 페트론(Petrone) Drone을 인공 지능(AI) 기능이 지원되는 네이버(Naver)의 클로바 프렌즈(Clova Friends) 스피커를 통하여 음성 인식(제어) Drone으로 구현하기 위해 준비(설치)해야 할 소프트웨어(유틸리티 또는 서비스)는 아래 <표 5-8>과 같다.

<표 5-8> 바이로봇사 음성 제어 Drone 페트론 준비(설치) 소프트웨어(유틸리티 또는 서비스)

유틸리티(서비스) 명칭	다운로드(사이트)	비고
네이버 클로바 프렌즈(Clova Friends)	바이로봇사	

바이로봇(ByRobot)사 페트론(Petrone) Drone을 인공 지능(AI) 기능이 지원되는 네이버(Naver)의 클로바 프렌즈(Clova Friends) 스피커를 통하여 음성 인식(제어) Drone으로 구현하기 위해 준비(환경 설정)가 되면, 아래 <표 5-9>와 같은 단계를 거쳐 프로젝트가 진행된다.

<표 5-9> 바이로봇사 음성 제어 Drone 페트론 준비(하드웨어와 소프트웨어 환경 설정)

구분	작업 내용	비고
Step 1	Setup Naver Clova Friends	
Step 2	Set up ByRobot Petrone	
Step 3	Customizing ByRobot Petrone & Naver Clova Friends	

가. 1단계(Step 1) : Setup Naver Clova Friends

　바이로봇(ByRobot)사 페트론(Petrone) 변신 Drone 기체와 네이버(Naver)사의 클러버 프렌즈(Clova Friends)와 연동시켜 아래 <그림 5-58>과 같이 음성 인식 제어 Drone으로서 역할을 제대로 수행하기 위하여 네이버사 클러버 프렌즈(Clova Friends)와 연동되어야 한다. 아마존 에코 스피커를 **3DR IRIS+ Drone과 Parrot AR. Drone**은 인공 지능(AI) 기능이 지원되는 아마존 에코 스키커와 무선 통신 방법으로 동일한 WiFi 방식을 사용하지만, 페트론과 클로버 프렌즈는 블루투스(Bluetooth) 방식으로 제어되기 때문에 다소 차이가 있다.

<그림 5-58> 페트론 Drone 기체와 클러버 프렌즈 연동

나. 2단계(Step 2) : Set up ByRobot Petrone

　　바이로봇(ByRobot)사 페트론(Petrone) 변신 Drone 기체와 네이버(Naver)사의 클러버 프렌즈(Clova Friends)와 연동시켜 음성 인식 제어 Drone으로서 역할을 제대로 수행하기 위하여 페트론 Drone 기체와 네이버(Naver)사 클러버 프렌즈(Clova Friends)를 아래 <그림 5-59>와 같이 최적화시켜야 한다. 먼저 WIFI로 페트론과 스마트 기기를 연결하고 설치된 안드로이드 또는 iOS 스마트 기기 해당 어플(앱)을 실행하면 블루투스 연결 권한 화면이 나오면 허용해야 연결이 이루어지며, 계정은 필요에 따라 사용한다. 페트론 Drone 기체에 FPV가 장착되어 있기 때문에 스마트 기기 제어 환경에서 오른쪽 클릭하면 Drive FPV를 시도할 수 있다. 또한 Solo Play를 누르면 제어 화면이 등장하는데, 중앙 하단에 Start를 누르고 Drone 기체를 움직일 수 있다. 누르면 Start가 Stop으로 바뀌고 위에 비상정지 할 수 있는 Emergency Stop 버튼이 생겨서 RTL(Return To Home Landing) 기능을 제공한다.

<그림 5-59> 페트론 Drone 기체와 클러버 프렌즈 최적화

다. 3단계(Step 3) : Customizing ByRobot Petrone & Naver Clova Friends

바이로봇(ByRobot)사 페트론(Petrone) 변신 Drone 기체와 네이버(Naver)사의 클러버 프렌즈(Clova Friends)와 연동되어 음성 인식 제어 Drone으로서 역할을 수행하는 과정에서 오류가 발생할 수 있다. 페트론 Drone에 대하여 바이로봇사에서 새롭게 추가되는 보다 개선된 기능을 제공받기 위해 Drone 기체를 업그레이드 할 경우도 발생할 수 있다. 이러한 경우에 아래 <그림 5-60>과 같이 바이로봇사 인터넷 사이트 고객지원 센터를 방문하여 페트론 Drone 기체와 네이버 클로버 프렌즈를 최적화시키는 작업을 실시해야 한다. 다만 비행할 때를 제외하고 이러한 점검 과정에서 항상 사전에 프로펠러를 모두 제거한 후에 작업을 실시해야 안전사고를 미리 예방할 수 있다.

<그림 5-60> 바이로봇사 클로버 프렌즈 음성 제어 Drone(페트론)

맺는말

Drone은 무척 어려우면서 알고 나면 쉬운 분야라고 교재 서두에 언급하였다. 인간은 복잡하고 어려운 일보다 간단하고 쉬운 일을 선호하는 경향(성향)을 가지고 있다. 대부분 Drone 사용자들은 여가생활의 하나로 취미 생활이나 자신이 인정받고 싶은 욕구를 반영하여 간단하고 쉽게 접근할 수 있는 Drone 조종이나 간단한 조립, 동영상 촬영 등에 관심을 가지고 있다. 이런 사회적 분위기는 **Drone에 대하여 간단하고 쉽게 배우고 익힐 수 있다**는 편견을 가지게 하였다.

이러한 Drone에 대한 **생각보다 쉽다고 생각하는 편견과 오류를 제거하려는 목적**에서 **출간된 교재가** 김재영·Dark Horse Lee·오승균· 박찬용 공저(2019) "단계별 맞춤형 DIY Drone 만들기(고성도서유통)"이다. 만약, 자신이 원하는 기능을 수행할 수 있도록 **DIY(Do It Yourself) Drone을 제작하려고 한다면** 이것이 오류라는 사실을 금방 확인할 수 있을 것이다. 즉, "자신이 사용(선택)하는 **FC(FCC 포함)에 따라서 DIY Drone 제작(조립)하는 과정이 단순할 수도 또는 복잡할 수 있다.**" 라는 의도에서 만들어졌다. 이번 교재는 기본 비행 임무를 수행하는 Drone 기체에 추가적 또는 부가적으로 자율 비행 기능, FPV 무선 영상 송수신 기능과 짐벌, iOSD 장비 장착 등을 통한 보다 안정적 카메라 영상과 비행 정보 제공 기능, RTL(Return TO Launch) 기능, GPS 안정 모드 비행 기능 등 추가(부가) 임무를 수행하기 위해 관심과 흥미를 가진 매니어(Mania)들에게 정보를 공유하기 위한 의도(목적)으로 만들어졌다. 이러한 기본 비행 임무 이외에 추가적(부가적) 임무를 수행하도록 기능과 역할을 제공하는 장비(장치)를 **임무 수행 장비(Mission Command Equipment)**라고 한다. 또한 인공 지능(AI) 제공 음성 인식 제어 Drone과 VTOL(Vertical Take-Off and Landing) Drone 구현(설계 및 제작) 관련 정보도 공유하고자 한다.

2019년 4월에 강원도 고성군과 속초시 인접 지역에서 산불이 발생하였다. 이 산불로 인하여 인명과 재산과 더불어 살림이 파괴되었다. 고성군 지역을 출퇴근하다가 우연히 예전 국민학교(현재 초등학교) 다닐 때 보던 **GMC(제무시) 트럭**을 발견하였다. 현재 제무시 트럭보다 기능과 성능이 뛰어난 자동차가 있지만, 벌채(벌목)한 산등성이 산길을 씩씩하게 짚을 싣고 누비는 장면을 보고 정말로 멋진 자동차라고 생각하였다. 아직도 짚을 싣고 비포장 산길을 자연스럽게 누비고 다닐 수 있는 트럭으로서 역할을 충실히 수행하는 장면을 보고 감명을 받았다. 요즘 대체로 저가이면서 FC 제어 역할을 충실히 수행하고 있는 **아두이노**와 비행 관련 자료(정보)를 처리하여 주어진 임무를 충실히 수행하는 FCC 제어 보드로서 **라즈베리 파이(라즈비안, 우분투)**가 산불 현장을 누비는 트럭과 같은 역할을 수행하고 있다고 생각한다.

Drone 산업기술 분야 지속적 발전을 위하여 **전자와 전기 공학 기술, 프로그래밍 능력(역량)을 갖춘 인재를 육성해야 한다.** Drone을 개인적 여가(취미) 생활로 활용하여 레이싱 FPV 드론 대회 출전이나 영상 촬영 작업 등 **Drone을 잘 다루는 수동적 인재 육성**보다 미래를 바라보면서 다양한 소비자(고객) 수요를 만족시키고 새로운 기능과 성능이 부가되는 **Drone을 개발하려는 능동적 인재 육성**이 필요하다.

이전(2019년)에 출간된 김재영·Dark Horse Lee·오승균· 박찬용 공저(2019) "**단계별 맞춤형 DIY Drone 만들기Ⅰ(고성도서유통)**" 교재와 앞으로 출간되는 이 교재("**단계별 맞춤형 DIY Drone 만들기 Ⅱ-임수 수행 장비 환경 설정하기**)가 Drone 산업분야에서 체계적이고 단계적으로 자신의 역량을 강화할 수 있는 **Drone 산업기술 발전을 위한 미래 인재에게 맞춤형 래시피 교재**가 되기를 간절히 희망한다.

<그림> 1950년대 GMC(제무시) M35 트럭

부 록

[부록 1] 우분투(Ubuntu) 활용 사례 : 공인 IP 무선 공유기 만들기 ·· 175

[부록 2] 라즈비안(Raspbian) 활용 사례 : 사설 IP 무선 공유기 만들기 ·· 182

[부록 3] 스마트 CCTV 만들기
   가. 안드로이드(Androiod) CCTV 만들기 ··· 188
   나. 가정용 스마트 CCTV 환경 설정하기 ··· 189

[부록 4] FPV & iOSD 구성도
   가. FPV(First Person View) 구성도 ·· 190
   나. iOSD(information On Screen Display) 구성도 ··· 191

[부록 5] 유용한 Tips
   가. Amazon Alexa Speaker 환경 설정하기 ·· 192
   나. AWS(Amazon Web Service) 클라우드(Cloud) 활용하기 ·· 193

[부록 1] 우분투(Ubuntu) 활용 사례 : 공인 IP 무선 공유기 만들기

우분투(Ubuntu)와 라즈비안(Raspbian) 등 라즈베리 파이(Raspberry Pi)에 대하여 이해하기 위하여 가장 먼저 안드로이드(Android)에 대하여 이해하고 있어야 하며, 안드로이드에 대하여 이해하기 위하여 리눅스(Linux) 운영 체제(OS, Operating System)에 대하여 이해하고 있어야 하며, 리눅스에 대하여 이해하기 위하여 컴퓨터(Computer)와 네트워크(Network), 인터넷 프로토콜(Internet Protocol)에 대하여 이해하고 있어야 한다.

또한 드론(Drone)에 대하여 이해하기 위하여 가장 먼저 멀티콥터(Multicopter 또는 Multiroter)에 대하여 이해하고 있어야 하며, 멀티콥터에 대하여 이해하기 위하여 RC(Radio Controller)에 대하여 이해하고 있어야 하며, RC에 대하여 이해하기 위하여 송수신기, FC(Flight Controller), FCC(Flight Codntrol Computer)에 대하여 이해하고 있어야 한다.

먼저 컴퓨터와 네트워크, 인터넷 프로토콜에 대하여 이해하기 위하여 운영체제와 네트워크에 대한 이해가 선행되어야 한다. **운영체제(OS, Operating System)**는 폰 노이만(John von Neumann)의 수학적 이론에 따라 설계한 하드웨어(기계)에 컴퓨터에서 사용하는 프로그램 또는 유틸리티를 사용하기 위해 기본적으로 하드웨어와 기본 프로그램(유틸리티) 사이에서 컴퓨터 사용 환경을 제공하는 소프트웨어라고 할 수 있다. 과거 대부분의 컴퓨터는 IBM(International Business Machines Corporation) 또는 IBM 호환이 되는 하드웨어가 대부분이었지만, 현재 MS(Microsoft)에서 Windows 운영체제를 개발하기 이전까지 주로 **Command Line 방식(Text)**으로 운영되었다. MS Windows 운영체제 개발과 확대는 **GUI(Graphic Useer Interface) 방식**으로 컴퓨터에 대한 전문적인 지식이 없는 사용자에게 키보드와 마우스를 활용하여 쉽고 간단하게 컴퓨터를 접근할 수 있는 계기를 제공하였다. 컴퓨터(하드웨어)와 OS(운영제제)를 이해하기 위하여 인간에게 컴퓨터는 어떤 존재인가를 먼저 생각해 보면 이 문제는 쉽게 해결된다. 인간은 생활의 편리를 위해 발명을 하고 컴퓨터라는 개체(시스템)도 인간의 이런 욕구를 충족시키기 위해 세상에 나타난 발명품(이기)이라고 할 수 있다.

다만 네트워크와 인터넷 활성화로 자신을 위해 존재하는 컴퓨터가 아니라 모두를 위해 존재하는 컴퓨터 개념으로 등장한 운영체제가 Unix, MS Window NT, Linux 계열이라고 할 수 있다. 아직까지 개인 사용자는 대부분 **MS Windows 운영체제**를 사용하거나 **애플(Apple)사의 매킨토시(Macintosh, 일명 Mac)**이다. 사실 역사적으로 GUI 환경을 제공한 개인용 컴퓨터는 매킨토시이지만 판매가격과 사용자 편리성에서 MS Windows가 현재 세계적으로 점유율이 높은 편이다. MS Windows는 **빌 게이츠(William Henry Gates Ⅲ)**가 개발하여 보급시켰으며, 애플 매킨토시는 고인이 되신 **스티브 잡스(Steven Paul Jobs)**가 개발 보급시켰다.

그러면 Unix, Linux 운영체제는 뭔가? 컴퓨터와 컴퓨터가 여러 대 모이면 네트워크(Network)가 형성되며, 이러한 네트워크가 외부와 상호통신으로 공동으로 집단지성을 발휘하기 위하여 각종 정보와 자료를 공유하는 공용 프로젝트를 수행하는 집단 컴퓨터 제제와 연동을 인터넷이라고 할 수 있다. 보통 사용자들은 인지하고 있지 않지만 이 세계에는 물리적인 컴퓨터와 네트워크 구성(LAN, WAN 등)이라는 인프라(Infra)와 더불어 정보(자료)를 요구하는 **사용자(Client)**와 각 종 정보(자료)를 처리하여 결과를 제공하는 **서버(Server)**로 구성되어 있다. 개별 컴퓨터(독립적 컴퓨터)에서는 개인 사용자가 원하는 정보(자료)를 처리하면 되지만, 집단 컴퓨터(군집적 컴퓨터, Server)에서는 다수 사용자가 요구하는 다양한 정보(자료)를 처리해야 한다. 간단하게 요약하면 서버(Server)용 컴퓨터는 일반 개인 컴퓨터보다 성능이 뛰어나고 안정적이고 지속적으로 다수 사용자의 다양한 요구를 충족하기 위한 보다 다른 차원의 운영체제가 개발되어야 하며, 이러한 욕구를 충족시키는 서버용 운영체제가 **Unix라는 운영체제**라고 할 수 있다. 서버용 운영 체제는 웹(Web) 서버, 이메일(E-mail) 서버, 데이터베이스(Database) 서버, DNS(Domain Name Service) 등을 다수 사용자에게 제공하기 위하여 일반 PC(Personal Computer) 운영체제와는 다른 파일 체제와 처리 방식을 사용하도록 특별하게 설계되어 있다. 다만, 일반 PC보다 특별하게 설계되고 운영되기에 하드웨어와 소프트웨어 가격이 고가라는 특징을 가지고 있으며, 운영체제 개발 및 성능 개선에 대하여 비공개적 방식을 고수하고 있다. 이러한 폐쇄적인 구조는 프로그래머(Programmer)에게 공개되지 않아서 발생하는 소스를 다시 개발해야 하는 비생산적 연구에 대한 비용 낭비와 사용자들에게 보다 저렴한 비용으로 다양한 서비스를 제공하는 시스템을 구축하고자 하는 서버 운영자(업체)에게 경제적 부담을 가중시켰다. 이런 구조적 문제점을 해결하기 위해 **리누스 토르발스(Linus Benedict Torvalds)**가 개발한 서버용 운영체제가 리눅스(Linux)이다.

리눅스는 개발 목적에 부합하게 무료 배포용 오픈 소스로 일반 사용자 또는 서버 운영자(업체)에 경제적 부담을 줄이고 세계 여러 나라 프로그래머에게 정보(소스 자료)가 개방되어 문제점이 보완되고 성능과 기능이 개선되어 업그레이드가 지속적으로 진행되었다. 다만, 전문적 프로그래머와 자금을 동원하여 사용자의 요구를 충실히 수행하고 있는 MS에게 적수가 되지 못했다. MS가 MS-DOS에서 Windows 3.xx, Window 95, 98, XP, Me, 7, 10으로 계속 지속하여 일반 사용자에게 보다 편리성과 안전성을 제공하였다. 이러한 일반 PC 사용자의 요구를 수용하여 보다 성능이 개선되고 뛰어난 안전성을 제공하는 역할을 충실히 제공하여 높은 만족도를 유지하였다.

다만, 운영제제 용량(설치 공간)이 증가하여 스마트 기기로 전환하는 시대에 공룡처럼 커진 몸체(용량)가 소형화 되고 있는 기계에 설치되어 운영되기에 돌이킬 수 없는 진퇴양난에 스스로 빠져들고 있다. 즉, 낙타가 바늘구멍에 들어가야 하는데, 사용자의 요구를 성실히 수용하여 충실히 수행하느라고 너무나 지나치게 프로그램(유틸리티) 용량이 대용량으로 증가하게 되었다.

리눅스 운영체제는 세계 여러 나라 프로그래머 덕분에 배포용 버전이 개발되어 알짜 리눅스, 와우(Wow) 리눅스, 레드햇(Red Hat) 리눅스 등 국내와 국외에서 다양한 배포용 버전이 등장하였다. 다만 아직 일반 사용자들은 MS Windows 환경에 익숙하고 파일 체제가 다르기 때문에 리눅스용 프로그램(유틸리티)가 개발 또는 보급되지 않아 무료 배포판이라는 명성과 다르게 보급이 널리 확산되지 않았다. 다만, 임베디드 시스템(Embedded System, 내장형 시스템)과 연계하여 소형화 장비(장치) 제어, 네트워크 보안(Security) 및 방화벽(Firewall) 구축 등에 지속적으로 보급되었다.

이러한 시기에 리눅스 보급을 또다시 확산시킨 시대적 전환(사건)이 발생하였다. 바로 스마트 기기의 등장인데, 스마트 기기는 임베디드 시스템과 유사하게 소형화 장비(기계)를 제어해야 하기에 MS Windows 운영체제로는 현실적으로 불가능하고 리눅스 운영체제가 최적으로 설치되고 제어할 수 있는 운영체제가 될 수 있다는 사실이 증명되었다. 쉽고 간단하게 설명하면 스마트 기기에 어떤 MS Windows 버전도 설치될 수 없지만 리눅스는 PDA 휴대용 전화기에도 설치될 수 있다. 이러한 상황에서 안드로이드(Android), 바로 스마트 기기에 설치되는 리눅스의 새로운 이름이다. 애플(Apple)사의 iOS도 역시 안드로이드의 또다른 변신이다. 다만 리눅스가 스마트 기기에서 새로운 이름으로 변신한 명칭이지만, 안드로이드와 iOS는 파일 체제가 서로 다르기 때문에 호환이 되지 않는다.

이제 마지막 종착역까지 도착하였다. 그럼 라즈베리 파이(Raspberry Pi)는 무엇인가? 영국 라즈베리 파이 재단이 컴퓨터 전공 공대 학생들에게 컴퓨터 하드웨어 이해를 위해 개발하였고, 더불어 개발도상국 저소득층 사람들에게 컴퓨터 혜택을 제공하기 위해 개발한 미니(Mini) 컴퓨터가 바로 라즈베리 파이이다. 아두이노(Arduino) 보드와 같이 개발 소스가 공개되어 있으며, 가격이 저렴하다. 다만 일반 사용자 대부분이 좋아하지 않는 운영체제인 리눅스 운영체제가 설치되어야 한다. 현재 라즈비안(Raspbian), 우분투(Ubuntu)가 많이 사용되고 있으며, 자신이 선택(구입)한 버전과 자신이 목적으로 하는 용도에 적합한 운영체제를 설치하면 된다. 다만, 라즈베리 파이 사용에 익숙하기 위하여 컴퓨터 하드웨어(Hardware)와 소스트웨어(Software), 네트워크에 대한 전문적 지식을 요구하는 리눅스 운영체제가 설치되어 있다는 사실을 반드시 고려해야 한다. 이것은 라즈베리 파이 사용자에게 컴퓨터 하드웨어(Hardware)와 소스트웨어(Software), 네트워크 분야에 대한 전문적 역량 강화를 의미한다.

사물인터넷(IoT, Internet of Things)의 구현은 각 개체(장비 또는 기계)에 인터넷 주소를 부여해야 하는데, 사실 공인 IP가 부여되어야 한다. 여기에서 IP는 Internet Protocol의 약어로서 유선이든 무선이든 인터넷으로 접속된 상황에서 IP가 부여되어야 한다. IP는 사설 및 공인 IP로 구분할 수 있는데, 가정용이나 사설망에서는 사설 IP를 사용할 수 있지만 결국 공인 IP로 전환되어야 인터넷에서 접속하거나 제어할 수 있다.

가정에서 무선 인터넷 공유기를 구현하는 방법은 대부분 사설 IP를 사용하고 있기에 인터넷에서 **라즈베리 파이 무선 인터넷 공유기** 또는 영어로 **Raspberry Pi Wireless AP Access Point**라는 단어를 입력하면 쉽게 정보를 검색할 수 있고 제시하는 단계에 따라 그대로 수행하면 된다. 다만, 공공기관 등에서 **라즈비안(Raspbian)**을 설치하여 무선 인터넷 공유기를 구현하는 방법은 방화벽 등 여러 가지 요인에 의하여 복잡하고 네트워크에 대한 전문적 지식을 요구하는 상황이 발생할 수 있다. 가장 간단하고 확실하게 무선 인터넷 공유기를 구현하는 방안 중에서 추천하는 방법이 아래 그림 <부록 1-1>과 같이 **우분투(Ubuntu)**를 라즈베리 파이에 설치하여 무선 인터넷 공유기 환경을 설정하면 된다.

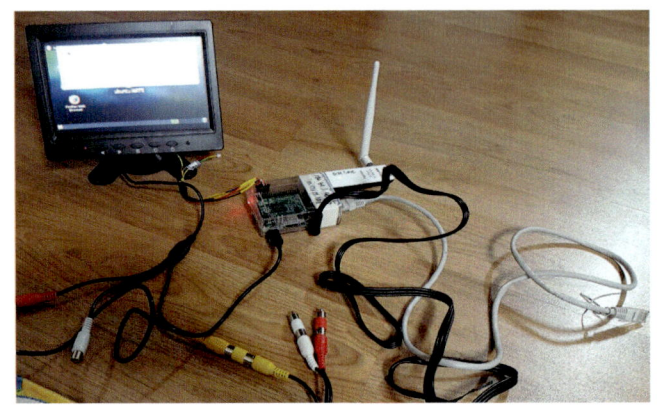

<부록 1-1> 라즈베리 파이(우분투) 무선 인터넷 공유기 구현

라즈베리 파이(내장 WiFi 제공 제품 추천), 일반 TV 모니터, LAN 케이블, 휴대용 전화기 충전기 (5핀 또는 C 타입 핀) 등 무선 인터넷 공유기 구현을 위한 장비(기계)가 준비되어야 하며, **사전에 라즈베리 파이에 우분투가 설치되어 있어야 한다.** 만약, 구입한 라즈베리 파이가 내장 WiFi 기능이 포함되어 있지 않거나, 내장 WiFi 기능이 포함되어 있더라도 추가로 기능을 제공하고 싶으면 아래 그림<부록 1-2>와 같이 자신의 라즈베리 파이와 호환이 되는 무선 인터넷 동글이를 추가로 구입해야 한다.

<부록 1-2> 라즈베리 파이(우분투) 무선 인터넷 공유기 부품(동글이)

우분투가 설치되면 오른쪽 위쪽 가장자리 부분에 위치하고 있는 아래 네트워크 관련 아이콘을 마우스를 선택하여 클릭하면 아래 그림<부록 1-3>과 같이 무선 인터넷 공유기 구현을 위한 환경 설정하는 부가적 메뉴가 표시된다. 유선 또는 무선 인터넷(네트워크) 연결 관련 정보는 Connection Information 메뉴를 마우스를 선택하고 클릭하면 구체적인 자료를 제공받을 수 있다.

<부록 1-3> 라즈베리 파이(우분투) 무선 인터넷 공유기 네트워크 정보

유선 또는 무선으로 연결된 상태가 나중에 다른 환경 설정할 경우 유용하게 사용할 수 있는 편리성을 제공할 수 있지만, 여기에서 중점적으로 아래 그림<부록 1-4>와 같이 무선 인터넷이 연결되어 있는지 아닌지 유무를 확인할 수 있다. 특히 공인 IP를 활용한 무선 인터넷 공유기를 구현하기 위하여 반드시 유선(LAN 케이블)은 공인 IP와 연결되어야 하고 무선(WiFi)으로 AP 공유기가 설정되는 것이다.

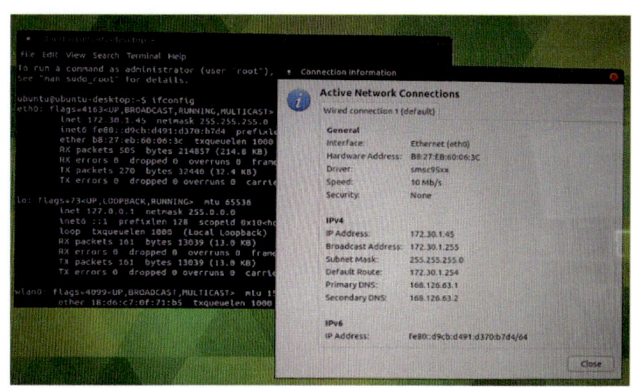

<부록 1-4> 라즈베리 파이(우분투) 무선 인터넷 공유기 네트워크 정보

유선(LAN 케이블)으로 공인 IP와 연동(네트워크 환경 설정)시키는 방법은 아래 그림<부록 1-5>와 같이 작업을 진행하면 된다.

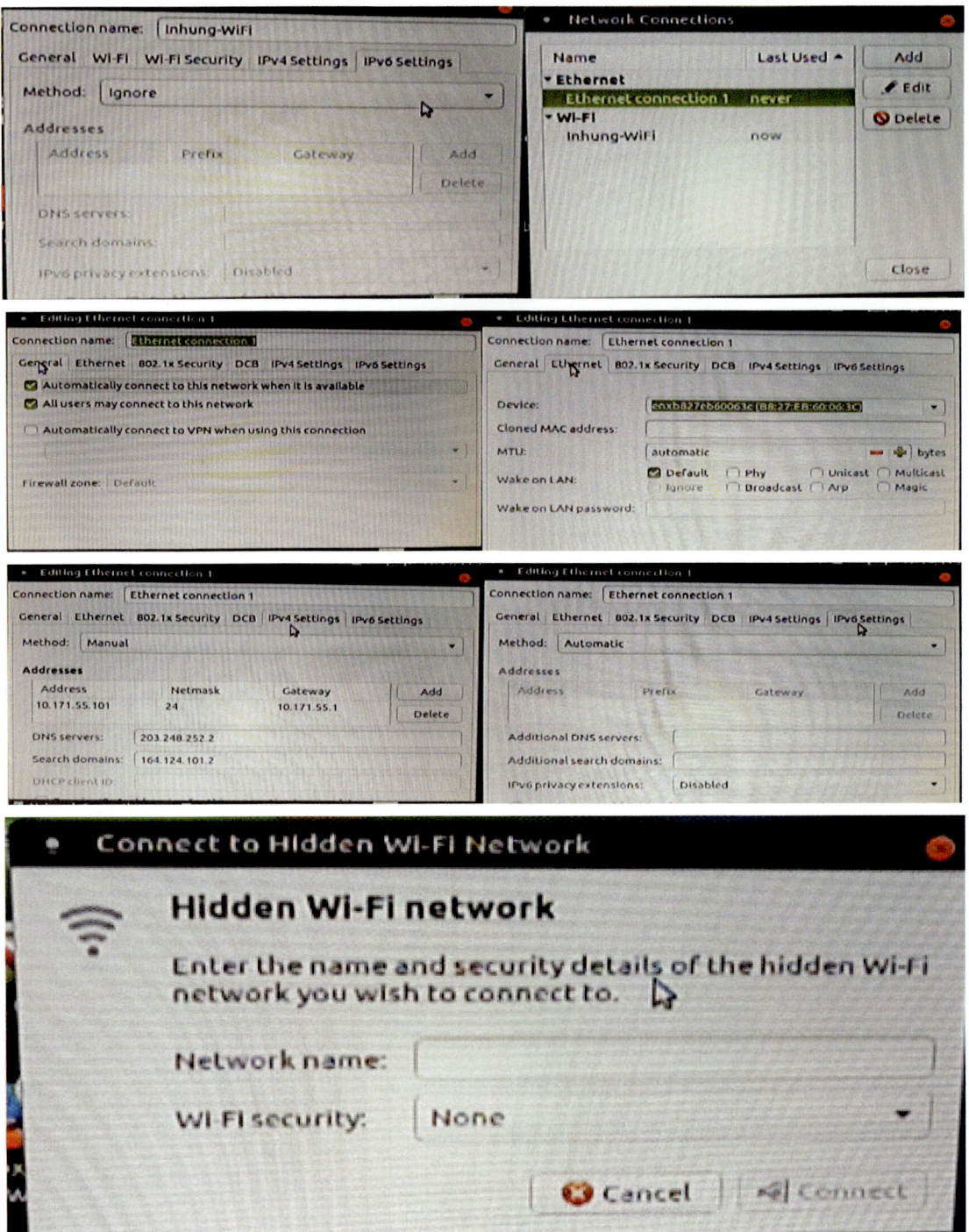

<부록 1-5> 라즈베리 파이(우분투) 무선 인터넷 공유기 공인 IP(유선) 네트워크 설정

무선(WiFi)으로 공인 IP와 연동(네트워크 환경 설정)시키는 방법은 아래 그림<부록 1-5>와 같이 작업을 진행하면 된다.

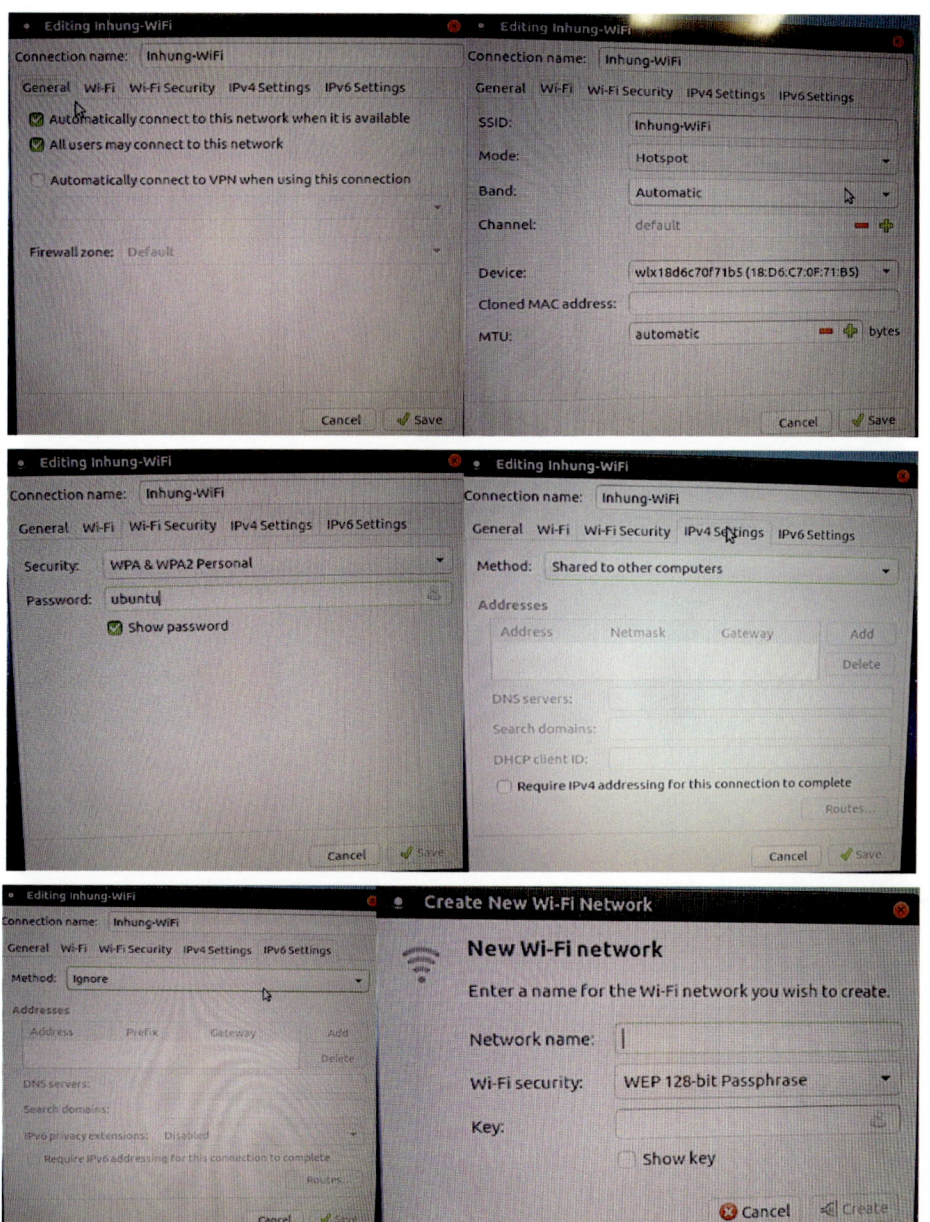

<부록 1-5> 라즈베리 파이(우분투) 무선 인터넷 공유기 공인 IP(무선) 네트워크 설정

[부록 2] 라즈비안(Raspbian) 활용 사례 : 사설 IP 무선 공유기 만들기

중학교 2학년 당시(1985년) 기술 선생님이 가져오신 애플 컴퓨터를 보고 정말 신기하다는 감명을 받았다. 그래서 지금은 강원도 고성군에 있는 경동대학교로 통폐합되어 버린 동우대학에 컴퓨터에서 2년 동안 전공을 하게 된 동기가 되었다. 요즘 통섭 또는 통합, 융합이라는 용어가 사용되고 있는데, 문과와 이과 구분 없이 서로 학문적 차원에서 병행하여 연구를 진행해야 한다는 의미가 포함되고 있다. 개인적으로 고등학교 2학년부터 문과에서 공부한 나에게 컴퓨터라는 이과 계통을 공부(적응)하는 과정은 정말 힘들었다. 수학(알고리즘, 통계학, 수치해석 등), 자연과학(전자와 전기공학 분야 기본 이론 관련 물리, 화학 등) 등 이과 계통에서 배우는 과목을 중심으로 진행되는 컴퓨터라는 학문은 나에게 중과부적이라는 느낌이 내 주변을 압도하였다. 나중에 춘천교육대학교에서 초등교육학을 전공하고 현재 초등학교 교사로 재직하고 있으면서, 아직까지 리눅스, C언어, 로봇, RC 비행기, 멀티콥터 등에 관심과 흥미를 지속시키고 있는 원동력은 아마 동우대학에서 컴퓨터를 전공하고, 교육대학교에서도 실과 심화과정과 교육대학원에서 초등컴퓨터 교육을 전공하게 된 계기를 제공해 주었다고 확신한다.

갑자기 드론과 라즈베리 파이에 대하여 다루고 언급하다가 이런 이야기를 들려주는 의도는 바로 다른 장비(기계)는 제공되는 사용자 매뉴얼에 따라서 그대로 따라하면 되지만, 라즈베리 파이는 구입(선택)한 장비(하드웨어)에 라즈비안, 우분투라는 리눅스 운영체제를 설치하고 더불어 환경 설정이라는 작업(단계)를 반드시 거쳐야 한다. 지금까지 컴퓨터(개인용 PC)를 자기 스스로 설치하지 않은 경험을 가지고 있는 일반 사용자는 당황할 수 있으며, 리눅스 운영체제를 다루다 보면 가장 싫어하는 **의존성(Dependency) 문제**에 부딪힐 수도 있기 때문이다. 사실 유닉스(Unix)와 리눅스는 의존성 문제를 해결하면 서버용으로 개발된 특성화된 운영체제를 자유롭게 다룰 수 있다. 마치 일반 PC 사용자가 널리 알려져 있지 않지만 자신이 하고 싶은 장비를 컴퓨터와 연결(연동)시켜 작업하는 과정에서 **드라이버 설치와 라이브러리 설치 등**에서 자신이 원하고자 하는 작업이 중단되고 계속 컴퓨터와 새로운 문제 해결 장면에 빠져있는 상황과도 유사할 수 있다. 결국 제공된 사용자 매뉴얼 그대로 따라하지만 제대로 진행되지 않으며 인터넷으로 정보(자료)를 검색하여 해결하려고 노력하지만 결과는 비관적이고 뭔가 정상적으로 진행되는 않는 사면초과의 세계라고 할 수 있다.

일반 PC에서 MS Windows 운영체제를 설치하려면 가급적 하드 디스크 분할(Hard Disk Partition)과 사용되는 형태로 파일 포맷(File Format)이 완료된 상태가 가장 최적인 상태이다. 과거 MS Windows 운영체제인 Windows 3.xx, 95, 98, XP에서는 제공되는 인증키를 입력하면 제대로 설치가 되었지만, 새로운 주변 장치인 일반 PC용 프린터(Printer), LAN 카드(Card), 사운드 카드(Sound Card), 그래픽(Graphic, 또는 Monitor) 카드(Card) 등 기본적으로 제공되지 않는 드라이버를 판매시 제공되는 CD-ROM(과거 3.5인치 디스켓), 아니면 인터넷에서 판매 업체에서 드라이버를 다운로드 받아서 설치해야만 했다. 다만, MS사와 인증키 검증을 거치지 않고 바로 사용이 가능하였다. 하지만 MS Windows 운영체제인 Windows Me, 5, 7, 10 에서는 제공되는 인증키를 전화 또는 인터넷으로 검증해야 제 기능을 사용하는 환경으로 전환되었다. 다양한 기능과 서비스, 드라이버를 제공하지만 업그레이드 기능이 강화되면서 운영체제에 대하여 정품 인증을 받으라는 의도가 숨겨져 있다.

인터넷 보급이 확산되면서 프로그래밍과 네트워크 관리에 관심을 가지고 있는 매니어(Mania)들에게 리눅스가 확산되기 시작하였다. 유닉스 서버용 컴퓨터와 유닉스 계열 서버용 프로그램(소프트웨어) 구입에 소요되는 비용은 웹 서버와 네트워크 관련 사업을 전문적으로 운영하고 있는 기업가(사업자) 이외에는 관심 대상이 아니었다. 리눅서(리눅스 유저, Linuxer)들에게는 경제적 비용은 거의 소요되지 않으면서 웹 서버(Web Server, Apache), 데이터베이스 서버(Database Server, My SQL), 이메일 서버(Email Server), DNS 서버(Domain Name Server), 파일 서버(File Server), 유즈넷(Usenet), CGI(Perl)/PHP/JSP 웹 프로그래밍, 해킹과 방화벽 네트워크와 보안 관련 기능을 위한 실습용 서버용 소프트웨어가 필요하였으며, 소규모 사업 등에 적용하기를 희망하였기 때문에 리눅스 운영체제라는 공개 배포용 서버용 운영체제는 사용자에게 인기가 증가하고 세계적으로 보급이 확산되었다.

이제는 임베디드 시스템(Embedded System)에서 검증되고 스마트 기기와 Drone에서 FC(Flight Contoller)와 연동시키는 FCC(Flight Control Computer) 제어 보드로 이용(활용)이 활성화되고 있다. 사실 공개 배포용으로 아두이노와 라즈베리 파이를 언급할 수 있는데, 이 두 가지는 본연의 목적과 사용 분야가 이미 정해져 있다. 아두이노(Arduino)는 주변장치를 동작을 제어(Control)하는 보드 기능과 역할을 수행하지만, 라즈베리 파이(Raspberry Pi)는 주변장치 동작 제어와 더불어 정보(자료, Data)를 주로 처리하는 기능과 역할을 수행하기 때문에 일면 미니(Mini) 또는 피지컬(Physical) 컴퓨터(Computer)라고 할 수 있다.

보통 컴퓨터라는 기계(장비)는 중앙처리장치(CPU, Central Processing Unit, 연산 및 제어 처리), 주기억 장치(Main Memory Unit), 보조기억 장치(Auxiliary Memory Unit), 입력 장치(Input Device Unit), 출력 장치(Output Unit)로 구성된다. 여기에서 중앙처리장치(CPU, Central Processing Unit, 연산 및 제어 처리)는 컴퓨터 핵심 기능과 역할을 제공하는 장치(장비)로서 CPU에서 처리할 명령어를 저장하는 역할을 하는 **프로세서 레지스터(Processor Register)**, 비교, 판단, 연산을 담당하는 **산술논리연산장치(ALU, Arithmetic Logic Unit)**, 명령어의 해석과 올바른 실행을 위하여 CPU를 내부적으로 제어하는 **제어부(Control Unit)**와 **내부 버스(Internal BUS)** 등이 있다.

결국 아두이노는 주변에 전자 및 전기 공학적으로 설계된 장비에 대한 제어 기능이 저렴한 가격 대비 성능 측면에서 우수하여 3D 프린터(Printer), Drone 기체 제어, 사물인터넷(IoT, Internet of Things) 주변(활용) 장비(기계) 등에 대한 활용성은 뛰어나지만, 라즈베리 파이처럼 이러한 **제어 결과 발생하는 자료(Data)에 대한 정보(자료) 처리 능력**, 즉 컴퓨팅 능력(Computing Ability)이 부족하여 아두이노 보다 **라즈베리 파이가 컴퓨팅 능력을 가지고 있어 앞으로 활용(응용)도가 확대(확산)** 될 것이라고 생각한다.

아두이노는 아두이노 스케치(Arduino Sketch) 프로그램(유틸리티)를 해당 사이트에서 다운로드 받아 설치하고 아두이노 보드를 자신이 사용하고 있는 컴퓨터와 연결하면 드라이버가 자동으로 설치되고 사용자가 원하는 작업(프로젝트)를 바고 진행할 수 있다. 하지만 라즈베리 파이는 리눅스 운영체제인 라즈비안 또는 우분투를 자신이 선택(구입)한 보드에 설치해야 하는 별도의 작업부터 먼저 수행(진행)해야 한다.

라즈베리 파이에 라즈비안이 설치되면 주로 가정에서 사설 IP를 활용(사용)하여 아래 그림<부록 2-1>과 같이 무선 WiFi 통신(네트워크)를 활용할 수 있는 인터넷 AP 공유기가 구현된다.

<부록 2-1> 라즈베리 파이(라즈비안) 무선 인터넷 공유기 구현

라즈베리 파이에 라즈비안이 설치되면 아래 그림<부록 2-2>와 같이 다양한 서비스를 활용할 수 있는 사용자 환경 설정 상태가 제공된다.

<부록 2-2> 라즈베리 파이(라즈비안) 설치 제공 화면

라즈베리 파이는 리눅스 운영체제인 라즈비안 또는 우분투를 자신이 선택(구입)한 보드에 설치해야 하는 별도의 작업부터 먼저 수행(진행)해야 한다. 건물을 짓고 싶을 때 새로운 부지에 새로운 건물을 짓는 것처럼, 라즈베리 파이에 라즈비안 이나 우분투를 설치하고자 할 경우 설치하고자 하는 포맷 형식으로 새롭게 설치하는 방법이 가장 간단하고 편리한 방식이다.

MS Windows 운영체제를 사용하고 있는 사양이라면 먼저, SD 메모리 카드를 라즈비안 이나 우분투 설치용 프로그램이 적재될 수 있는 환경을 만들어 주어야 한다. 보통 일반 PC에서는 이동식 USB 메모리(하드) 장치를 사용하고자 할 경우 먼저 포맷(Format) 작업을 진행하면 바로 사용이 가능하지만 라즈비안 또는 우분투는 이미지(Image, IMG 또는 ISO 방식 보관) 압축 형태 파일을 원래 설치 형태로 전환해야 하기 때문에 별도의 프로그램(유틸리티)가 사용된다. 알집 등 프로그램(유틸리티) 압축 파일 형태를 해제하여 사용하면 설치 작업이 진행되지 않는다.

파일 형태에 대한 고민은 대부분 사용자에게 관심 대상이 아니다. 그냥 자신이 사용하는 컴퓨터에서 이동식 하드와 인터넷 클라우드 등을 활용하는데 지금까지 별다른 문제가 발생하지 않았기 때문이다. 간혹 파일이 바이러스 등에 감염되어 깨져서 복원을 하는 경우를 제외하고.

MS Windows 운영체제 파일은 과거 FAT(File Allocation Table, FAT16) 32 파일 시스템(File System)을 사용하였고, 지금은 대부분 NTFS(New Technology File System) 파일 시스템을 사용하고 있다. 만약 FAT 32 파일 시스템을 사용한다면 최대 4GB 드라이브와 최대 2GB 이하 용량의 파일을 사용해야 하며, NTFS 파일 시스템을 사용하고 있는 하드 디스크(이동식 디스크 포함)에서 FAT32 파일 시스템을 사용하는 장비(하드 디스크)로 이동이 불가능하거나 문제점이 발생한다.

리눅스 운영체제는 파일 시스템으로 Ext 2, 3, 4 와 같은 시스템을 사용하고 있으며, 현실적으로 MS Windows에서 사용하고 있는 파일을 열어서 사용할 수 없다. 다만, 그래픽, 사운드, 동영상 파일 확장자로 사용하고 있는 파일은 해당 프로그램을 설치하면 MS Windows나 리눅스 운영체제에서 열어 볼 수 있지만, 다른 프로그램(유틸리티) 파일은 파일 시스템이 근본적으로 다르기 때문에 호환이 되지 않아 파일이 열어야 하는 작업부터 불가능하다.

대부분의 라즈베리 파이에 라즈비안 또는 우분투가 설치되면 가장 먼저 설정해야 할 환경 설정 작업이 네트워크 관련 유선 또는 무선으로 접속할 수 있는 환경을 제공해야 한다. 최근 라즈베리 파이 버전은 기본적으로 무선으로 WiFi가 가능하도록 보드 자체에 기능이 내장되어 있지만, 예전 버전이나 소형(Mini) 버전은 접속 포트 및 연결 단자가 부족하여 자신이 필요한 프로젝트(작업) 관련 요구되는 환경 설정을 제대로 정확하게 실시하기 위하여 네트워크 접속(유선 또는 무선) 환경 설정을 반드시 제공되어야 한다. 업그레이트 또는 업데이트 작업을 제외하고 가급적 무선으로 원격 접속할 수 있는 환경이 사용자에게 편리한 접속 환경을 제공할 수 있다.

라즈베리 파이에 라즈비안(Raspbian) 또는 우분투(Ubuntu)을 설치하려면 SD(Secure Digital) 메모리 카드를 포맷하고 라즈비안 또는 우분투 이미지 파일을 라즈베리 파이가 인식할 수 있는 설치 파일 형태로 SD 메모리 카드에 적재(Loading)시키는 작업을 반드시 실시해야 한다.

라즈베리 파이에 라즈비안(Raspbian) 또는 우분투(Ubuntu)을 설치하려면 SD(Secure Digital) 메모리 카드를 포맷하는 프로그램(유틸리티)로 아래 그림<부록 2-3>과 같이 SD Formatter이 많이 사용되고 있다. 해당 인터넷 사이트에서 다운로드 받아 설치하면 된다.

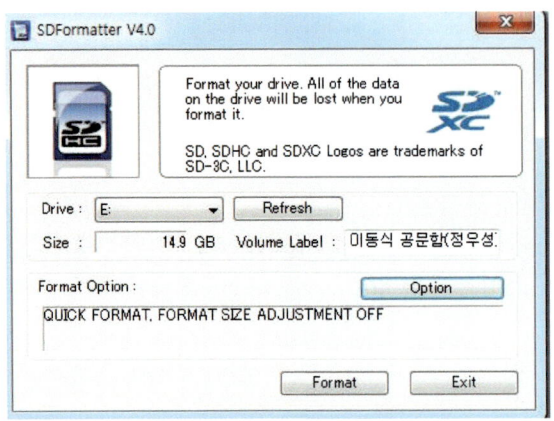

<부록 2-3> 라즈베리 파이(라즈비안) 설치 프로그램(SD Formatter)

라즈비안 또는 우분투 이미지 파일을 라즈베리 파이가 인식할 수 있는 설치 파일 형태로 SD 메모리 카드에 적재(Loading)시키는 작업을 실시하려면 이미지 파일 형태(IMG 또는 ISO) 파일을 적재(자동 설치 형태)시키는 프로그램(유틸리티)로 아래 그림<부록 2-4>와 같이 Win32 Disk Imager가 많이 사용되고 있다. 해당 인터넷 사이트에서 다운로드 받아 설치하면 된다.

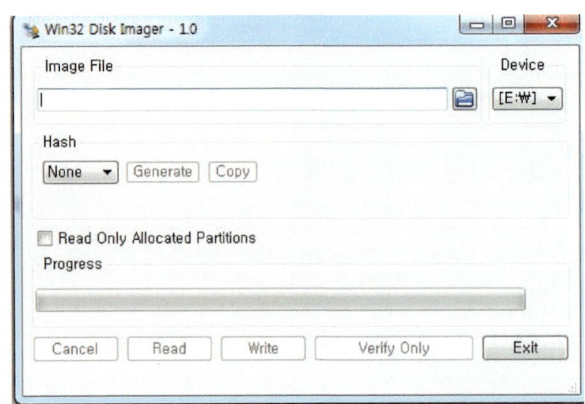

<부록 2-4> 라즈베리 파이(라즈비안) 적재 프로그램(Win32 Disk Imager)

Etcher 프로그램(유틸리티)는 별도의 기능을 제공하는 SD Formatter와 Win32 Disk Imager와 다르게 그림<부록 2-4>와 같이 **SD Formatter 처럼** 아래 SD Formatter 기능을 수행하고 **Win32 Disk Imager 처럼** 이미지 파일 형태(IMG 또는 ISO) 파일을 적재(자동 설치 형태)시키는 기능을 동시에 수행하여 간단하고 편리하다. 해당 인터넷 사이트에서 다운로드 받아 설치하면 된다.

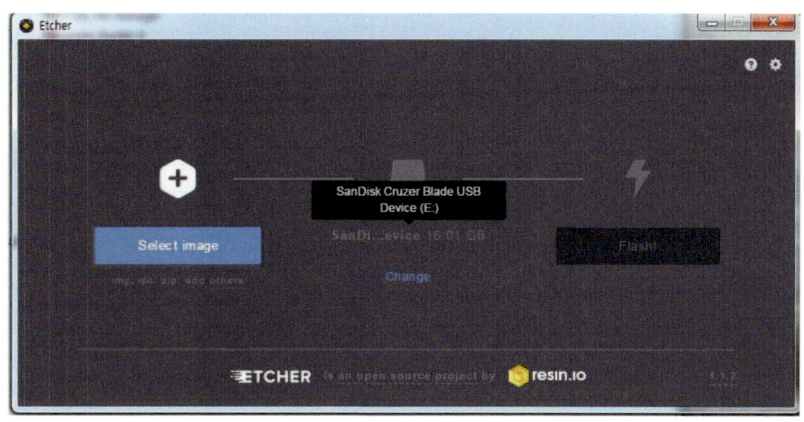

라즈베리 파이에 설치된 라즈비안 또는 우분투 업그레이트 또는 업데이트 작업을 제외하고 아래 그림<부록 2-5>와 같이 가급적 무선으로 원격 접속할 수 있는 환경이 사용자에게 편리한 접속 환경을 제공할 수 있다.

<부록 2-5> 라즈베리 파이(라즈비안/우분투) 무선 인터넷 연결)

[부록 3] 스마트 CCTV 만들기

가. 일반 회사(공공기관) CCTV 만들기

일반 회사(기업)이나 공공기관(학교, 관공서 등)에 CCTV(일반 LAN망 구조)가 아래 그림 <부록 3-1>과 같이 설치 및 운영되어 실시간 감시 기능을 수행할 수 있다.

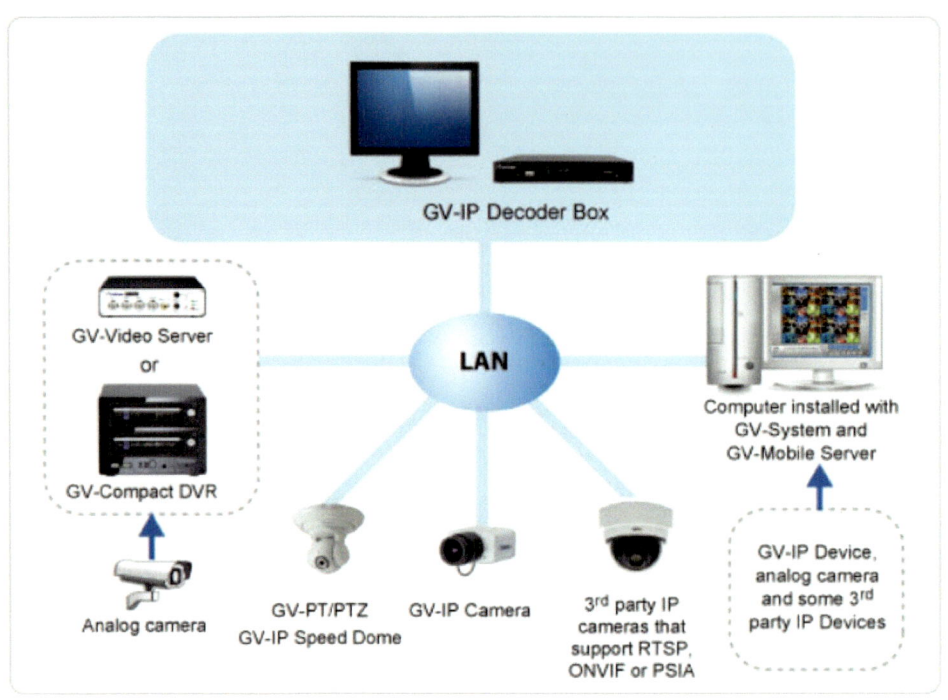

<부록 3-1> CCTV 설치 구조도(일반 운영)

나. 가정용 스마트 CCTV 환경 설정하기

 일반 회사(기업) 이나 공공기관(학교, 관공서 등)에 CCTV(인터넷 접근 가능 IP 카메라 구조)가 아래 그림 <부록 3-2>와 같이 설치 및 운영되어 실시간 감시 기능을 수행할 수 있다.

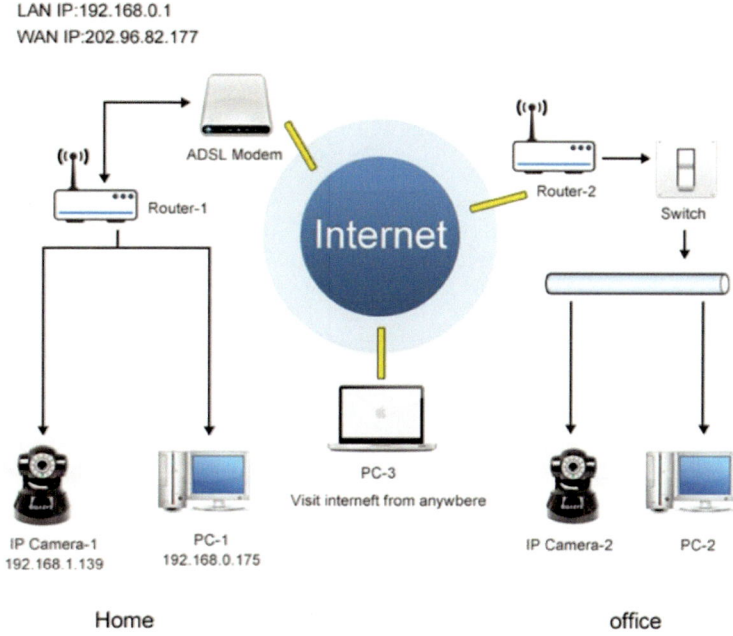

<부록 3-2> CCTV 설치 구조도(IP 카메라 운영)

[부록 4] FPV & iOSD 구성도

가. FPV(First Person View) 구성도

고글(Goggles) 또는 일반 TV 모니터를 활용하여 FPV 무선 영상 송신 기능을 가지고 있는 카메라 장비와 연동하여 FPV 기능을 구현하기 위하여 아래 그림 <부록 4-1>과 같이 해당 장비를 구입(선택)하여 설치 및 운영할 수 있다.

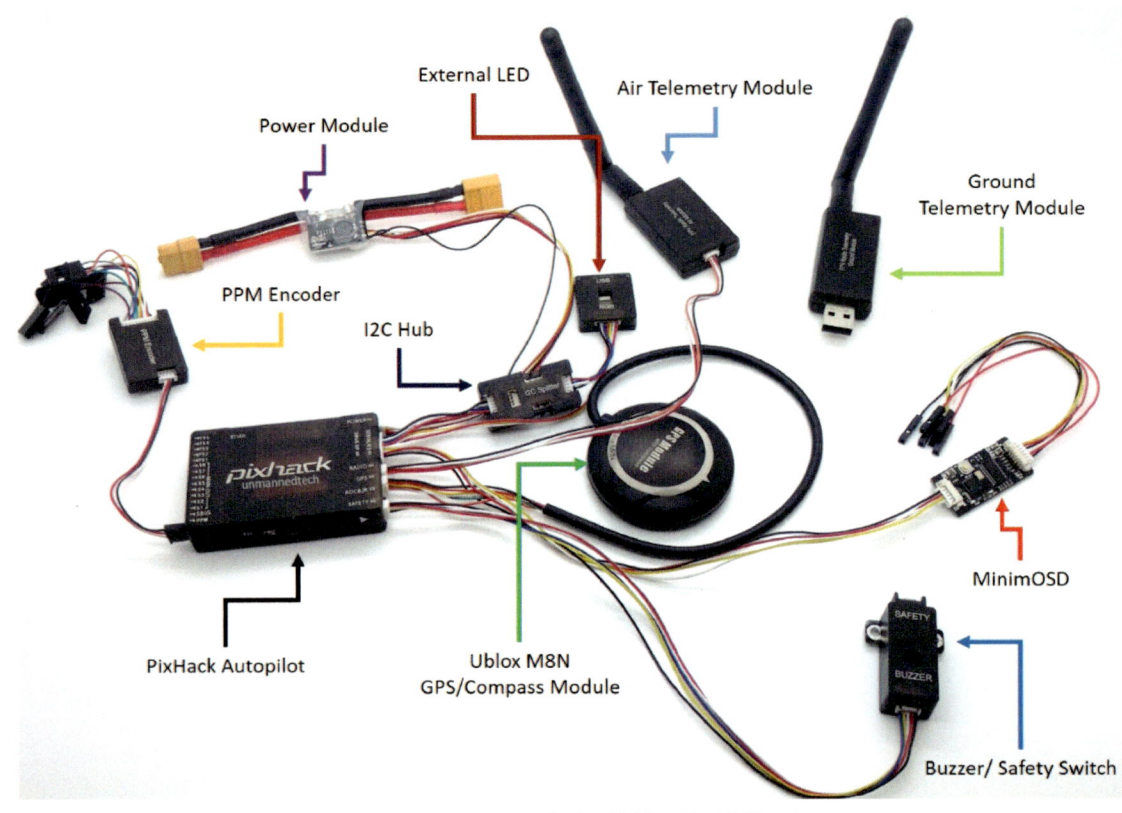

<부록 4-1> FPV 장비 설치 및 연동 구조

나. iOSD(information On Screen Display) 구성도

고글(Goggles) 또는 일반 TV 모니터를 활용하여 FPV 무선 영상 송신 기능을 가지고 있는 카메라 장비와 연동하여 FPV 기능과 더불어 주변 상태 정보를 제공하는 iOSD(information On Screen Display) 장비(체계)를 구현하기 위하여 아래 그림 <부록 4-2>와 같이 해당 장비를 구입(선택)하여 설치 및 운영할 수 있다.

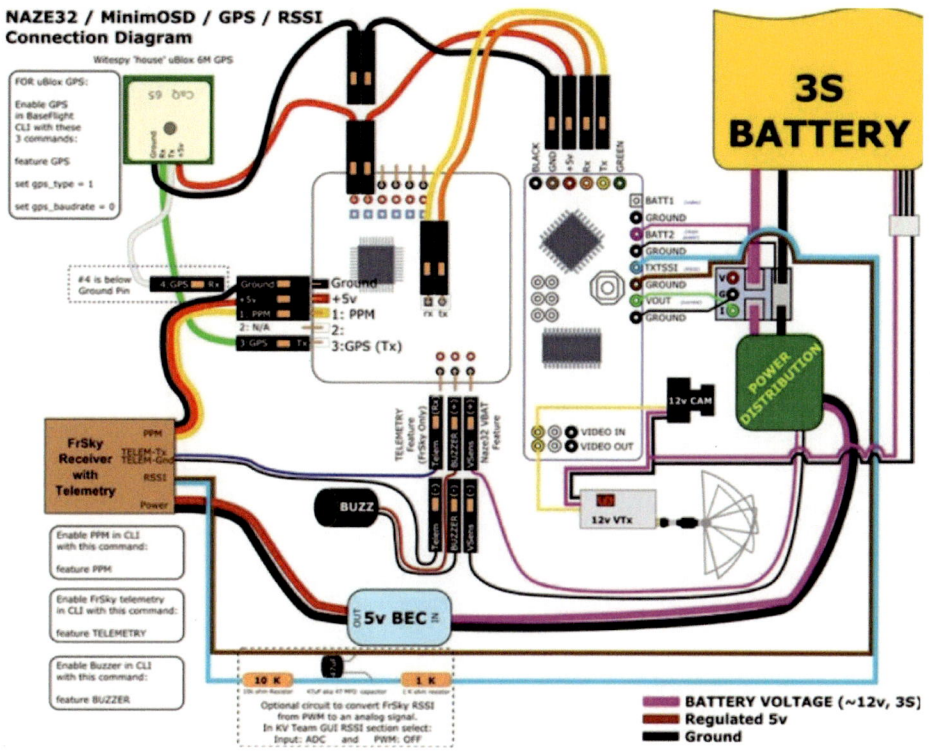

<부록 4-2> iOSD 장비 설치 및 연동 구조

[부록 5] 유용한 Tips

가. Amazon Alexa Speaker 환경 설정하기

아마존에서 현재 제공하는 AWS(Amazon Web Service)는 아래 그림 <부록 5-1>과 같이 다양한 장비와 연동시키는 서비스를 개발하여 제공하고 있다.

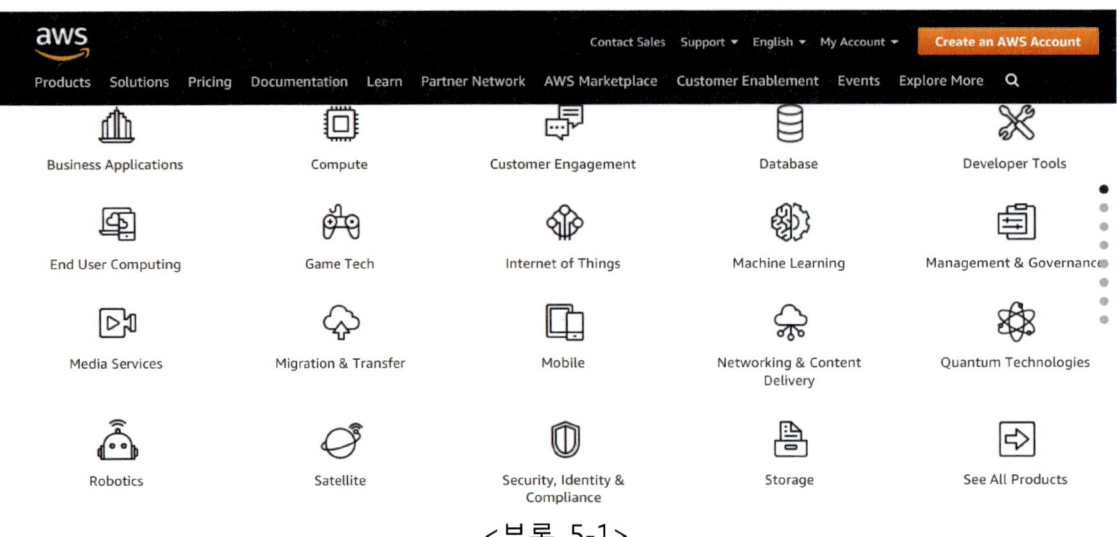

<부록 5-1>

나. AWS(Amazon Web Service) 클라우드(Cloud) 활용하기

　해당 서비스를 진행(수행)하기 위하여 아마존에서 현재 제공하는 AWS(Amazon Web Service) 중에서 자신이 원하는 프로젝트와 연동(연계)시킬 수 있는 서비스를 선택하여 아래 그림 <부록 5-2>와 같이 요구되는 장비(부품)을 구입(선택)하여 단계별로 정확하게 수행(진행)하면 된다.

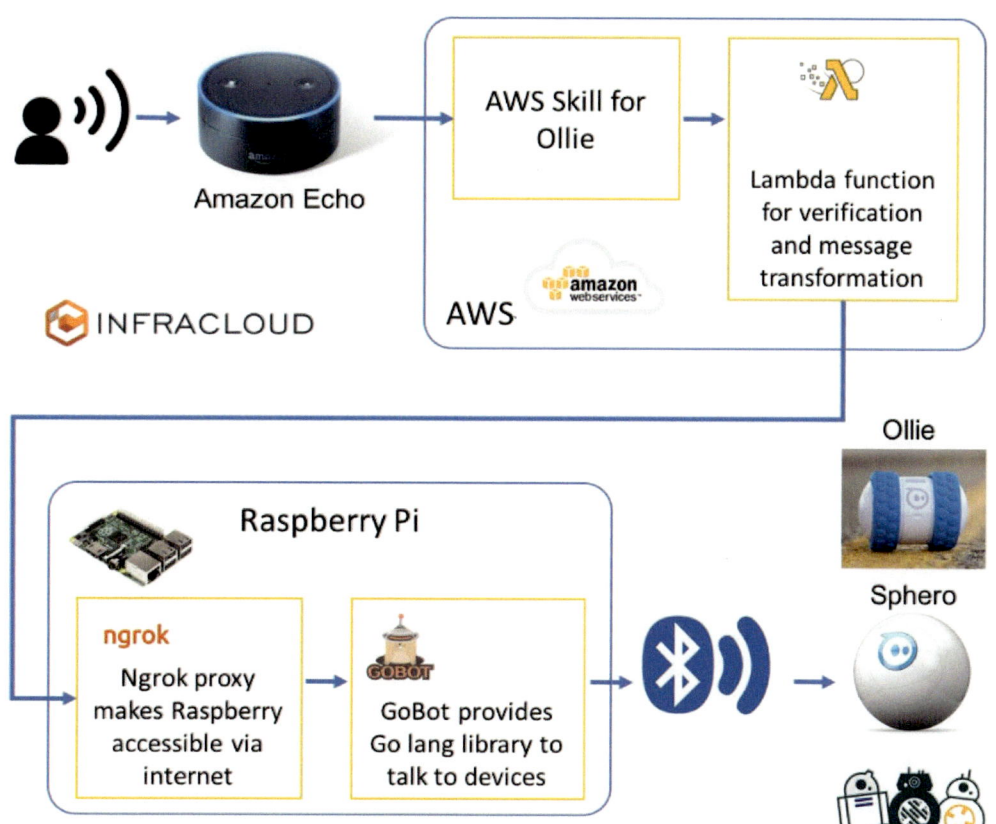

<부록 5-2> AWS(Amazon Web Service) 클라우드(Cloud) 활용 사례

참고 문헌

강민구(1988). GW 베이식 프로그래밍. 한국문연.
강석진(2002). 수학의 유혹. 문학동네.
강성주. Turbo PASCAL(버전 4.0). 圖書出版大林.
강신석·황동준 공저(2000). 세계제일 알짜 리눅스 베스트북.
강신석·황동준 공저(2000). 알짜/와우 리눅스 6.2를 그대로 배우는 X윈도우 응용 프로그래밍. 베스트북.
강수돌, 심상정 공저(2010). 에르끼 아호의 핀란드 교육개혁 보고서.
고영덕(1998). VRML 2.0. 혜지원.
교육과학기술부(2015). 고급 물리.
교육과학기술부(2015). 고급 지구과학.
교육과학기술부(2015). 전자과학.
구자철(1997). Visual J++, JDK로 배우는 신나는 자바 프로그래밍. 높이깊이.
김거수(2000). 철벽 보안을 위한 역공경 해킹. 베스트북.
김경연·장정혁·박민상 공저(2015). 실험 KIT와 함께하는 Arduino 입문서-아두이노 완전정복. 복두출판사.
김문상(2015). 로봇 이야기. 살림.
김보연(2000). 알기쉬운 전자회로(기초전자의세계 12). 한진.
김보연(2010). 알기쉬운 전자회로 Ⅱ(기초전자의세계 13). 한진.
김병부 외 공저(2001). Linux Server Bible. 영진닷컴.
김상훈(2012). DC AC BLDC 모터제어. 복두출판사.
김상형(2010). 안드로이드 프로그래밍 정복. 한빛미디어.
김석주(1996). 자바와의 첫사랑 인터넷에서 자바 애플릿 만들기. 가남사.
김선영·김기영 공저. 레드햇 리눅스6. ㈜교학사.
김영건(1991). RM-COBOL 이론과 실무. 生能.
김영빈(2008). 아이들도 즐겁게 배우는 베다수학 수학이 즐거워지는 인도수학 . 열린숲.
김영우(2018). 미래 IT 레포츠 Drone 레이싱을 즐기다. 크라운출판사.
김용배(1999). 42개의 예제로 따라해 보는 비주얼 베이직6. 21세기사.
김우용(1998). 초보자를 위한 MS-DOS 入門. 영진出版社.
김인옥(2000). ASP 웹 프로그래밍. 가메출판사.
김정희(2002). 소설처럼 아름다운 수학 이야기. 동아일보사.
김종민(1993). PC를 조립하자. 연암출판사.
김지훈·남기범 공저(2000). PHP 웹 DB 프로그래밍 예제 완성하기. 삼양출판다.
김재균(1995). 알기쉬운 Unix 시스템. 삼양출판사.
김재영·Dark Horse LEE·오승균·박찬용 공저(2019). 단계별 맞춤형 DIY 드론 만들기. 고성도서유통.
김효원(1999). 쉽고 빠른 레드햇 리눅스 6.1. 컴 앤 북스.
김형주(1999). 쉽게 배우는 C++. 교학사.
김화진·김시준·패트릭 에릭슨(2017). 사물인터넷을 활용한 Drone DIY 가이드. 광문각.

권용상(2018). FPV 레이싱Drone 바이블. 성신미디어.
남문현(2002). 전통속의 첨단 공학기술. 김영사.
노신호(1994). 초보자를 위한 Windows 3.1 길들이기. 에스컴.
류영기·박장환(2017). 무인멀티콥터 Drone 요점&필기시험. Goldenbell.
민연기(2018). 미래의 과학자와 공학자가 꼭 알아야 할 FPV 미니Drone. 성신미디어.
박선희. MySQL. 진선아트북.
박영숙·제롬 글렌(2017). 세계미래보고서 2055. 비즈니스북스
박영숙·박성호(2008). 보행로봇 공학의 이해. 평민사.
박장환·류영기(2017). Drone 무인비행장치운용 이론 & 필기시험. Goldenbell
박재철·강전희·오정희 공저. Apple Ⅱ BASIC 프로그래밍. 圖書出版大林.
박형일 외 4명 공저(2017). Drone 제작 완벽 가이드-기계 설계, 회로, 펌웨어, 조종 앱, 운용법까지. 루비페이퍼.
박흥선(2003). 기초에서 활용까지 Microsoft Windows NT 네트워크 구축. 정보문화사.
배일한(2003). 인터넷 다음은 로봇. 동아시아.
배종수(2007). 삐에로 교수 배종수의 생명을 살리는 수학. 감영사.제롬 글렌(2017). 세계미래보고서 2030-2050. 교보문고
서민우(2018). 무한상상 DIY 시리즈 04 아두이노 Drone을 만들고 직접 코딩하기(3판) 300줄의 소스 코드로 구현해 보는 아두이노 Drone. 앤써북.
서자룡·정경희 공저(1999). 리눅스 그대로 따라하기 6.0. 도서출판혜지원.
서자룡(2000). 리눅스 그대로 따라하기 6.2. 도서출판혜지원.
서자룡(2001). 리눅스 그대로 따라하기 7.0. 도서출판혜지원.
서자룡(2001). 리눅스 그대로 따라하기 7.1. 도서출판혜지원.
서자룡(2002). 서자룡의 리눅스 그대로 따라하기 8.0. 도서출판혜지원.
서정욱(2002). 세계가 놀란 한국 핵심산업기술. 김영사.
성기수 외 공저(1988). COBOL 演習. 大恩出版社.
성현경, 현병호 공저(1989). MS-DOS 구조분석. 집문당.
소순식(1998). 소순식의 한글 윈도우 95 따라하기. 도서출판혜원.
손호성(2008). 매일매일 두뇌트레이닝 인도 베다 수학. 아르고나인.
송은석·문제오·안태진 공저(2000). Windows 해킹 미 보안 프로그램 철저한 분석 PC 해킹 알아야 막는다. 기술연구소
송은영(2006). 원리를 알면 수학이 쉽다. 맑은창.
송영수·배성준 공저(2007). 여러 가지 로봇 만들기. AVR Bible Ⅱ. 복두.
송창훈(1999). 레드햇 리눅스 완벽 가이드 Ver 5.2. 사이버출판사.
신문섭(1999). 델파이5 30일 완성. ㈜영진출판사.
심재후·배지선 공저(2000). New 알기 쉬운 JSP. 정보문화사.
신재훈(2003). Red Hat 리눅스 9.x 네트워크 & 웹 서버 무작정 따라하기. 길벗.
신철우·이정숙 공저(1999). 신철우의 Windows NT Server. 영진.com.
엄성용(2001). PHP4 30일 완성. 영진.com.
우상철(2003). Embedded Linux System 구조 및 설계응용. Ohm사.
유영일(2000). 해킹할 것인가 해킹당할 것인가. 삼각형프레스
유해영·곽훈성·오득환 공저(1993). Fortran 77. 大恩出版社.

윤덕용(2006). AVR ATmega128 완전정복. Ohm사.
윤석범(1999). 클릭하세요 CGI와 PHP. 圖書出版大林..
윤종호(2003). 라우터와 라우팅 프로코콜. ㈜교학사.
윤형운·윤상봉 공저(2003). Windows Server 2003. 디지털북스
이민기·윤지혜 공저(2012). 전자책을 만드는 비빌 인디자인. 길벗.
이상엽(1997). Internet Programming Bible(2nd). 영진출판사.
이상훈(2012). 잡스처럼 기획하고 키노트로 완성하다.
이상희(2017). 회전익항공기 비행원리. 한국항공우주산업기술협회.
이서로 외 공저(1995). 파워 해킹 테크닉. 파워북.
이성재(1988). 어셈블리 프로그래밍. 大恩出版社.
이승혁(2001). PHP 웹 프로그래밍 가이드. 마이트프레스.
이옥화. PC LOGO 프로그래밍. ㈜敎學社.
이준구(1989). MS-DOS. 크라운출판사.
이종호(2007). 로봇, 인간을 꿈꾸다. 문화유람.
이재상·표윤석(2013)·라즈베리 파이 활용백서 : 실전 프로젝트 20. 비제이퍼블릭
이재창·심광렬, 송경화 공저(2003). BASCOM-AVR 로봇스터디1(라인트레이서 축구로봇). 동일출판사.
이철혁(2001). 닷컴 PHP4 마법사. 가남사.
이태희(2012). AVR ATmega8의 이해와 활용. 정일.
이태희(2014). AVR ATmega8 프로그래밍: USB-ISP와 AVR Studio로 시작하는. 도서출판정일.
이태희·김종윤 공저(2009). 디지털 공학. 그린.
이한규(1998). Auto LISP 완벽가이드. 영진출판사.
이형진·한용희(2017). 항공기 기체Ⅱ. 성안당.
인도 베다수학 연구회(2008). 인도 베다수학 완벽 트레이닝 머리가 좋아지는 인도 수학. 황매.
웹데이터뱅크(1999). 리눅스 내가 최고 ㈜영진출판사.
장영현(2012). 초보자를 위한 안드로이드 앱 개발 m-Bizmaker 프로그램 저작도구. 영민.
정무숙(2000). HTML & JavaScript. 정보게이트.
정상우·서보원 공저(2002). 내 맘대로 할 수 있는 윈도우 XP 따라하기(2001). 도서출한예원.
정진호(2000). PHP Web Programming. 동일출판사.
정재곤(2016). Do It! 안드로이드 앱 프로그래밍. 이지스퍼블리싱.
장호남(2011). 21세기를 지배하는 10대 공학기술. 김영사.
정현성 외 공저(2003). 제로 보드와 화끈하게 놀아보자. 영진닷컴.
정해중(1999). One-Stop 웹 호스팅. 피씨어드밴스
조광선(1997). 전문가로 뛰어넘기 위한 JAVA Programming의 동반자. 도서출판혜지원.
조동섭(1989). Turbo PROLOG 입문. 영진출판사.
조도현·원영진·이상철·동성수·남상엽 공저(2014). 스마트폰으로 제어하는 아두이노. 복두출판사.
조상·이태희 공저(2001). C 프로그램 건드리기. 컴스페이스.
조상문·이재인 공저(1994). COBOL 실무 Programming. 형설출판사.
조종헌·한동훈 공역(2009). Using PERL5 for Web Programming PERL5 웹 프로그래밍 활용. 정보문화사.

주종민·박태현·김선근 공저. 지니와 함께하는 오라클 8. 圖書出版大林.
조현철(2016). 항공기 전기계통. 문우당
채규혁(1998). 차세대 웹의 혁명 XHL. 圖書出版大林.
최기련(2002). 지속가능한 미래를 여는 에너지와 환경. 김영사.
최우승·조규천·공휘식 공저(1993). FORTRAN 프로그래밍. 硏學社
최인현(1991). Turbo C의 모든 것. 圖書出版大林.
표윤석 외 3명(2017). ROS 로봇 프로그래밍 기초 개념부터 프로그래밍 학습, 실제로봇에 적용까지. 루비페이퍼
하우피씨(1999). 긴급출동! PC 진단과 해결. 영진. com.
한규정·김선호 공저(1995). 한올 프로그래밍 I. 한올출판사.
한규정·김선호 공저(1995). 한올 프로그래밍 III. 한올출판사.
한동호(2011). 단계별 예제로 배우는 안드로이드 프로그래밍. 제이펍.
한석현·이태용·서일오 공저(1995). 알기 쉬운 MS-DOS 6.2. 정보문화사.
한혁수(1998). C++ 1단계. 이한출판사.
현원복(2005). 나노 기술과 인간. 까치.
홍선학·조도현(2014). 모바일로 배우는 아두이노 따라하기. 성안당.
홍종태(2001). 베껴쓰는 자바스크립트 무작정 따라하기. 길벗.
岡部恒治(오카베 츠네하루)·안소현 역(2002). 사고력을 키우는 수학책. 을지외국어.
堂島和光(도지마 와코)·조성구 역(2002). 로봇의 시대. 사이언스북스
牧野武文(마키노 다케후미)·고선윤 역(2009). 인도 베다수학 베스트 3종 세트. 보누스
小室直樹(고무로 나오키)·안소현 역(2002). 수학 싫어하는 사람을 위한 수학. 오늘의책.
井上博允(이노우에 히로치카)·박정희 역(2008). 로봇, 미래를 말하다. 전자신문사.
Agnes Guillot, Jean-Arcady Meyer·이수지 역(2006). 인간과 똑같은 로봇을 만들 수 있을까?. 민음인.
Allen Wyatt·박대종 역(1995). 성공적인 PC 조립법. PC 조립 이렇게 한다!. 가남사.
Alex Horner·주범진 역(2005). Professional ASP Techniques for Webmasters. 정보문화사.
Anonymous·전승협 역(2000). 리눅스 보안의 모든 것. 인포북.
ANK Co., Ltd·김성훈 역(2014). C가 보이는 그림책. 성안당.
Brand Heslup(1995). 월드 와이드 웹 인터넷에서 HTML 문서 만들기. 비앤씨.
Brian Hatch, James Lee, George Kurtz 공저·김태훈 역(2001). 리눅스 시스템 관리자를 위한 해킹과 보안 Hacking Exposed. ㈜사이버출판사.
David McGriffy(2017). Make : Drone : 오픈소스를 활용한 상용 Drone 개조 프로젝트. 한빛미디어.
Drew Heywood·이영준 역(2000). Using Windows NT Server 4. 인포북.
Ed Tittel 외 공저·권영진, 황인호 공역(1997). CGI 바이블. 영진출판사.
Elliott Rusty Harold·김용권 역(2000). 100% XML Bible. 정보문화사.
Euclid(Εὐκλείδης)·이무현 역(2002). 기하학 원론. 敎友社.
Evi Nemeth, Garth Snyder, Trent R. Hein 공저·최재영, 김명호, 김명배 공역(2001). Unix System Administration Handbook. 홍릉과학출판사.
Herbert Schildt·유해영 역(1996). 알기 쉽게 해설한 C. 이한출판사.
Herbert Schildt·유해영 역(1996). 알기 쉽게 해설한 C++. 이한출판사.

Jean J. Labrosse·성원호 역(2005). Micro C/OS-Ⅱ 실시간 커널. 페이퍼백.
Jean J. Labrosse·성원호 역(2008). Embedded Systems Building Blocks 2nd Edition. 페이퍼백.
Jeffry Dwight, Michael Erwin 공저·김영훈 역(1996). Using CGI 알기쉬운 CGI 활용. 정보문화사.
Joel Scambray·Stuart McClure·George Kurtz 공저·김태훈 역(2001). 네트워크 시스템 관리자를 위한 해킹과 보안 Hacking Exposed. ㈜사이버출판사.
John Baichtal(2016). 박성래·이지훈 옮김. 나만의 Drone 만들기-개인용 Drone, 쿼드콥터, RC보트 DIY 제작 매뉴얼. QUE.
John J. Donovan·김필태 역(1988). 시스템 프로그래밍. 大恩出版社.
Karim Yaghmour·김태석 역(2004). 임베디드 리눅스 시스템 구축하기. 한빛미디어.
Kimmo Karvinen & Tero Karvinen·배치은 옮김(2014). Make:아두이노 DIY 프로젝트. 한빛미디어(주).
Matt Richardson & Shawn Wallace·배창열 옮김(2014). 라즈베리 파이 시작하기(Getting Started with Raspberry Pi). Jpub(제이펍).
Michael Otey 외 공저·이영란, 김소영 공역(2000). 프로그래머 가이드 SQL Server 7. ㈜사이버출판사.
Mike Mckelvy 외 공저·강지훈. 손진욱. 차수현 공역(1998). 알기 쉬운 비주얼 베이직 5 활용. 정보문화사.
Mitchell 외 공저·홍종하 역(2000). 초보자를 위한 Active Server Pages 3.0 21일 완성. 인포북.
Mitchell Waite·황희융 역(1999). C언어 기초+α 교학사(컴퓨터)
페이스 달루이시오·신상규 역(2002). 새로운 종의 진화 로보 사피엔스 김영사.
Peter Membrey & David Hows·배창열 옮김(2014). 리눅스와 함께하는 라즈베리 파이. Jpub(제이펍).
Richard Johnson·김태억 역(2007). 나노바이오, 미래를 여는 기술. 궁리.
Robert Malon·오준호 역(2005). 헬로우 로봇. 을파소(21세기북스).
Robin Burk·김장중 역(1998). 시스템 관리자편 Unix 언리쉬드. 圖書出版大林.
Robo-One 위원회·홍선학, 김송미, 이범로 공역(2006). ROBO-ONE 2족 보행 로봇 제작가이드. 성안당.
Rodney A. Brooks·박우석 역(2005). 로봇 만들기. 바다출판사.
Sharon Crawford·Charlie·김소영, 김태균 공역(1997). Microsoft 한글 Windows NT Server 4.0. 에프원
Shon Harris·이승재, 김성호, 문수현 공역(2008). All-in-One CISSP Certification Exam Guide. 지앤선.
Simon Monk·박경욱 외 3명 옮김(2015). 라즈베리 파이 쿡북 : 200여 가지 레시피로 파이 완전 분석. 한빛미디어(주).
Simon Monk·배창열 옮김(2014). 파이썬으로 시작하는 라즈베리 파이 프로그래밍. Jpub(제이펍).
Simon Monk·윤순백 옮김(2014). 스케치로 시작하는 아두이노 프로그래밍(Programming Arduino Getting Started with Sketches). Jpub(제이펍).
Stephen Matsuba·Bernie Roehl 공저·황태연 , 장은지 공역(1997). Special Edition Using VRML 가장 완벽한 VRML 참고서. 정보문화사.
Tom Siegfried·고중숙 역(2003). 우주, 또 하나의 컴퓨터. 김영사.
W. Richard Stevens·김치하, 이재용 공저(2001). Unix Networking Programming. 文英社.
Yuval Noah Harari(2011)·조현욱 옮김. Sapiens. Gimm-Young Publishers. Inc.
Yuval Noah Harari(2015)·김명주 옮김. Homo Deus : A Brief of Tomorrow. GimmYoung Publishers. Inc.
Pixhawk와 ROS를 이용한 자율주행 프로젝트. http://www.modulabs.co.kr/board_GDCH80/3319.
The Pi Drone Project. https://www.instructables.com/id/The-Drone-Pi/.
YMFC Project. http://www.brokking.net/.

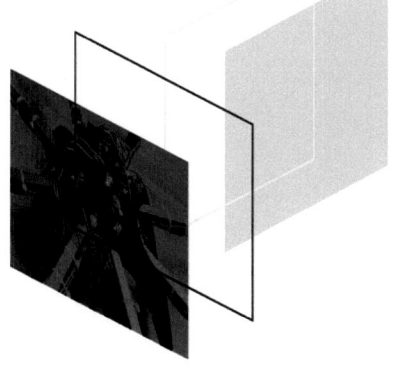

저자소개

Dark Horse Lee (이정우)	NCS학습모듈 개발위원(2017) 초경량비행장치 조종사, 조종교관과정, 단계별 맞춤형 DIY 드론만들기 공동저자
김재영	원주공업고등학교 교사 소형무인기운용 NCS학습모듈 검토위원(2017)
이건영	現 강원도 초등학교 교사
백형순	現 강릉무인항공교육원 원장 초경량비행장치 조종사, 조종교관과정, 실기평가과정

드론장비세부가이드

Setting Mission Command Equipment
(STEAM & Software Edu.)

ISBN 979-11-87462-13-2 Paper Book	定價 30,000원
저자	Dark Horse Lee 김재영 이건영 백형순
인쇄일	2020년 4월 21일
발행일	2020년 4월 25일
편집 및 인쇄	충주문화사
유통 및 판매	(주)고성도서유통
주소 및 전화	서울시 서초구 동산로 19길 30-14 T. 02-529-9663 F. 02-529-0030 wabook@hanmail.net

※ 본 책자의 무단 복제를 금합니다.